Essbare Wildpflanzen

Steffen Guido Fleischhauer • Jürgen Guthmann • Roland Spiegelberger

Essbare Wildpflanzen

200 Arten bestimmen und verwenden

Weltbild

Die Angaben in diesem Buch wurden von den Autoren und vom Verlag sorgfältig geprüft. Autoren und Verlag lehnen jedoch jegliche Haftung für allfällige Schäden oder Folgen, die sich aus dem Gebrauch oder Missbrauch der hier vorgestellten Informationen ergeben, ab. Bei ernsthaften gesundheitlichen Problemen ist von einer Selbstmedikation abzusehen und der Rat eines Arztes oder Heilpraktikers einzuholen.

Regional kann es vorkommen, dass einzelne der beschriebenen Pflanzen sehr selten oder gar geschützt sind. Informationen dazu erhalten Sie bei den Naturschutzbehörden vor Ort. Offensichtlich nur einzeln oder selten auftretende Pflanzen sollten generell nicht gesammelt werden.

In der botanischen Nomenklatur inklusive der deutschen Namensgebung folgen wir in der Regel der von BfN (Bundesamt für Naturschutz) und dem Zentrum für Umweltforschung herausgegebenen »Datenbank biologisch-ökologischer Merkmale der Flora von Deutschland« sowie www.floraweb.de/pflanzenarten (Herausgeber BfN).

Genehmigte Sonderausgabe für Weltbild GmbH & Co. KG,
Steinerne Furt, 86167 Augsburg

Umschlaggestaltung: X-Design, München
Zeichnungen: Hatice Uslu, Timm Fleischhauer
Umschlagmotive: stockfood
Gesamtherstellung: Firmengruppe APPL, aprinta druck, Wemding
Printed in the EU
978-3-8289-3110-7

Inhalt

Einleitung

Essbare Wildpflanzen sind in großer Auswahl in der Natur frei verfügbar, sie bereichern den Speisezettel und zeichnen sich durch ihren hohen Gehalt an wertvollen Inhaltsstoffen aus.
Jahrtausendelang sammelten unsere Vorfahren Wildpflanzen. Sie waren Nahrung und Medizin zugleich. Durch die alltägliche Verwendung blieb den Menschen nicht verborgen, welche Pflanzenteile besonders zart oder wohlschmeckend waren und wie sich diese Eigenschaften im Verlauf der Jahreszeiten veränderten. Einige dieser Pflanzen oder Teile von ihnen sind zudem unbearbeitet gut zu lagern; so konnte man Vorräte anlegen. Auch die Wirkungen der Pflanzen auf den Organismus lernte man im praktischen Gebrauch kennen. Die so gesammelten Erfahrungen wurden von Generation zu Generation weitergegeben. Dieses wertvolle Wissen half die Gesundheit zu schützen und das Überleben zu sichern und wurde damit zu einem unschätzbaren Teil unserer Kultur.
In jüngerer Zeit wurde das Wissen über die essbaren und heilkräftigen Wildpflanzen durch die Entwicklung der gewerblichen und industriellen Versorgung verdrängt. Heute aber beginnt man diese Schätze der Natur wiederzuentdecken. Selbst auf der Speisekarte von Spitzenrestaurants sind Wildpflanzen zu finden.
Am Wegesrand, im Wald und auf der Wiese ist der Tisch reichlich gedeckt. Vielgestaltig, mit bunten Blüten, in tausenderlei Formen und mit lang vergessenen, intensiven Aromen liegt die Wunderwelt der Pflanzen vor uns. Für den modernen Menschen ist es ein geradezu exotisches Erlebnis, hinauszugehen und den Korb mit Nahrungsmitteln aus der freien Natur zu füllen. Nahrungsmittel, die es nirgends zu kaufen gibt, die man selbst sammelt, zubereitet und genießt. Dieses Buch soll dabei ein hilfreicher Begleiter sein, denn es ist nicht nur wichtig zu wissen, welche Pflanzen essbar und welche giftig sind, sondern auch, welcher Pflanzenteil zu welcher Jahreszeit wie genutzt und zubereitet werden kann.
Die verbreitete Angst vor dem Fuchsbandwurm steht übrigens in keinem Verhältnis zum tatsächlichen Risiko. Die Anzahl an Neuerkrankungen ist verschwindend gering. Auch Obst und Gemüse von Kulturflächen müsste dann in uns dieselben Ängste wecken, denn Füchse durchstreifen Kulturacker und wilde Landschaft gleichermaßen. Als eine der größten Infektionsquellen gilt vielmehr mit Fuchskot infizierter Ackerstaub (vgl. Fleischhauer 2006: 17).
Die 200 wichtigsten und bei uns weitverbreiteten essbaren Wildpflanzen haben wir in diesem Buch mit allen notwendigen Informationen zur Bestimmung, zum Sammeln und zur Verwendung in der Küche zusammengestellt. Um eine einfache Orientierung über die ganze Vegetationsperiode zu ermöglichen, sind sie nach ihrer Blattform sortiert (siehe dazu die Erklärungen in der vorderen Klappe). Die Beschreibungen, Zeichnungen und Fotos ermöglichen Ihnen, essbare Pflanzen sicher zu bestimmen; die Hinweise zur Verwendung in der Küche zeigen Ihnen, wie Sie sie am besten nutzen. Ergänzt werden diese durch Angaben zu ihren Inhaltsstoffen (mehr dazu Seite 232ff.) und ihren wichtigsten Heilwirkungen.

Wir wünschen Ihnen viel Freude bei Ihren Streifzügen durch die Natur!

Kleines Habichtskraut

Hieracium pilosella L.
Asteraceae, Korbblütengewächse

mehrjährig	0,3 m	Mai bis Okt.	gelb

Magerrasenpflanze. Kommt auch in lichten Wäldern und auf kalkarmen Heiden, auf sandigen und lehmigen Böden bis in eine Höhe von etwa 2000 m vor.

Verwendung in der Küche

Blätter: Die etwas haarigen Blätter des Habichtskrauts können von April bis Mai entsaftet werden. Entweder gibt man sie roh in einen elektrischen Entsafter oder dünstet sie in Wasser und passiert sie durch ein Sieb. Der Saft eignet sich als eine herbe Beigabe zu Suppen, Fonds oder Gemüsesäften. Man kann die Blätter aber auch in feine Streifen schneiden und roh in Salate oder Kräuterquark geben oder dämpfen und in würzigen Getreide-Blattgemüse-Bratlingen, Krautgemüsebroten und dergleichen verarbeiten.
Blüten: Von April bis Mai findet man die ersten Blütenknospen. Diese können roh oder gekocht in Salate und Gemüsegerichte gegeben oder wie Kapern eingelegt werden. Die Blüten können von Mai bis Oktober als essbare Dekoration über Salate, Aufstriche, Gemüsegerichte oder Suppen gestreut werden.
Geschmack: Der Grundgeschmack der Pflanze ist herb-salatartig. Störend sind nur die Blatthaare, die aber bei beschriebener Verarbeitung kaum zu spüren sind. Die Blüten schmecken milder als die Blätter.
Alle anderen mitteleuropäischen Habichtskrautarten (*Hieracium,* Untergattung *Pilosella* und Untergattung *Hieracium*) sind ähnlich zu verwenden. Jedoch sind darunter manche sehr selten oder geschützt.

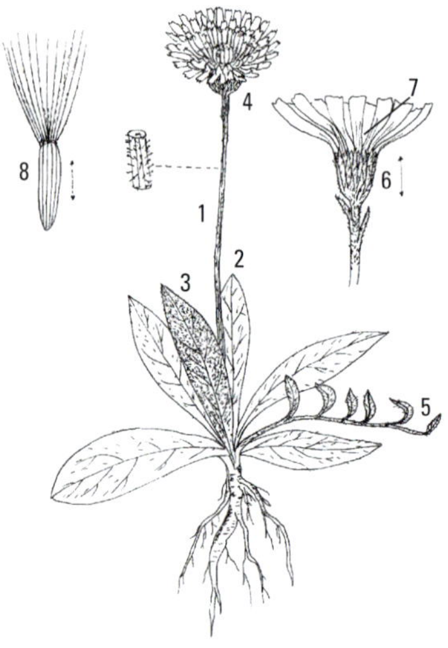

1 Der Stängel ist blattlos.
2 Stängel und Blattoberseiten sind behaart.
3 Die Blattunterseite ist filzig.
4 An jedem Stängel befindet sich nur eine Blüte.
5 Das Kleine Habichtskraut vermehrt sich über lange beblätterte Ausläufer.
6 Die Blätter, die die Blüte umhüllen, sind häufig behaart.
7 Die Blüten sind auf der Unterseite meist rot gestreift.
8 Der Samen ist schwarz und wird etwa 2 mm lang mit einem etwa 3 mm langen Haarkranz.

Inhaltsstoffe

Schleimstoffe, Umbelliferon, Flavonoide, Gerb- und Bitterstoffe.

Heilwirkungen

Volksmedizinisch als Tee (2 TL pro Tasse) aufgrund der entzündungshemmenden und leicht harntreibenden Wirkung bei Erkrankungen der Atemwege, der Blase und der Nieren. Die krampflösenden Eigenschaften macht man sich bei Darmerkrankungen und leichtem Durchfall zunutze.

Acker-Hellerkraut

Thlaspi arvense L.

Brassicaceae, Kreuzblütengewächse

einjährig	0,4 m	Mai bis Aug.	weiß

Auf Getreideäckern mit nährstoffreichen Lehm- und Tonböden bis in eine Höhe von etwa 1400 m.

1 Der Stängel ist kantig.
2 Das Blatt ist länglich.
3 Der Blattrand ist buchtig gezähnt.

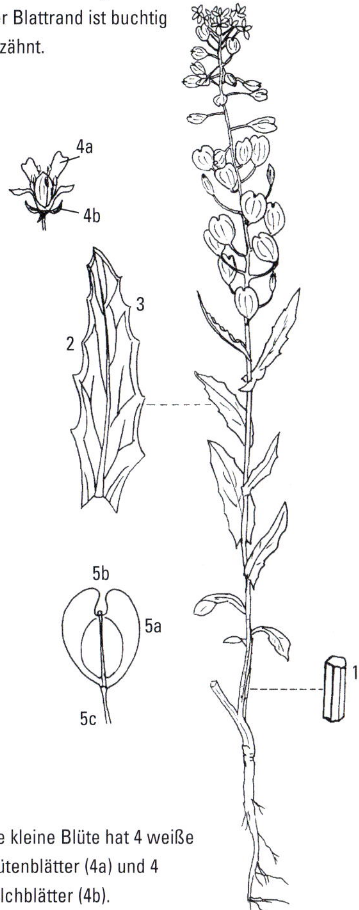

4 Die kleine Blüte hat 4 weiße Blütenblätter (4a) und 4 Kelchblätter (4b).
5 Die Frucht ist flach, am Rande geflügelt (5a), oben eingeschnitten (5b) und gestielt (5c).

Die Pflanze riecht nach Lauch.

Verwendung in der Küche

Wurzel: Von noch nicht blühenden Pflanzen kann man die Wurzel von April bis Mai ernten, solange diese noch zart ist. Geschält kann sie etwa zu Eintöpfen, Suppen, Gemüsepürees und Aufläufen verarbeitet werden.

Samen: Von August bis September gewinnt man aus den Samen ein Speiseöl; dazu werden die Samen geschrotet und in einer Ölmühle ausgepresst, oder man legt den Schrot in heißes Wasser und schöpft das sich auf der Oberfläche absetzende Öl ab.

Blüten: Von Mai bis Juni eignen sie sich als essbare, dezent würzige Dekoration. Die noch knospigen Blütenstände samt dem oberen Teil des Blütenstängels ergeben eine würzige Salatbeigabe oder, in Butter gebraten, ein zartes Gemüse.
Blätter: Die Blätter lassen sich von April bis Juni gut als Gemüse dämpfen oder in Streifen geschnitten Salaten hinzufügen.
Geschmack: Der Grundgeschmack der Pflanze ist kohl- bis mild senfartig.

Inhaltsstoffe

Ätherisches Öl, Bitterstoffe, Senföl, Vitamine und Magnesium.

Heilwirkungen

Das Acker-Hellerkraut ist als Heilpflanze kaum bekannt, obwohl man es sowohl äußerlich (als Tinktur und Tee) als auch innerlich (als Tee) aufgrund seiner antibakteriellen Wirkung bei Entzündungen der Nieren einsetzen kann. Außerdem hilft die Pflanze bei Menstruationsbeschwerden, Entzündungen der Gebärmutter und Wucherungen der Gebärmutterschleimhaut sowie im Sitzbad gegen Scheidenentzündungen. Äußerlich angewendet kann das Acker-Hellerkraut Hautentzündungen lindern. Zu diesem Zweck werden Umschläge aufgelegt, die Haut mit dem Tee gewaschen oder ein Bad bereitet.

Gewöhnlicher Beinwell, Arznei-Beinwell

Symphytum officinale L.
Boraginaceae, Borretschgewächse

mehrjährig	0,8 m	Mai bis Juli	rötl. violett o. weißlich

Nasse oder moorige Wiesen sowie Auenwälder auf nährstoffreichen Lehmböden unterschiedlicher Art bis in eine Höhe von etwa 1000 m. Nährstoffzeiger.

Verwendung in der Küche

Blüten: Der Beinwell zeigt von Mai bis Juli seine Blütenknospen und Blüten. Diese können roh

gegessen oder über Salate, zum Beispiel Gurkensalat, gestreut werden. Die Blütenknospen eignen sich gegart auch als Gemüse.
Stängel und Triebe: Junge, noch elastische Stängel und Triebspitzen kann man, geschält und von Fasern befreit, roh in Salate schneiden oder als kurz gebratenes, leicht gesalzenes Pfannen- und Backgemüse zubereiten.
Wurzeln: Von September bis ins Frühjahr kann man, sofern der Boden nicht gefroren ist, die Wurzeln ernten und gesäubert oder geschält roh essen. Sie können auch als Gemüse gekocht oder getrocknet und geschrotet zu Kaffee geröstet werden.
Blätter: Große und kleine, weiche Blätter werden von April bis Juli gehackt Kräutermischungen

1. Die ganze Pflanze ist behaart und fühlt sich rauh an.
2. Der Stängel ist kantig und am Rand geflügelt.
3. Die unteren Blätter sind lang gestielt.
4. Die Blätter sind hellgrün und werden bis 25 cm lang.
5. Die Blütenstände sind gestielt.
6. Die 1–2 cm lange Blüte ist röhren- bis glockenförmig.
7. Aus der Blüte ragt ein Griffel heraus.

oder geschnitten Salaten und Salatsaucen beigegeben. Man verarbeitet sie aber auch als Blattgemüse oder Blattroulade, gerne auch in Teig ausgebacken, oder gibt sie als milderndes Gemüse zu strengeren, stark bitteren, scharfen oder sehr sauren Gerichten. Auch kann man sie entsaften und ihren grün färbenden, mineralstoffreichen Saft Limonaden und anderen Mixgetränken oder Säften zugeben. Aus den getrockneten Blättern stellte man früher eine Rauchtabakmischung her.
Geschmack: Der Grundgeschmack der Wurzeln ist dem der Schwarzwurzel ähnlich. Die oberirdischen Pflanzenteile schmecken im zarten Zustand gurkenartig, unverarbeitet sind sie etwas pelzig.
Hinweis! Da sich die Blätter von denen des giftigen Fingerhuts *(Digitalis purpurea)* nur am Blattrand unterscheiden, besteht Verwechslungsgefahr. Siehe Abbildungen Seite 211/212. Die Pflanze enthält Pyrrolizidinalkaloide. Da diese Stoffe möglicherweise leberschädigend wirken, sollten sie eher vorsichtig verwendet werden. Andererseits schätzte man den Beinwell jahrhundertelang als Heil- und Nahrungspflanze und konsumierte ihn in größeren Mengen, ohne dass schädigende Wirkungen beim Menschen beschrieben wurden. Wir erachten den gelegentlichen Verzehr kleiner Mengen als unbedenklich. Lesen Sie dazu Seite 238.

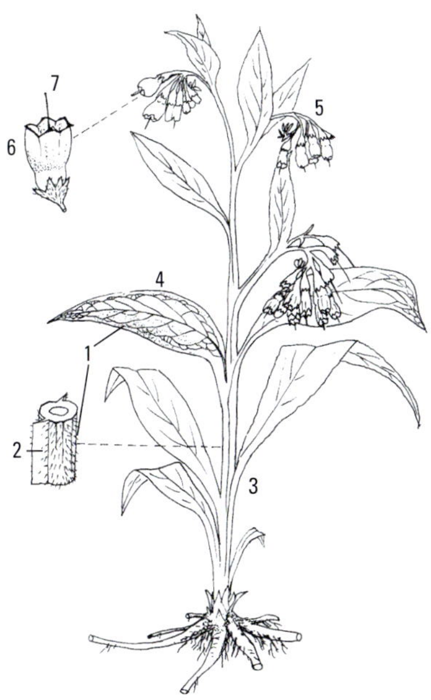

Inhaltsstoffe

Allantoin, Gerbstoffe (bis 6 %), Schleimstoffe, Stärke, Triterpene, 1–3 % Asparagin, Phytosterole, 0,04–0,6 % Pyrrolizidine.

Heilwirkungen

Beinwell ist eine wichtige Arzneipflanze und wird bei Gelenkbeschwerden, Sehnenscheidenentzündungen, Gicht, Prellungen, Blutergüssen, Knochenbrüchen, Venenentzündungen, Drüsenschwellungen und Brustdrüsenentzündungen in Form verschiedener Zubereitungen (Wickel, Salbe, Creme oder Gel) äußerlich angewendet. Volksmedizinisch wurde Beinwell als Teeaufguss auch innerlich bei Rheuma, Bronchitis und Bauchfellentzündung eingesetzt.

Spitz-Wegerich

Plantago lanceolata L.
Plantaginaceae, Wegerichgewächse

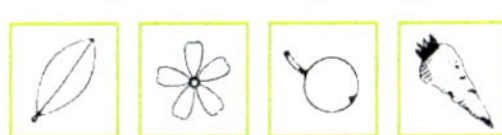

mehrjährig	0,5 m	Mai bis Sept.	bräunlich

In Wiesen- und Rasengesellschaften unterschiedlicher Ausprägung auf Lehmböden bis in etwa 1900 m Höhe.

Verwendung in der Küche

Blätter: Der Spitz-Wegerich hat von April bis Juni aromatische Blätter. Man sollte die zarteren Blätter der Rosettenmitte ernten. Wegen ihrer starken Längsfasern sollten sie quer zur Faser in Streifen geschnitten werden. So bilden sie eine gute Grundlage für Salate und Gemüse. Beispielsweise kocht man sie wie Spinat und verarbeitet sie in Omeletts oder Rührei. Auch eignen sie sich als Brotbelag, essbare Dekoration, zum Entsaften und finden selbst in Spirituosen Verwendung.

Blüten: Von Mai bis Juli findet man die zarten Blütenknospen. Man kann sie knabbern, Salaten beimischen, in der Pfanne dünsten sowie in Öl oder in Essigwasser einlegen. Sie sind eine wahre Delikatesse.
Samen: Von August bis Oktober bilden sich die Samen, mit denen man Gemüsegerichte verfeinern kann. Das in ihnen enthaltene Öl kann ausgepresst werden und als nussiges Öl zum Beispiel für Salate und auf Toast verwendet werden.
Wurzel: Die von Oktober bis April zu erntende Wurzel ist feinästig, muss also sorgfältig gewaschen werden. Dann kann man sie gut klein geschnitten und gemischt mit anderem gewürfeltem Gemüse wie Tomaten, Paprika oder Karotten weich gekocht, leicht gesalzen und eventuell mit Ei oder Mehl gebunden als Gemüsefüllung von Teigtaschen und herzhaften Strudeln benutzen.
Geschmack: Der Grundgeschmack der Pflanze, insbesondere der Blütenknospen, ist champignonartig.
Alle anderen mitteleuropäischen Wegericharten *(Plantago)* sind ähnlich zu verwenden.

Inhaltsstoffe

2–3% Glykoside (Iridoide), Schleimstoffe, Saponine, Flavonoide (Hauptkomponenten Apigenin und Luteolin), Kieselsäure (mehr als 1%), Zink, Kalium, viel Vitamin C und B.

Heilwirkungen

Seit der Antike, wohl auch aufgrund seiner enormen Verbreitung, eine der meistverwendeten Heilpflanzen. Noch heute wird das getrocknete Kraut arzneilich verwendet. Auf 2 Teelöffel getrocknetes Kraut pro Tasse gibt man kochendes Wasser und lässt den Tee 15 Minuten ziehen. Alle Mitglieder der Familie der Wegerichgewächse wirken gegen Bakterien und sind erfrischend und reinigend. Bei Verletzungen, Hautentzündungen, Verbrennungen, Schwellungen und Insektenstichen wendet man den Spitz-Wegerich äußerlich an. Der Extrakt gilt als ausgezeichnetes Heilmittel bei Augenentzündungen. Innerlich angewendet lindert er Beschwerden der oberen Atemwege und Entzündungen im Mund und Rachen. Auch bei Magenschleimhautentzündung, Reizdarm und entzündlichen Erkrankungen der Harnwege findet er Anwendung. Die frischen, in der Hand zerriebenen Blätter können bei kleinen Wunden zum Blutstillen und bei Insektenstichen zur Erstversorgung genutzt werden.

Waldmeister

Galium odoratum (L.) Scop.
Rubiaceae, Rötegewächse

mehrjährig	0,25 m	Mai	weiß

In krautreichen Buchen- und Laubmischwäldern auf nährstoffreichen Lehmböden bis auf 1400 m Höhe.

Verwendung in der Küche

Blätter: Von April bis Juni werden die frischen, grünen Blätter des Waldmeisters gesammelt. Man pflückt die oberen drei bis vier Blattetagen von noch nicht blühenden Pflanzen, lässt die Blätter 1–2 Tage anwelken, da das typische Aroma erst beim Trocknen entsteht, und kann sie dann als Geschmacksgeber Kräuterbowlen oder Tees zusetzen. Auch als Aroma für Spirituo-

Inhaltsstoffe

Cumarin, Gerb- und Bitterstoffe, Asperulosid und weitere Glykoside, Flavonoide.

Heilwirkungen

In Fertigpräparaten gegen Venenerkrankungen und Durchblutungsstörungen. Der Tee (1 TL auf 250 ml Wasser) dient volksmedizinisch als krampflösendes Mittel bei Krämpfen und Koliken sowie zur Stärkung der Leber. Aus der Pflanze kann ein heilkräftiger Wein angesetzt werden, der schlaffördernd ist, stimmungsaufhellend wirkt und bei Herzbeschwerden hilft. Das getrocknete Kraut eignet sich zusammen mit anderen Kräutern wie Lavendel und Melisse auch als Füllung von schlaffördernden Kräuterkissen. Äußerlich können die frischen, in der Hand zerriebenen Blätter auf kleinere Wunden und Insektenstiche aufgelegt hilfreich sein.

sen und Süßspeisen aus Milch (Cremes, Puddings oder Eis) werden die getrockneten Triebe genutzt sowie als Gewürz für Gemüsegerichte.
Blüten: Von Mai bis Juni legt man die Blüten in Wein ein und erhält somit wunderbare Kräuterweine.
Hinweis! Wegen des Cumarins (siehe Seite 234) nur etwa 3 g pro Liter zu aromatisierender Flüssigkeit verwenden. Cumarin kann bei reichlichem Genuss Kopfschmerzen auslösen.
Geschmack: Die Pflanze schmeckt und riecht unverwechselbar süß nach Waldmeister.

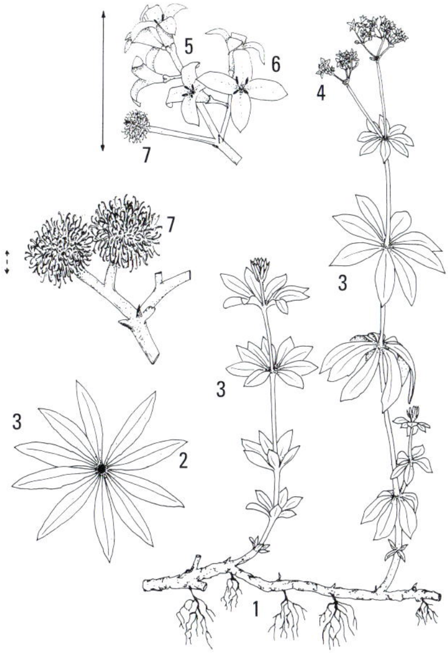

1 An der Wurzel bilden sich neue Triebe.
2 Das Einzelblättchen ist schmal, lanzettlich geformt und wird bis 4 cm lang. Es fühlt sich am Rand und am Mittelnerv rauh an.
3 6 bis 8 Blättchen entspringen auf gleicher Höhe und bilden einen Quirl.
4 Mehrere Blüten sind zu einem schirmförmigen Blütenstand zusammengefasst.
5 Die Blüte ist weiß und trichterförmig.
6 Die Blütenblätter sind zugespitzt.
7 Mit ihren Stachelborsten verbreitet sich die Frucht.

Wiesen-Labkraut

Galium mollugo agg.
Rubiaceae, Rötegewächse

mehrjährig	0,8 m	Mai bis Sept.	weiß

An Wald- und Gebüschsäumen, auf Wiesen und in Auenwäldern auf nährstoffreichen Lehm- und Tonböden bis etwa 1700 m Höhe.

Verwendung in der Küche

Blätter und Stängel: Fast das ganze Jahr kann man die Blätter und die zarten Stängel zu Blattgemüsegerichten verarbeiten, denn auch im Winter findet man kleine Wiesen-Labkrautpflanzen unter der Schneedecke. Die zartsaftigen Triebspitzen im April haben breite Stängel und kleine, weiche, quirlständige Blätter. Sie sind eine ausgezeichnete Salatgrundlage.

Blüten: Von Mai bis September kann man die Blüten und Blütenknospen über Salate streuen. Aus dem Saft ausgekochter Blüten lässt sich ein süßer Pudding zubereiten. Die Blüten geben Kräuterlimonade und anderen Getränken Aroma.

Samen: Im August und September reifen die kleinen Samen. Bewahrt man sie in dunklen Gefäßen auf, können sie im Winter als frische Keimsaat oder geröstet als Kaffee-Ersatz genutzt werden.

Geschmack: Im Frühjahr schmeckt die Pflanze wie eine Mischung aus mildem Kopfsalat und Rucola.

Heilwirkungen

In der Naturheilkunde wird das Kraut zum Anregen der Nierentätigkeit und zur Entschlackung über die Lymphe verwendet. Darüber hinaus soll die Pflanze die Lebensgeister wecken.

Inhaltsstoffe und weitere Heilwirkungen

Siehe Kletten-Labkraut *(Galium aparine)*, rechts.

1 Der Stängel ist kantig.
2 Die Blätter bestehen aus schmalen Teilblättchen (3), die zu mehreren rund um den Stängel angeordnet sind.
3 Das längliche Teilblättchen ist etwa fünfmal so lang wie breit.
4 Die Blüten bestehen aus mehreren Blütenästen, die jeweils eine größere Anzahl mattweißer Einzelblüten hervorbringen, die nur etwa 3 mm groß werden.
5 Die Einzelblüte hat 4 Blütenblätter (5a) und 4 Staubbeutel (5b).

Kletten-Labkraut

Galium aparine agg.
Rubiaceae, Rötegewächse

einjährig	1,5 m	Juni bis Okt.	weiß

Im Saum von Hecken und Bestandteil nährstoffreicher Wildkrautfluren auf Lehm- und Tonböden bis in eine Höhe von etwa 1000 m. Stickstoffzeiger.

Verwendung in der Küche

Blätter und Triebe: Die etwas haarigen Blätter und Triebspitzen des Kletten-Labkrauts können von Mai bis August entsaftet werden. Entweder gibt man sie roh in einen Entsafter oder dünstet sie in Wasser und passiert sie dann durch ein Sieb. Der Saft bildet die Grundlage für Suppen, Fonds und Vitamingetränke. Die Blätter kann man dämpfen. So vorbereitet und erwärmt nutzt man sie auch als Gemüsefüllungen, gibt sie in Aufläufe, Suppen, Bratlinge, den Teig für Krautgemüsebrote, Eierspeisen (Omelett, Rührei), Quiche oder Kräuterquark. Frisch und getrocknet kann aus der ganzen Pflanze Tee zubereitet werden.
Blüten: Von Mai bis Oktober können die mildkrautig schmeckenden Blüten als essbare Dekoration zum Beispiel für Rohkostgerichte benutzt werden.
Samen: Von September bis Oktober kann man die Samen trocknen, im Backofen oder in der Pfanne leicht rösten und dann als Kaffee aufbrühen.
Geschmack: Der Grundgeschmack der Pflanze ist mild salatartig. Störend sind nur die Klettenhaare, die aber bei beschriebener Verarbeitung weich werden.

Inhaltsstoffe

Glykoside wie Asperulosid, geringe Mengen Alkaloide, Gerbstoffe, ätherisches Öl.

Heilwirkungen

Volksmedizinisch als harntreibendes Mittel, bei Nierensteinleiden und Geschwüren. Die Pflanze soll den Lymphfluss anregen und blutreinigend

wirken. Galt früher als wirksam gegen Krebs. Homöopathisch bei Drüsenschwellungen und Geschwülsten. Das Kraut wird auch in der Traditionellen Chinesischen Medizin verwendet und ist hier der Leber, Galle und Blase zugeordnet.

Taubenkropf-Leimkraut

Silene vulgaris (Moench) Garcke
Caryophyllaceae, Nelkengewächse

mehrjährig	0,5 m	Mai bis Sept.	weiß

Besiedelt trockene, besonnte und oftmals steinige Standorte auf unterschiedlichen Böden. Pionierpflanze.

Verwendung in der Küche

Blätter: Im April und Mai vor der Blüte findet man beim Taubenkropf-Leimkraut die ersten kurzen Erdtriebe und zarten Blätter. Die beblätterten Triebspitzen und Blätter sollten noch zarte Stängel haben, die man mitessen kann. Man zwickt sie mit den Fingerspitzen ab und gibt sie roh in Streifen geschnitten in verschiedene Salate, aufs Butterbrot oder in Kräuterquark und

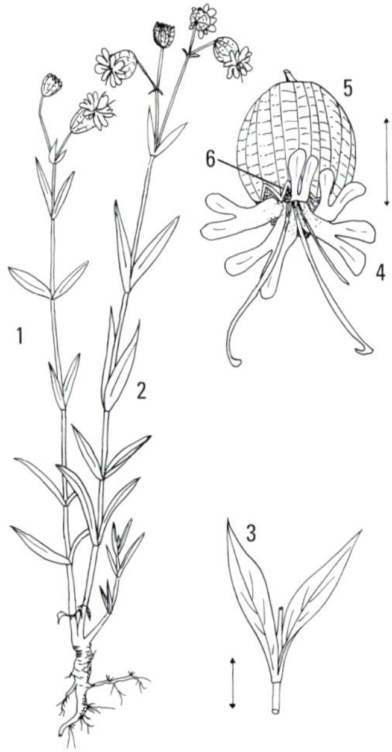

1 Der Wuchs ist aufrecht.
2 Jeweils 2 Blätter stehen sich gegenüber.
3 Die schmalen Blätter sind blaugrün.
4 Das Blütenblatt ist am Rand deutlich gespalten.
5 Der Blütenkelch wirkt aufgeblasen.
6 An der Spitze hat der Blütenkelch 6 Zähne.

Kräuterbutter. Milder werden die Blätter und Triebspitzen, wenn man sie fein geschnitten mit Salz ziehen lässt oder kurz mit Wasser überbrüht. Mit anderem Gemüse und anderen Kräutern gemischt sind die Blätter und Triebspitzen eine schmackhafte Füllung für Teigtaschen und Aufläufe. Man kann sie auch in eine Kartoffelsuppe pürieren oder in Spinat geben.

Geschmack: Die Pflanze hat einen erbsenartigen, herben Grundgeschmack, im Laufe des Jahres wird sie zunehmend bitter.

Inhaltsstoffe und Heilwirkungen wie bei der Kuckucks-Lichtnelke *(Silene flos-cuculi)*, siehe unten.

Kuckucks-Lichtnelke

Silene flos-cuculi (L.) Clairv.
Caryophyllaceae, Nelkengewächse

mehrjährig	0,8 m	Mai bis Juli	rosa

Auf feuchten bis nassen Wiesen und in Gräben auf Lehm- und Tonböden bis in eine Höhe von etwa 1400 m.

Verwendung in der Küche

Blüten: Die Kuckucks-Lichtnelke erkennt man an ihren schönen, locker hängenden und leuchtend strahlenden Blüten. Diese lassen sich von Mai bis Juli hervorragend als essbare Dekoration einsetzen. Die schöne Form der Blütenblätter bleibt erhalten, wenn man sie vorsichtig auszupft und in einer Dose oder Schachtel mit Deckel lagert, so halten sie sich im Kühlschrank etwa eine Woche. Über warme und kalte Speisen, zum Beispiel Salate, herzhafte, aber auch süße Brotaufstriche) gestreut sind sie ein wahrer Genuss. Unser Tipp: Wildkräuter-Quark-Creme oder Radicchio-Gurken-Salat mit Blüten der Kuckucks-Lichtnelke bestreuen. Gern werden die getrockneten Blüten als dekoratives Element in Trockenteemischungen gegeben.

1 Der Wuchs ist aufrecht.
2 Der Stängel ist behaart.
3 Jeweils 2 Stängelblätter bilden ein Paar.
4 Die bodennahen Blätter erscheinen büschelig.
5 Das Einzelblatt ist sehr schmal, länglich und etwas rauh.
6 Die Blüte hat 5 rosa Blütenblätter.
7 Das Blütenblatt ist vierteilig.
8 Die Fruchtkapsel zeigt nach der Öffnung 5 Zähne.

Geschmack: Der Grundgeschmack der Blüten ist leicht süßlich bis teeartig. Die Blätter schmecken etwas bitter-seifig.

Inhaltsstoffe
Schleimstoffe, Saponine, Zucker, Vitamin C.
Heilwirkungen: Die Heilwirkung ist unbedeutend. Die Pflanze wirkt allenfalls mild stoffwechselanregend und ist ein Vitaminlieferant.

Blätter: Von April bis Juni eignen sich die zarten Blätter als Zutat für Salate oder Blattgemüsegerichte, insbesondere auch für Gemüsepürees. Man kann sie mit aromatischen Gewürzkräutern gut mischen. Gut schmecken sie auch roh auf dem Butterbrot.

Wiesen-Flockenblume

Centaurea jacea L.
Asteraceae, Korbblütengewächse

mehrjährig	0,8 m	Juni bis Okt.	rosa bis purpurrot

Auf Wiesen, Weiden und Magerrasen auf überwiegend lehmigen Böden bis in eine Höhe von 1900 m. Tiefwurzler und Rohbodenpionier.

Verwendung in der Küche
Blätter und Triebe: Die sonnengereiften Blätter und Triebe wurden früher von August bis September als Hopfenersatz beim Bierbrauen eingesetzt.
Blüten: Von Juni bis Oktober kann man die Blüten zum Strecken und zum farblichen Auffrischen Tabak beimischen. Frisch oder getrocknet eignen sich die Blüten als essbare Dekoration auf Süßspeisen, Salaten, aber auch herzhaften Aufläufen, Quiche, Pizzen und Suppen. Unser Tipp: Frischkäse oder Gewürzbutter mit den Blüten ummanteln. Getrocknete Blüten gibt man als dekorative Zutat in Trockenteemischungen.

1 Die Blätter, die an der oberen Hälfte des Stängels wachsen, sind länglich und meist ungeteilt.
2 Die Blätter an der unteren Hälfte sind ebenfalls länglich, aber oftmals deutlicher in Abschnitte geteilt.
3 Der Blattrand ist meist fein gezähnt.
4 Die purpurroten Blütenblätter sind tief eingeschnitten.
5 Die Blätter, die die Blüte umfassen, sind schuppenförmig angeordnet.
6 Der Samen hat keinen Haarkranz.

Geschmack: Die Blätter schmecken bitter wie Hopfen, die Blüten hingegen haben keinen eigenen Geschmack.

Inhaltsstoffe

Gerbstoffe und Flavonoide.

Heilwirkungen

Ähnlich wie die der Kornblume *(Centaurea cyanus)*, siehe unten. Aus den Blättern kann ein wässriger Extrakt destilliert werden, der bei Augen- und Lidrandentzündung hilft. Die Bitterstoffe der Wurzel wirken harntreibend, verdauungsfördernd und allgemein stärkend sowie fiebersenkend.

Kornblume

Centaurea cyanus L.

Asteraceae, Korbblütengewächse

einjährig	0,6 m	Juni bis Okt.	blau

Auf vorwiegend kalkarmen Getreidefeldern, auf nährstoffreichen Lehm- und Sandböden bis in 1000 m Höhe. Kulturbegleiter seit der Jungsteinzeit.

Verwendung in der Küche

Blüten: Wenn das Getreide (Korn) reif ist, blüht die Kornblume, und wie bei der verwandten Flockenblume *(Centaurea jacea)* werden ihre Blüten von Juni bis Oktober als Dekoration zum Beispiel in Trockenteemischungen und in Rauchtabak gegeben. Die filigranen, leuchtend blauen Blüten behalten auch getrocknet ihre schöne Farbe. Vorsichtig ausgezupft können sie frisch oder getrocknet als essbare Dekoration über eine Vielzahl von Gerichten gestreut werden. Unser

1 Der Stängel wächst aufrecht.
2 Die Blätter fühlen sich filzig an.
3 Die unteren Blätter haben seitliche Ausbuchtungen.
4 Die oberen Blätter sind länglich und nur bis 5 mm breit.
5 Die blauen »Blütenröhren« sind bis zu einem Drittel eingeschnitten.
6 Die Blätter, die die Blüte umhüllen, sind schuppenförmig angeordnet.

Tipp: Fertigen Sie Gewürzkräutermischungen zum Beispiel mit Bär-Lauch oder Dost und Thymian mit Kornblumenblüten, oder servieren Sie einmal Fisch oder eine Terrine mit den blauen Blüten.
Geschmack: Die Blüten schmecken neutral, wie zartes Papier, nur in großen Mengen erinnert ihr Geschmack etwas an Grüntee.
Hinweis! Da die sonst in Mitteleuropa verbreitete Kornblume in Österreich nur selten vorkommt, sollte man dort auf das Sammeln der Blüten verzichten.

Inhaltsstoffe

In den Blüten: Polyacetylene und Bitterstoffe. Für die blaue Färbung der Blüten sind Anthocyane und das Flavon Apigenin verantwortlich.

Heilwirkungen

Volksmedizinisch werden die Blüten bei Fieber, Menstruationsstörungen, Weißfluss und Verstopfung verwendet. Weiterhin wird die ganze Pflanze in Form eines Tees als schleimlösendes und harntreibendes Mittel und zur Anregung der Leber- und Gallenfunktion verwendet. Äußerlich nutzt man einen Aufguss aus den Kornblumenblüten bei Entzündungen des Auges und der Bindehaut, ferner für Waschungen des Haarbodens bei Kopfgrind und Schuppenbildung. Anwendung innerlich und äußerlich als Tee, 1–2 Teelöffel Blüten pro Tasse mit kochendem Wasser übergießen und 10 Minuten ziehen lassen.

Breitblättriger Rohrkolben

Typha latifolia L.
Typhaceae, Rohrkolbengewächse

mehrjährig	2 m	Juni bis Juli	braun

Im Röhricht nährstoffreicher, stehender oder langsam fließender Gewässer.

Verwendung in der Küche

Der Breitblättrige Rohrkolben ist wie das Schilf ein Gras.
Triebe: Die jungen, fast porreeartig aussehenden Triebe kann man von April bis Juni fein geschnitten in eine Marinade oder in Öl einlegen und als ein Antipasto essen. Man kann sie auch in der Pfanne dünsten oder in Salate und Suppen schneiden. Nach ihrer Ernte schält man die äußeren Blätter ab und nutzt nur die hellen, noch bleichen Blätter im Inneren.
Wurzeln: Die sehr faserigen Wurzeln ergeben im März und im Herbst ein nährstoffreiches Gemüse. Sie sind bis zu 5 cm dick und werden nach dem Waschen quer zur Faser klein geschnitten und gekocht. Passiert man sie durch ein Sieb, erhält man ein fast süßliches Mus. Dieses eignet sich als Bindemittel für Saucen oder gesüßt für Desserts und Eis. Das getrocknete Mus wird als Mehl zum Backen verwendet.
Blüten: Von Juli bis August schabt man die unreifen weiblichen Blütenteile ab und nutzt sie als Back- und Kochgemüse. Auch der eiweißreiche Pollen der männlichen Blütenteile wird Backmehl zugegeben.
Geschmack: Der Grundgeschmack der Pflanze ähnelt dem von Bambussprossen, saftig, stärkereich. Das Wurzelmus schmeckt maronenartig.

Die andere mitteleuropäische Rohrkolbenart *(Typha angustifolia)* ist ebenso zu verwenden.

Inhaltsstoffe

In der Wurzel: Stärke. Die Pollen sind proteinreich.

Heilwirkungen

Der Pollen ist entwässernd und wird naturheilkundlich bei Nierensteinen, Blutungen, Menstruationsbeschwerden, Bandwürmern und Durchfall verwendet.

Astiger Igelkolben

Sparganium erectum L.
Typhaceae, Rohrkolbengewächse

mehrjährig	0,5 m	Juli bis Sept.	grünl., weisslich

Im Uferröhricht nährstoffreicher, stehender Gewässer bis 0,5 m Wassertiefe überwiegend im Flachland.

Verwendung in der Küche

Stängelbasis: Die fingerdicke Stängelbasis am Ansatz der Wurzel der Igelkolben kann man als

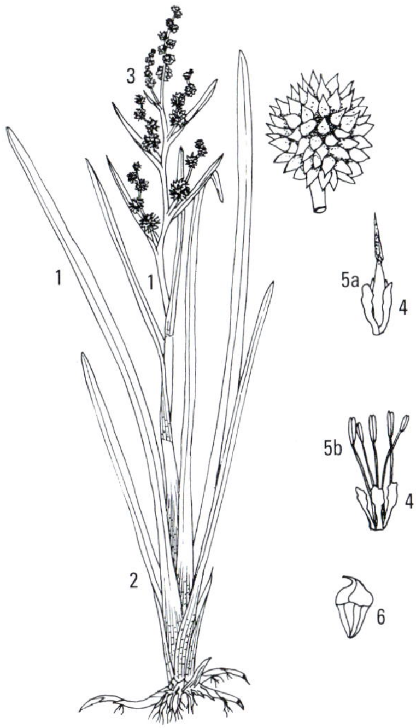

1 Die Blätter und Blütenstängel wachsen aufrecht.
2 Die schmalen, bis 15 mm breiten Blätter sind an der Unterseite dreikantig.
3 Die Blütenstände sind kugelig.
4 Die Blütenblätter sind dunkel.
5 Es gibt weibliche (5a) und männliche Blüten (5b).
6 Die dunklen Früchte sind sehr kantig.

Gemüse zubereiten. Am besten eignen sie sich dazu von März bis April, solange sie noch nicht zu viele zähe Fasern haben. Man schält die äußeren Blätter ab und dünstet die milden, hellen Stängelbasen in der Pfanne, bereitet aus ihnen eine Art Spargelterrine zu oder legt sie gesalzen in Öl oder Gewürzsud ein. Fein gewiegt können sie Pesto oder Hackkräutermischungen beigegeben oder in Salate geschnitten werden. Man kann die Stängelbasen auch auspressen und erhält so einen süßen Saft.
Wurzeln: Im Herbst bis in den Winter kann man auch die fingerdicken, jungen, weißen Wurzeln auskochen und gewinnt so einen stärkereichen Sud als Grundlage für Saucen und flüssige Teige oder nutzt sie gesüßt als Brei. Man kann sie auch trocknen und zu Stärkemehl pulverisieren.

Geschmack: Der Grundgeschmack der Pflanze ist wässrig, mild-süß.

Inhaltsstoffe

Die Wurzel und die Stängelbasen enthalten viel Stärke.

Heilwirkungen

In Europa spielte der Igelkolben in der Volksmedizin nie eine Rolle. Die Ureinwohner Nordamerikas nutzten ihn jedoch zusammen mit anderen Pflanzen als Tee bei Erkältungskrankheiten.

Kriech-Quecke

Elymus repens L. (Gould)
Poaceae, Süßgräser

mehrjährig	1,2 m	Mai bis Juli	grün

In Wildkrautgesellschaften auf Äckern, in Gärten und an Ufern auf nährstoffreichen Lehm- und Tonböden bis in eine Höhe von etwa 1000 m. Stickstoffzeiger.

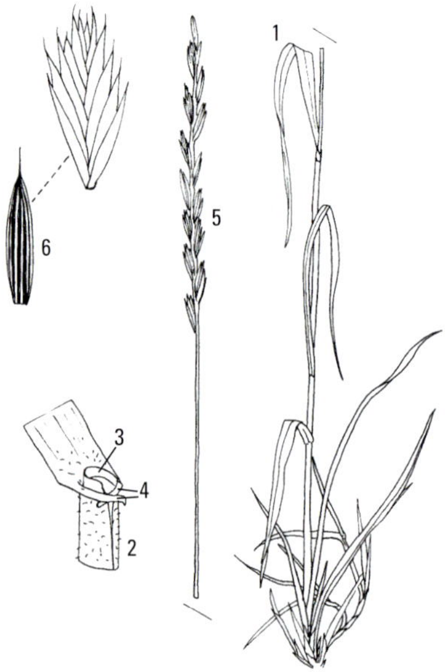

1 Die Blätter sind etwa 5 mm breit, an ihrer Oberseite rauh und oftmals bläulich überlaufen.
2 Die Blattscheiden sind behaart.
3 Am Blattansatz befindet sich ein schmales Häutchen.
4 Am Blattgrund befinden sich schmale Öhrchen, die den Stängel umgreifen.
5 Der Blütenstand wird etwa 12 cm lang und hat eine zweiseitige Blütenanordnung.
6 Die Blüten der Quecke werden durch oben zugespitzte, fünfnervige Hüllblätter geschützt.

Verwendung in der Küche

Eines der in Mitteleuropa meistverbreiteten Gräser und das gefürchtetste »Ungras« in Gärten und auf Äckern ist die Quecke.

Samen und Blätter: Die Samen kann man ab Ende Juli roh knabbern und die zarten Frühjahrsblätter klein gehackt in den Salat geben.

Wurzeln: Die Wurzeln können von September bis in den Winter und in den Zeiten, wenn das Gras nicht in der Blüte steht, getrocknet und zu Mehl gemahlen werden, das sich auch zum Strecken von Getreidemehl eignet. Aus den Wurzeln kann auch ein stärkehaltiger Saft ausgepresst werden, den man frisch trinkt, durch langes Köcheln zu Sirup eindickt oder aus dem man durch Fermentation eine Grundflüssigkeit zur Bierherstellung gewinnt. Zuweilen wird auch Tee aus den Wurzeln aufgebrüht oder durch Rösten und Mahlen ein Kaffee-Ersatz hergestellt. Die frischen Wurzeln werden klein geschnitten auch Salaten und Suppen beigemengt.

Geschmack: Die Pflanze schmeckt nach Stärke. Beim Kauen wird der Geschmack süßlich.

Inhaltsstoffe

Ätherisches Öl, Polysaccharide (Triticin), Zuckeralkohol Mannitol, Schleimstoffe und lösliche Kieselsäure.

Heilwirkungen

Aufgrund ihres ätherischen Öls wirkt die Pflanze, insbesondere der Wurzelstock, antibakteriell. Früher wurde die Kriech-Quecke als harntreibendes Mittel bei Harnwegserkrankungen und als mildes Abführmittel eingesetzt. Ferner bei rheumatischen Beschwerden, Gicht und äußerlich bei chronischen Hautausschlägen. Die Schleimstoffe wirken lindernd bei Reizhusten.

Gewöhnliches Schilf

Phragmites australis (Cav.) Trin. ex Steud.
Poaceae, Süßgräser

mehrjährig	3 m	Juli bis Sept.	braun bis violett

Im Röhricht stehender oder langsam fließender Gewässer bis in eine Wassertiefe von 1 m oder an moorigen Standorten. Kommt bis in eine Höhe von etwa 1200 m vor.

Verwendung in der Küche

Das Gewöhnliche Schilf gehört, wie auch Bambus, zu den Gräsern und lässt sich ähnlich gut verwenden.

Wurzeln: Aus den fingerdicken, jungen, weißen Wurzeln kann man im Herbst ein Mehl gewinnen. Man trocknet sie in kleinen Stücken, pulverisiert diese und siebt die Fasern heraus. Die getrockneten Wurzelschnitzel kann man auch rösten und als Kaffee-Ersatz aufbrühen.

Triebe: Dort wo die Wurzeln im April in die neuen, noch weichen Triebe übergehen, kann man die Wurzeln samt der Triebe als Gemüse nutzen. Von den Trieben schält man die äußeren Blätter ab und erhält so ein mildes, helles Gemüse. Dies kann eingelegt, gedünstet oder roh als Salat verwendet werden. Aus den Trieben kann man einen süßen Trinksaft auspressen. An angeritzten, jungen Stängeln sammelt sich über Nacht eine zuckerhaltige klare Sirupkugel, die man wie eine Süßigkeit essen kann.
Samen: Aus den trockenen Fruchtständen schüttelt, klopft oder reibt man die Samen im September und Oktober auf ein Tablett, bläst die Spelzen weg und zerdrückt die Samen zu Getreideschrot. Im Winter kann man die Samen auf der Fensterbank keimen lassen.
Geschmack: Der Grundgeschmack der Pflanze ist mild und süß.

Inhaltsstoffe

Wurzeln und Stängel: bis zu 5 % Zucker (vor allem Stärke), außerdem Asparagin.

Heilwirkungen

In der Traditionellen Chinesischen Medizin wird die Pflanze als schmerzlindernd, harntreibend und fiebersenkend beschrieben. Der Wurzelsud kann bei Husten und Übelkeit eingesetzt werden. Blatt- und Blütenaufgüsse sollen gegen Bronchitis, Cholera und Lebensmittelvergiftungen wirken.

Gewöhnliche Teichsimse

Schoenoplectus lacustris agg.
Cyperaceae, Riedgrasgewächse

mehrjährig	3 m	Juni bis Juli	rotbraun

Im Röhricht stehender oder langsam fließender Gewässer auf Schlammböden. In den Alpen bis in eine Höhe von über 1000 m.

Verwendung in der Küche

Wurzeln: Von September bis in den Winter erntet man die fingerdicken, jungen, weißen Wurzeln der Teichsimse. Am Gewässerrand gräbt und zieht man sie aus dem durchnässten Untergrund und reinigt sie gründlich in klarem Wasser. Die weichen, wenig faserigen Wurzeln können wie Kartoffeln gebacken oder gekocht und etwa als Suppeneinlage verwendet werden. Gröbere Wurzelstücke schneidet man quer zur Faser klein, kocht sie in wenig Wasser weich und pas-

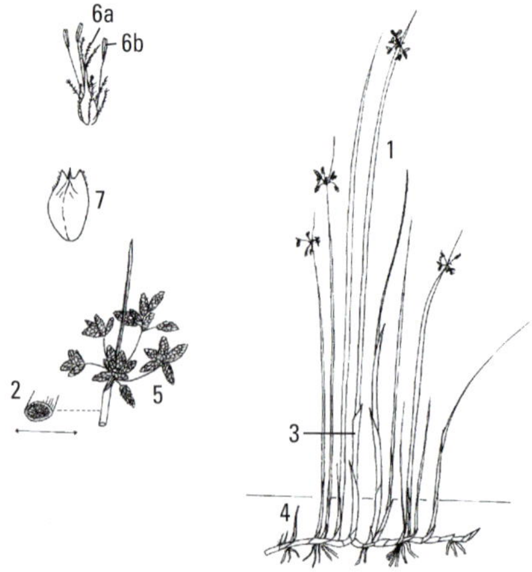

1 Im Gegensatz zu anderen Teichsimsen-Arten, die eher blaue oder graugrüne Stängel haben, ist der Stängel der Gewöhnlichen Teichsimse grün.
2 Der Stängel ist rund.
3 Die Stängel werden bis 1,5 cm dick.
4 Aus den unterirdischen Trieben bilden sich neue bewurzelte Stängel.
5 Der Blütenstand besteht aus zahlreichen mehrblütigen Ährchen.
6 Die Blüte besteht aus 3 Narben (6a) und 3 Staubblättern (6b).
7 Die Frucht ist dreikantig.

siert sie durch ein Sieb. Der dadurch entstehende stärkereiche Saft wird durch Trocknen oder durch Köcheln zu einem püreeartigen, süßlichen Brei, der in Aufläufen und in Gebäck Verwendung findet. Man kann die Wurzeln auch trocknen und mahlen und aus diesem Mehl Teiggerichte zubereiten.
Samen: Im August kann man die Samen knabbern.
Geschmack: Der Geschmack der Wurzel ist kartoffelartig. Die Samen schmecken nussig.

Inhaltsstoffe
Nicht bekannt.

Heilwirkungen
Die hawaiianische Medizin verwendet die Wurzel zusammen mit anderen Pflanzen bei Magen-Darm-Beschwerden und inneren Blutungen.

Gemüse-Lauch
Allium oleraceum L.
Alliaceae, Lauchgewächse

mehrjährig	0,7 m	Juni bis Juli	weiß bis rotbraun

An warmen Standorten wie in Weinbergen und an sonnigen Böschungen auf nährstoffreichen, eher trockenen Böden bis in etwa 1000 m Höhe.

Verwendung in der Küche
Blätter, Blüten, Brutzwiebeln: Beim Gemüse-Lauch nutzt man die Blätter vor der Blüte von April bis Juni, von Juni bis August die Blüten und von Juli bis August die aus den Blütenständen entstehenden Brutzwiebeln als Würze diverser Speisen, wie Kräuterpesto, Kräuterbutter oder Kräuterquark, Gemüsegerichte oder als frischwürzigen Brotbelag.
Zwiebel: Die Zwiebeln noch nicht blühender Pflanzen erntet man im Herbst oder im Frühjahr und verwendet sie als scharfes Gewürz für verschiedene Saucen oder Gemüsegerichte.
Geschmack: Der Grundgeschmack der Pflanze ist scharf, schnittlauchartig.

1 Der Stängel ist rund.
2 An der unteren Hälfte des Stängels befinden sich 2 bis 5 Blätter.
3 Die Blätter sind rinnig, hohl und bis 5 mm breit.
4 Die sogenannten Brutzwiebeln bilden einen Scheinblütenstand.
5 Der Blütenstand wird durch lange Blätter eingerahmt.
6 Die Blüten sind lang gestielt.
7 Die Blüte enthält 6 Staubblätter.

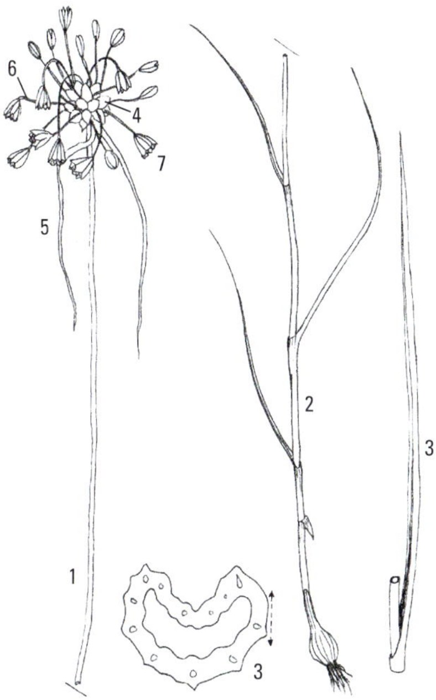

Alle anderen mitteleuropäischen Laucharten *(Allium)* sind in gleicher Weise zu verwenden.

Inhaltsstoffe

Schwefelhaltige Verbindungen.

Heilwirkungen

Wie alle Lauchgewächse wirkt der Gemüse-Lauch allgemein stärkend und hemmt Bakterien. Er senkt hohen Blutdruck und einen zu hohen Cholesterinspiegel. Der Gemüse-Lauch wurde gegen Wurmerkrankungen (Bandwurm u. a.) eingesetzt.

Wiesen-Bocksbart

Tragopogon pratensis L.
Asteraceae, Korbblütengewächse

einjährig	0,7 m	Mai bis Juli	gelb

Auf Wiesen mit lockeren Lehm- und Tonböden. Tiefwurzler.

Verwendung in der Küche

Blätter, Triebspitzen, Blüten, Stängel: Von April bis Juni lässt sich aus den Blättern, weichen Triebspitzen, den Stängeln und den knospigen Blütenständen ein leckeres Wildgemüse zubereiten. Sie eignen sich auch als knackige Zutat für Salate und insbesondere als Pfannengemüse. Im Mai kann man die oberen Blütentriebe mit den Blütenknospen wie Spargel zubereiten. Von Mai bis Juli eignen sich abgeschnittene Blütenblättchen als essbare Dekorationsstreu. Der reife Blütenkelch lässt sich schwer zerkauen.
Wurzeln: Weiche Wurzelabschnitte können vor allem im April klein geschnitten mit Mehl gebunden als Bratlinge bereitet oder zu Kochgemüse gegart werden.

Gemüse-Spargel

Asparagus officinalis L.

Asparagaceae, Spargelgewächse

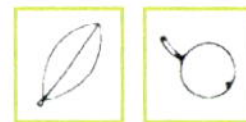

mehrjährig	1,2 m	Juni bis Juli	grün-gelb u. weiß

Gelegentlich verwildert auf trockenen, tiefgründigen Böden im Flachland. Sandzeiger, Tiefwurzler.

Verwendung in der Küche

Triebe: Von April bis Mai lassen sich die jungen Triebspitzen geschält zu Gemüsesuppen, als klassisches Spargelgericht, aber auch zu verschiedenen Salaten verwenden, roh und gekocht. Wenn man sie zu Beginn des Frühjahrs mit Erde anhäufelt und abdunkelt, bleiben sie blass und zart. Später in Jahr sind die Triebe zu holzig, um verzehrt zu werden.

Samen: Die Samen in den Spargelbeeren können im August geerntet werden. Man trocknet, schrotet und röstet sie, um sie als Kaffee aufzubrühen.

Beeren: Die Beeren selbst gelten als unbekömmlich. Sie können zu harmlosen Magenbeschwerden führen.

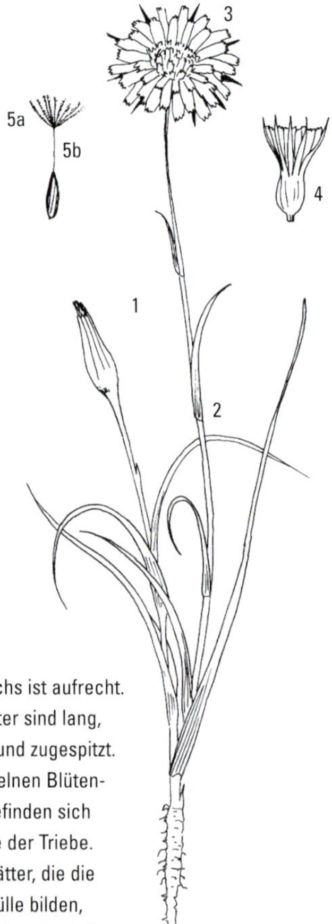

1 Der Wuchs ist aufrecht.
2 Die Blätter sind lang, schmal und zugespitzt.
3 Die einzelnen Blütenköpfe befinden sich am Ende der Triebe.
4 Die 8 Blätter, die die Blütenhülle bilden, sind am Grund miteinander verwachsen.
5 Die Frucht hat einen Haarkranz (5a) und einen langen Schnabel (5b).

Geschmack: Der Grundgeschmack der Pflanze ist salat-kohlartig, aber mild.

Inhaltsstoffe

Inulin, Lipide, Schleimstoffe, Bitterstoffe und Kohlenhydrate.

Heilwirkungen

Die Pflanze und ihre Wurzel kann naturheilkundlich als Tee, Saft, aber auch roh oder gekocht verwendet werden. Sie wirkt innerlich und äußerlich blutreinigend, schweißtreibend und regt die Harnbildung an.

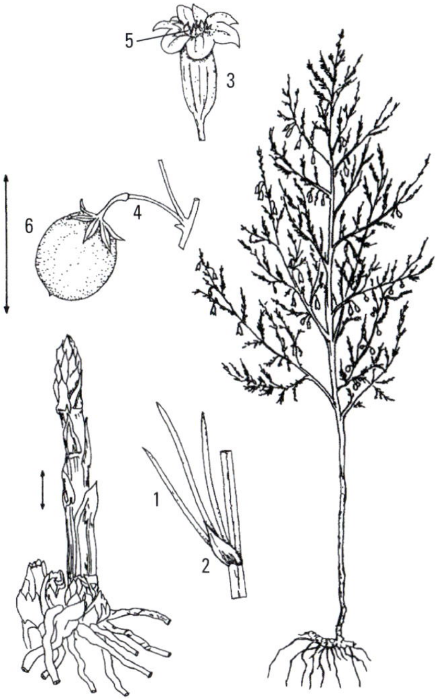

1 Die nadelförmigen Blätter werden bis 2 cm lang.
2 Den Blattachseln des Stängels entspringen Büschel von jeweils 3 bis 8 länglichen Blättern. Die sie umschließenden Blätter sind schuppenförmig.
3 Die weißlich bis blassgelben Blüten sehen glockig aus und werden nur bis 0,5 cm lang.
4 Die Blüten und später die Früchte hängen einzeln an einem dünnen, gegliederten Stiel.
5 Die Blüte enthält 6 Staubblätter.
6 Die Frucht ist eine bis 0,8 cm große, leuchtend rote Beere.

Geschmack: Der Grundgeschmack ist dem Kulturspargel ähnlich und leicht säuerlich.

Inhaltsstoffe

Saponine, Aminosäuren (Asparagin und Arginin), Flavonoide, Zucker und reichlich Kalium.

Heilwirkungen

Die Wurzel wirkt harntreibend und kann bei Nierensteinen, Gicht und Rheuma eingesetzt werden. Die Volksmedizin setzt die Pflanze darüber hinaus bei Hautunreinheiten ein. Homöopathisch bei Nierensteinen und Herzschwäche.

Gewöhnlicher Wacholder

Juniperus communis L.
Cupressaceae, Zypressengewächse

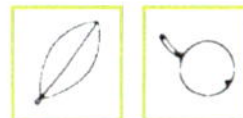

Strauch	3 m	April bis Mai	grün o. gelbbräunlich

An sonnig-trockenen Standorten in Magerweiden und lichten Wäldern.

Verwendung in der Küche

Triebspitzen: Der Gewöhnliche Wacholder hat im März und April zarte, weiche Triebspitzen, bei denen selbst das Stängelzentrum noch weich ist. Diese Triebspitzen kann man blanchieren und zum Würzen beispielsweise in Wurzelgemüse- und Bratgerichte geben. Oder man kocht die Triebspitzen aus und dickt dann den Sud mit Zucker zu einem Aufstrich ein, indem man ihn leicht kocht.
Blätter: Von März bis Juni bereitet man aus ausgereiften Blättern Tee. Zuweilen werden sie auch getrocknet und gemahlen. Dieses aromatische Mehl dient als Gewürz für Gemüse und Gebäck.
Kambium: Das zarte innere Rindenkambium kann man von März bis April in sehr feine, dünne Streifen schneiden und gekocht als eine

Art zähe Nudeln zubereiten. Das Kambium sollte man nur von durch Fällung oder Schnitt abfallenden Rindenteilen nutzen, denn Rindenverletzungen können dem lebenden Baum erheblichen Schaden zufügen!
Beeren: Im August sammelt man die Beeren und passiert sie roh oder gekocht durch ein grobes Sieb. Der würzige Saft oder das Mus unterstützt mit Salz abgeschmeckt diverse herzhafte Speisen, wie zum Beispiel Brat- und Krautgerichte. Auch mit getrockneten Wacholderbeeren würzt man schon seit je solche Gerichte oder sie werden Trockenteemischungen und Liköransätzen beigegeben. Man kann die Beeren auch auskochen und gezuckert als Aufstrich eindicken.
Geschmack: Der Grundgeschmack der Pflanze ist würzig, ginartig.
Hinweis! Die Beeren nur in sehr kleinen Mengen (als Gewürz) konsumieren, da sonst Magenreizungen zu befürchten sind.
Hinweis! An manchen Standorten ähnelt die Pflanze dem gefährlich giftigen Stink-Wacholder *(Juniperus sabina)*, jedoch sind dessen Nadeln nicht so abstehend und spitz. Siehe Abbildungen Seite 213.

Inhaltsstoffe

3–5 % Gerbstoffe, Flavonoide, in den Beeren: bis 2 % ätherisches Öl mit hohem Anteil an alpha-Pinen, Sabinen und Citronellol, 30 % Glucose und Fructose, im Holz: ätherisches Öl mit anderer Zusammensetzung als in den Beeren.

Heilwirkungen

Arzneilich verwendet werden Holz und Früchte. Die Volksmedizin setzt den Wacholder bei Magenbeschwerden und als Verdauungshilfe ein. Die Beeren wirken außerdem harntreibend. Man nutzt sie bei Harnwegsinfektionen, zur Blutreinigung und bei Rheuma. Die Anwendung sollte auf wenige Wochen beschränkt bleiben. Die Beeren können auch zur Beseitigung von Mundgeruch gekaut werden. Wegen des hohen Zuckergehalts können die Beeren zu Wein vergoren und im Anschluss daraus zu wohltuendem Schnaps gebrannt werden. Das ätherische Öl wirkt antimikrobiell und wird in Salben oder Badezusätzen gegen Rheuma eingesetzt.

Europäische Eibe

Taxus baccata L.
Taxaceae, Eibengewächse

Baum	5 m	März bis April	grün o. gelbbräunlich

In Mischwäldern in wintermilder Klimalage.

Verwendung in der Küche

Vorsicht! Der Kern der Frucht ist gefährlich giftig und sollte nicht zerkaut, heruntergeschluckt oder bei der Verarbeitung geschrotet werden, ebenso die Nadeln (mehr dazu Seite 214).
Früchte: Die roten, ausgereiften Früchte der Eibe kann man im September direkt vom Baum essen, wenn man vorsichtig mit den Fingerkuppen den Kern(!) vom süßen Fruchtfleisch trennt. Das entkernte(!) Fruchtfleisch kann man auch in süßen Aufstrichen und Desserts verwenden
Geschmack: Der Geschmack der Frucht ist sehr süß, sirupartig.
Die Eibe kommt inzwischen nur noch selten vor und ist in ihrem Bestand sehr gefährdet. Es gebietet sich also, die Früchte nur in Maßen zu nutzen, den Baum nicht zu verletzen und die Fruchtkerne in der Natur zu verbreiten.

Inhaltsstoffe
In der ganzen Pflanze (ausgenommen das Fruchtfleisch) gefährlich (!) giftige Alkaloide und blausäurehaltige Glykoside.

Heilwirkungen
Präparate aus den Nadeln wurden früher zur Behandlung von Rheuma und bei Harnwegsbeschwerden verwendet. Davon sollte jedoch wegen der Giftigkeit Abstand genommen werden. Heute werden einzelne stark giftige Inhaltsstoffe der Rinde und der Nadeln, wie zum Beispiel Taxol, sowohl rein als auch chemisch abgewandelt als Krebsmedikamente (Zytostatika) verwendet.

Schwarz-Kiefer
Pinus nigra J. F. Arnold
Pinaceae, Kieferngewächse

Baum	30 m	Mai bis Juni	rötlich oder gelblich

Trockene Standorte, eingebürgerter Einwanderer aus südeuropäischen Ländern.

Verwendung in der Küche
Triebspitzen: Von März bis April erntet man von der Schwarz-Kiefer die jungen, weichen Triebspitzen. Diese kann man in Wasser kochen und den Sud dann mit Zucker zu Sirup reduzieren oder zum Beispiel mit Löwenzahnblüten oder Früchten zusammen als Aufstrich einkochen. Oder man gießt direkt einen Tee aus den frischen Triebspitzen auf. Hauptsächlich werden die Triebspitzen jedoch zum Aromatisieren von Spirituosen verwendet.
Kambium: Von März bis April kann das zarte innere Rindenkambium ebenso wie das anderer Pinaceae in feine, sehr dünne Streifen geschnitten und weich gekocht als eine Art zähe Nudeln zubereitet werden. Wichtig: Unbedingt nur das Kambium von durch Fällung oder Schnitt abfallenden Baumteilen nutzen. Denn Rindenverletzungen können dem lebenden Baum erheblichen Schaden zufügen!
Nadeln: Von Mai bis Juli trocknet und mahlt man die Nadeln und verwendet das Pulver als Gewürz für Bratengerichte.
Samen: Diese Pinienkerne sind nicht so groß wie die der verwandten Mittelmeerkiefer, aber sie lassen sich von August bis September zum Beispiel geröstet in Bratlingen verwenden. Um die Samen ernten zu können, muss man den Zapfen erwärmen und die Kerne herausklopfen.

Blütenknospen: Die jungen männlichen Blütenknospen können im Mai ausgekocht werden. Der Sud wird mit Zucker zu Sirup eingesüßt und einreduziert. Mit den Blütenpollen streckte man früher Getreidemehl.
Zapfen: Mit den kleinen, noch weichen, weiblichen Zapfen kann man von Juni bis Juli Spirituosen aromatisieren.
Geschmack: Der Grundgeschmack der Pflanze ist aromatisch und erinnert an den Geruch, den man beim Durchstreifen von Pinienwäldern wahrnimmt.
Alle anderen mitteleuropäischen Kiefernarten *(Pinus)* sind ähnlich verwendbar.

Inhaltsstoffe
Ätherisches Öl und Harze.

Heilwirkungen

Die angenehm riechenden ätherischen Öle und Harze, die in allen Kiefernarten enthalten sind, wirken wohltuend bei Erkältungskrankheiten. Sie sind entzündungshemmend, auswurffördernd und antimikrobiell wirksam. Die äußerliche Anwendung wirkt durchblutungsfördernd und belebend und erweist sich bei Prellungen und rheumatischen Beschwerden als hilfreich.

Wald-Kiefer, Föhre

Pinus sylvestris L.
Pinaceae, Kieferngewächse

Baum	40 m	Mai	rötlich oder gelblich

In Moorlagen oder winterkalten Klimalagen auf Lehm-, Ton- und Torfböden, in den Alpen bis in etwa 1900 m Höhe.

Verwendung in der Küche

Die Wald-Kiefer ist nicht ganz so aromatisch wie die Schwarz-Kiefer, wird aber fast genauso genutzt. Die Samen sind etwas kleiner und die Nadeln etwas kürzer.

Nadeln: Die Nadeln werden normalerweise nicht gemahlen und als Gewürz verwendet, sondern im Sommer zum Spicken beispielsweise von Rouladen. Auch als Tee wurden sie genutzt.
Zur Verwendung der anderen Pflanzenteile siehe die Ausführungen zur Schwarz-Kiefer, Seite 29.
Geschmack: Der Grundgeschmack der Pflanze ist leicht aromatisch-harzig, säuerlich.
Alle anderen mitteleuropäischen Kiefernarten *(Pinus)* sind ebenso verwendbar.

Inhaltsstoffe

In den Sprossen ätherisches Öl, Bitter- und Gerbstoffe, Vitamin C.

Heilwirkungen

Das Harz der Kiefer, das man als Terpentin oder Balsam bezeichnet, ist seit Jahrhunderten ein geschätztes Heilmittel. Durch Wasserdampfdestillation wird das Terpentin in Terpentinöl und Kolophonium getrennt. Aus Nadeln und Zweigspitzen wird ätherisches Öl gewonnen. Es wirkt antimikrobiell. Terpentin und ätherisches Öl wirken äußerlich aufgetragen hautreizend, was therapeutisch zur Durchblutungsförderung genutzt wird. Die Volksmedizin verwendet die Pflanze auch als Badezusatz bei Rheuma, neuralgischen Schmerzen, Erschöpfungszuständen und zur Förderung der Harnausscheidung. Ein Sirup aus den jungen Sprossen wirkt lindernd bei Luftröhrenkatarrh. Die Bestandteile des ätherischen Öls haben einen wohltuenden Geruch und eine auswurffördernde Wirkung und werden deshalb bevorzugt bei katarrhischen Erkrankungen der Luftwege eingesetzt.

Gewöhnliche Fichte

Picea abies (L.) H. Karst
Pinaceae, Kieferngewächse

Baum	45 m	Mai	rötlich

Bestandsbildend bis in eine Höhe von über 800 m auf Lehm- und Tonböden in winterkalter Klimalage.

Verwendung in der Küche

Triebspitzen: Die jungen Triebspitzen der Fichte nutzt man als säuerliches Gewürz oder Erfrischung beim Wandern. Man erntet sie am besten von April bis Mai, solange der Trieb innen noch weich ist. Man kann sie als Tee aufgießen, mit ihnen Spirituosen herstellen und allerlei Speisen wie Salate, Kräuterdips und Gemüsegerichte erfrischend würzen. Auch zu süßem Sirup oder gemischt mit Früchten zu Aufstrich lassen sie sich verwerten, indem man sie auskocht, püriert und mit Zucker einkocht.

Kambium: Von März bis April kann man das zarte Rindenkambium in sehr dünne Streifen geschnitten, als eine Art Nudelgericht kochen, oder man trocknet und mahlt es und verwendet es zum Strecken von Getreidemehl. Wichtig: Unbedingt nur das Kambium von durch Fällung oder Schnitt abfallenden Baumteilen nutzen. Denn Rindenverletzungen können dem lebenden Baum erheblichen Schaden zufügen!

Zapfen: Aus den kleinen, noch weichen, weiblichen Zapfen kann man eine interessante Nascherei herstellen, indem man sie in der Pfanne etwas anröstet und nach Geschmack mit etwas Zucker bestreut serviert. Oft werden sie auch zum Aromatisieren Spirituosen beigegeben.

Blütenknospen: Von April bis Mai können die jungen männlichen Blütenknospen als Gewürz zum Beispiel für Kraut- und Bratgerichte verwendet werden. Mit den Blütenpollen streckte man früher Getreidemehl.

Samen: Aus den kleinen geflügelten Samen kann man im Herbst ein Öl pressen oder sie einfach so naschen, ohne Flügel. Am besten sammelt man die noch geschlossenen Zapfen und lässt sie sich im warmen Raum öffnen, dann schüttelt man die Samen heraus.

Nadeln: Von Juli bis August verwendet man die ausgereiften Nadeln frisch oder getrocknet als Gewürzspieße für Rouladen oder gießt sie zu Tee auf.

Geschmack: Der Grundgeschmack der weichen Pflanzenteile ist zitronenartig, die ausgereifteren Teile schmecken typisch nadelbaumartig-aromatisch.

Hinweis! Junge Fichten können mit der giftigen Eibe *(Taxus baccata)* verwechselt werden (siehe Seite 214).

Inhaltsstoffe

Ätherisches Öl mit den Monoterpenen Bornylacetat, Pinen, Limonen, Camphen und Phellandren, Terpentinöle und Harze. In den ganz jungen Triebspitzen ist der Gehalt an ätherischen Ölen geringer, dafür enthalten sie Vitamin C, Zucker und Gerbstoffe.

Heilwirkungen

Das ätherische Öl wird zum Einreiben bei Atemwegserkrankungen verwendet (2 Tropfen auf 100 ml Öl), ist wirksam gegen Mikroorganismen und wirkt auswurffördernd. Besser verträglich als die Anwendung des reinen Öls sind Inhalationen. Seine durchblutungsfördernde Wirkung macht man sich bei Muskelverspannungen und Rheuma zunutze. Aus den Nadeln und jungen Trieben kann ein Sirup hergestellt werden, der innerlich bei den genannten Krankheiten angewendet werden kann. Allerdings sollte man vor der Einnahme einen Fachmann zurate ziehen, da es insbesondere bei Keuchhusten und Asthma zu Krämpfen kommen kann.

Europäische Lärche

Larix decidua Mill.
Pinaceae, Kieferngewächse

Baum	40 m	April bis Juni	rötlich und gelblich

Natürliches Vorkommen in den Alpen bis in 2000 m Höhe.

Verwendung in der Küche

Blütenknospen und Zapfen: Von März bis April kann man die kleinen, grünlichen (männlichen) Blütenknospen abzupfen. Sie sind sehr aromatisch und eignen sich in Zuckerwasser getränkt und getrocknet als Naschkugeln. Kocht man die Blütenknospen aus und reduziert den gesüßten Sud ein, erhält man einen honigartigen Aufstrich. Aus den ausgereiften, männlichen Blüten fallen von März bis Mai die Pollen heraus, die man früher zum Strecken von Backmehl nutzte. Die weiblichen rötlichen Blüten (von März bis Mai) und die sehr jungen Zapfen (im Juni) wurden als aromatische Einlage für Ansatzschnäpse verwendet.
Kambium: Von März bis April wurde das weiche Kambium unter der Borke frisch geschnittener Bäume oder Äste in Streifen geschnitten und zu Kochgemüse gegeben oder getrocknet und zu Streckmehl gemahlen. Im Frühjahr wurde der zähflüssige Stammsaft frisch gefällter Bäume als Erfrischung genommen.
Triebe: Ähnlich aromatisch wie die Blüten sind die jungen Triebe von März bis April. Auch sie verarbeitet man zu Sirup, zu Schnaps oder gibt sie fein gehackt in Salate und bereitet aus ihnen Tee.
Geschmack: Das Grundaroma der Pflanze ist typisch nadelbaumartig, harzig-erfrischend.

Inhaltsstoffe

Ätherisches Öl mit Pinen und Borneol, Bitterstoffe, Harzsäuren und Bernsteinsäure.

Heilwirkungen

Das aus dem Harz gewonnene Lärchenterpentin wird zur Behandlung von Husten und Atemwegserkrankungen eingesetzt. In Form einer Salbe fördert es die Durchblutung und die Wundheilung. Außerdem ist es desinfizierend, schleimlösend und stimmungsaufhellend. Ein Tee aus der Rinde wurde früher bei Harnwegserkrankungen getrunken.

Gewöhnlicher Feldsalat, Rapunzel

Valerianella locusta (L.) Laterr.
Valerianaceae, Baldriangewächse

einjährig	0,2 m	April bis Mai	blassblau oder weiß

Auf nährstoffreichen, sandigen oder lehmigen Böden in wintermilder Klimalage.

Verwendung in der Küche

Blätter: Von März bis April sowie im Spätherbst erntet man vom Feldsalat die Blätter. Die Pflanze kann samt Stängeln verwendet werden. Sie gilt als Delikatesse und wird als Grundlage für Salate, Spinat, Suppen, Saucen, Gemüsefüllungen, Aufläufe und als mildernde Zutat in Mischblattgemüse verwendet.

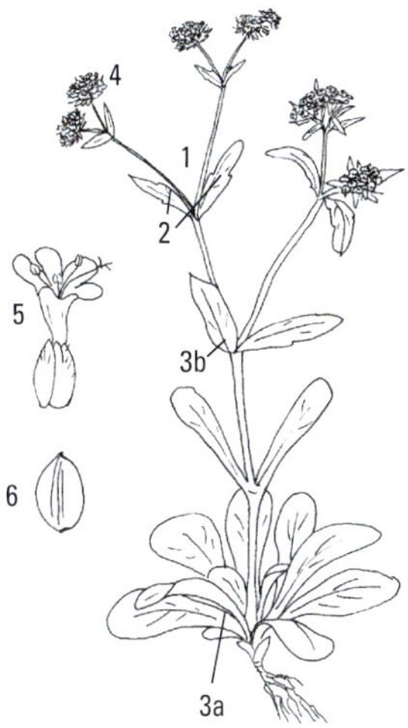

1 Der Stängel ist mehrfach gabelig verzweigt.
2 An jeder Verzweigung befindet sich ein Blattpaar.
3 Die bodennahen Blätter sind in einen Stiel verschmälert (3a), die Blätter an den Verzweigungen sind sitzend angeordnet (3b).
4 Die Blütenstände sind gestielt.
5 Die Blüten sind klein und unscheinbar.
6 Die Form der Frucht ist rundlich bis eiförmig.

Blüten: Auch die kleinen weißen Blüten, die sich von April bis Mai zeigen, können als essbare Dekoration über Salate oder Platten mit Aufschnitt gestreut werden.
Samen: Die im Juli und August gesammelten Samen des Feldsalats keimen auf jeder angefeuchteten frischen Erde sehr leicht, beispielsweise im Winter auf der Fensterbank. Dann hat man einen herrlichen Wildsalat.
Geschmack: Der Grundgeschmack ist mild, aber kräftiger als der des Kultur-Feldsalats. Alle anderen mitteleuropäischen Feldsalatarten *(Valerianella)* lassen sich ähnlich verwenden.

Inhaltsstoffe
Hoher Gehalt an Betacarotin und Vitamin C (etwa drei- bis viermal so viel wie beim Kopfsalat), Vitamin B_1, B_2, B_3, B_6, E, Folsäure, ätherisches Öl, Eisen, Calcium, Magnesium, Kalium, Zink und Kupfer.

Heilwirkungen
Der an Vitaminen und Mineralstoffen reiche Feldsalat wirkt blutreinigend und hat einen positiven Effekt auf die Verdauung. So vertreibt er die Frühjahrsmüdigkeit und stärkt den Körper gegen Infektionen.

Kriechender Günsel
Ajuga reptans L.
Lamiaceae, Lippenblütengewächse

mehrjährig | 0,3 m | April bis Aug. | blau-weiß gemustert

Auf artenreichen Wiesen und in Wäldern mit mäßig sauren, humosen Lehmböden, in den Alpen bis in 1700 m Höhe. Nährstoff- und Bodenfrischezeiger.

Verwendung in der Küche
Blätter und Blüten: Von März bis Juli können die jungen Blätter und auch die knospenden und erblühten Blütentriebe als herbe Würze Kartoffel- und Bratgerichten beigemischt werden. Die

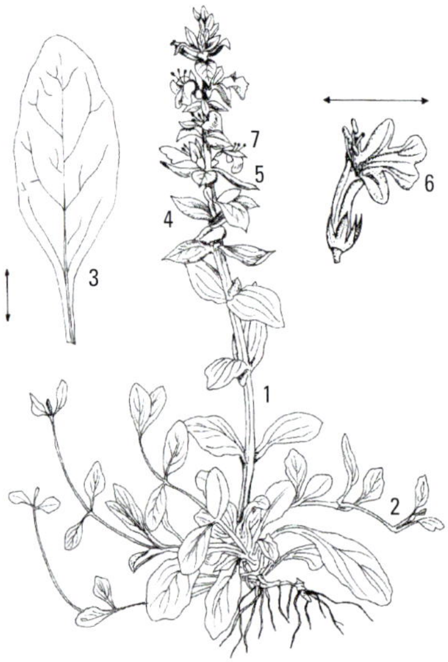

1 Der Stängel ist vierkantig.
2 Der Kriechende Günsel vermehrt sich über oberirdische Ausläufer.
3 Die Blätter sind lang gestielt und spatelförmig.
4 Die kleinen, Hochblatt genannten Blätter in Blütennähe haben meist einen glatten Rand und sind leicht flaumig behaart.
5 Die Anordnung der Blätter ergibt von oben gesehen ein Kreuz.
6 Die Lippen der Blüte sind blau bis blau-weiß gemustert, gelegentlich auch rosa.
7 In einer Blattachsel befinden sich 2 bis 6 Blüten.

mild, manchmal nur zartbitter schmeckenden Blüten sind gut als essbare Dekoration zu verwenden.
Geschmack: Der Grundgeschmack der Pflanze ist sehr streng, chicoréeartig, bitter, Daher sollte man die rohen Blätter und Blüten, beispielsweise in Salaten und Kräuterquark, nur als gering dosiertes Gewürz verwenden. In erwärmte Gerichte können größere Mengen beigegeben werden,

zum Beispiel zu Kräuterkartoffeln, zu Suppen, zu Kräuterpüree, zu Eintöpfen, zu Gemüsefüllungen, zu Bratlingen, zu Krautgemüsebroten, Quiche oder Eierspeisen (Omelett, Rührei).

Inhaltsstoffe
Gerbstoffe (Tannine), Saponine und Glykoside.

Heilwirkungen
Der Teeaufguss der Pflanze hat entzündungshemmende Eigenschaften. Deshalb wird der Tee bei Erkrankungen im Mund und Rachenraum, als Wundheilmittel und zum Wundverschluss verwendet. Von Bedeutung hierbei sind auch eine Wirkung gegen Bakterien und Viren und die Fähigkeit zur Neutralisation von Giften. Als Breiumschlag soll der Günsel Linderung bei Quetschungen bieten. Der Tee wurde früher bei Rheuma, Magengeschwüren und Gallenerkrankungen eingesetzt und soll außerdem eine leicht abführende und blutdrucksenkende Wirkung besitzen.

Krauses Laichkraut

Potamogeton crispus L.
Potamogetonaceae, Laichkrautgewächse

mehrjährig	2 m	Juni bis Aug.	bräunlich

In tiefen, nährstoffreichen und ruhigen Gewässern bis in rund 800 m Höhe. Erträgt leichte Verschmutzung.

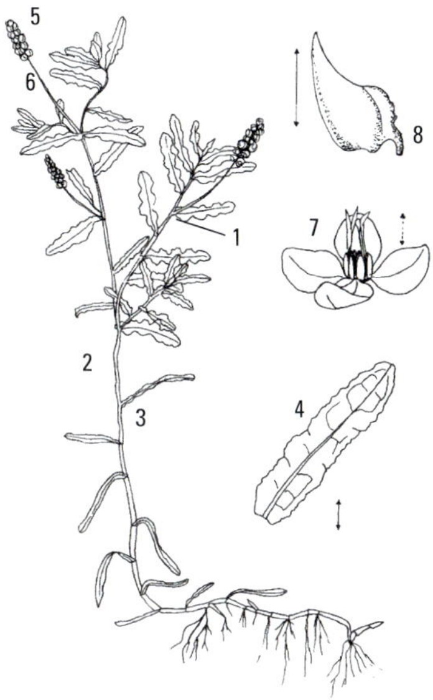

1 Der Stängel ist reich verzweigt.
2 Der Stängel ist kantig.
3 Die Blätter sind am Stängel sitzend angeordnet.
4 Die Form der Blätter ist schmal und am Rand sind sie gewellt.
5 Die Blütenähre ist kurz.
6 Die Stiele der Blütenähre werden bis 10 cm lang.
7 Die Blüte hat 4 Blütenblätter.
8 Die Früchte haben an der Basis einen kurzen Schnabel.

Verwendung in der Küche

Blätter: Die Blätter des Krausen Laichkrauts ergeben von April bis Juni ein gutes gedünstetes Gemüse oder nach dem Dünsten auch einen interessanten, an Algensalat erinnernden Salat, den man mit einer Balsamico-Vinaigrette abschmeckt.

Wurzel: Die Pflanze hat eine dickliche Wurzel. Im Herbst und Frühjahr erntet man die Teile der Wurzel, die noch zart sind. Gesäubert und teilweise geschält sind sie ein gutes Koch- und Backgemüse.

Geschmack: Der Grundgeschmack gedünsteter weicher Blätter erinnert an Seetangsalat. Die Wurzel schmeckt nussig.

Hinweis! Man sollte das Erntegewässer gut kennen, denn die Pflanze steht gern in sauberen, aber auch in verschmutzten Gewässern. Auf jeden Fall, wie bei Wasserpflanzen nötig, gut reinigen, um anhaftende Wassertierchen abzuspülen.

Inhaltsstoffe

Dazu ist uns nichts bekannt.

Heilwirkungen

In der tibetischen Medizin wird die Pflanze bei Sehnenverletzungen eingesetzt.

Weiße Fetthenne

Sedum album L.
Crassulaceae, Dickblattgewächse

mehrjährig	0,15 m	Juni bis Aug.	weiß

Auf warmen, trockenen und nährstoffarmen Standorten an Felsen, Schutt und Mauerkronen bis in eine Höhe von etwa 1900 m.

Verwendung in der Küche

Triebe: Das ganze Jahr über, auch während der Blütezeit, findet man an der Weißen Fetthenne

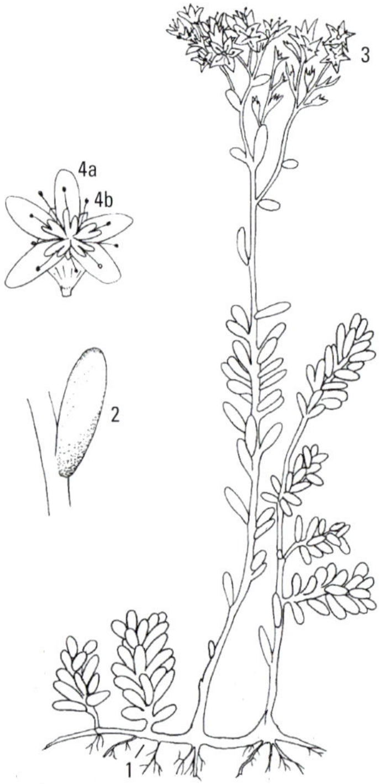

1 Die weiße Fetthenne bildet Ausläufer, die an den Verzweigungen wurzeln.
2 Die Blättchen werden etwa 1 cm lang, sind keulenförmig und dunkelgrün.
3 Im oberen Drittel verzweigt sich die Weiße Fetthenne und bildet lockere Blütenstände aus.
4 Die Blüte hat 5 weiße Blütenblätter (4a) und 10 Staubblätter (4b).

immer wieder Triebe, die nicht blühen. Von diesen kann man die rundlichen Blätter roh essen oder man sammelt die oberen 5 cm der Triebe vorsichtig ab. Sie sind in der frostfreien Vegetationsperiode zart und saftig. Man schneidet sie in Blattsalate, Gurkensalate oder auch Obstsalate. Gegart werden sie gern in Gemüseeintöpfe, in Frühlingsrollen oder roh mit Knoblauch, Gurke und Quark zu Zaziki verarbeitet.
Geschmack: Der Grundgeschmack der Pflanze erinnert an grünen, saftigen Paprika.

Inhaltsstoffe

Geringe Mengen von Alkaloiden des Piperidintyps (Sedacrin und Sedinin), Flavonoide, Gerbstoffe, organische Säuren, Vitamin C und Schleimstoffe.

Heilwirkungen

In der Volksmedizin werden die frischen Blätter oder der in ihnen enthaltene gelartige Saft zum Heilen von Wunden, Hautausschlägen, Verbrennungen und Sonnenbrand verwendet. Außerdem zum Stillen innerer und äußerer Blutungen und unterstützend bei Krebserkrankungen. In der Homöopathie bei Hämorrhoiden.

Gewöhnliche Douglasie

Pseudotsuga menziesii (Mirb.) Franco
Pinaceae, Kieferngewächse

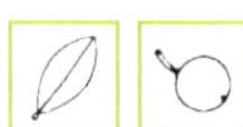

Baum	40 m	April bis Mai	rötlich o. gelblich braun

Wintermilde und sommerwarme Lagen in Buchen-Mischwäldern.

Verwendung in der Küche

Die Douglasie ist verwandt mit den Kiefern und lässt sich ähnlich gut verwenden.

Triebe: Im Mai kann man aus den frisch duftenden, jungen Trieben einen aromatischen Tee aufgießen, oder man nutzt sie fein gehackt als Gewürz zum Beispiel in Kräutersalzen und Gewürzölen.
Kambium: Das zarte Rindenkambium kann man von März bis April wie eine Art Spaghetti zubereiten. (Siehe Schwarz-Kiefer, Seite 29). Wichtig: Unbedingt nur das Kambium von durch Fällung oder Schnitt abfallenden Baumteilen nutzen. Denn Rindenverletzungen können dem lebenden Baum erheblichen Schaden zufügen!
Blütenpollen: Von April bis Mai nutzte man früher die Blütenpollen zum Strecken von Getreidemehl.
Blütenknospen und Zapfen: Die kleinen, männlichen Blütenknospen und die jungen Zapfen im Mai und Juni eignen sich hervorragend als Aroma bei der Spirituosenherstellung. Kocht man Zapfen oder Blütenknospen in Wasser, kann man den Sud mit Zucker zu Gelee oder Sirup einkochen.
Geschmack: Grundgeschmack und Duft der Pflanze sind aromatisch, orangenartig.
Hinweis! Junge Douglasien können der giftigen Eibe *(Taxus baccata)* ähnlich sehen (siehe Seite 214).

Inhaltsstoffe
Ätherisches Öl (Bornylacetat).

Heilwirkungen
Die Pflanze wird unseres Wissens nicht medizinisch verwendet.

Acker-Schachtelhalm
Equisetum arvense L.
Equisetaceae, Schachtelhalmgewächse

mehrjährig	0,4 m	März bis April	braun

In feuchten Eichen-Hainbuchen-Wäldern oder Auenwäldern. Auch an grundwassernahen Standorten an Hecken und Waldrändern auf Sand- und Tonböden, überwiegend im Flachland.

Verwendung in der Küche
Blätter und Stängel: Die noch weichen, nadelförmigen, grünen Blätter und die Stängel des Acker-Schachtelhalms werden von März bis April als herbe Zutat in Kochgemüse verarbeitet. Bis in den August hinein werden sie auch zur Teebereitung verwendet. Die zarten, braunen Stängel

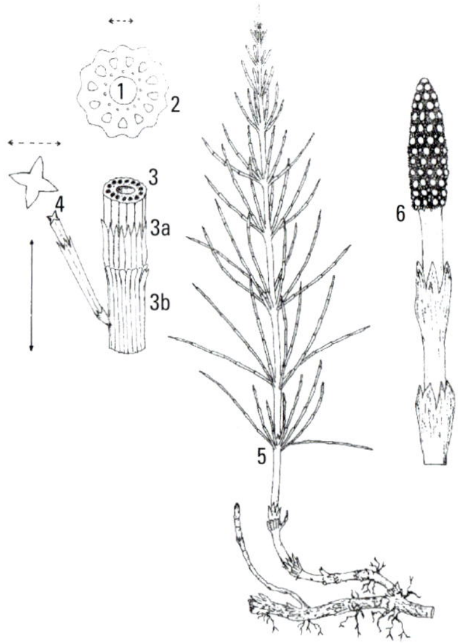

1 Der Stängel ist hohl.
2 Im Querschnitt ist der Stängel gerippt.
3 Die Anzahl der Zähne (3a) an den Blattscheiden (3b) entspricht der Anzahl der unter 2 zu erkennenden Rippen.
4 Die Seitentriebe sind im Querschnitt sternförmig.
5 Die Äste sind in Quirlen angeordnet.
6 Die Ähren tragenden Sprosse sind astlos und bräunlich gefärbt.

mit dem Sporenträger-Kolben nutzt man ähnlich wie Pilze als Pfannengemüse oder als Füllung von Aufläufen, in Suppen oder roh zu verschiedenen Salaten. Oft mischt man sie in Eierspeisen wie etwa Omelett und Rührei. Zur Bevorratung kann man diese Stängel auch einsalzen.
Wurzelknollen: Der Acker-Schachtelhalm besitzt kleine Wurzelknollen. Diese kann man von September bis in den Winter roh essen oder in Gemüsegerichten mitkochen.
Geschmack: Die grünen Stängel schmecken bitter, die braunen weichen Stängel sind mild, pilzaromatisch.
Hinweis! Es besteht große Verwechslungsgefahr mit dem giftigen Sumpf-Schachtelhalm *(Equisetum palustre)*. Sind die Stängel breiter als 3 mm und haben die Blattscheiden mehr als 8 Zacken, dann haben Sie den nicht giftigen Acker-Schachtelhalm vor sich. Vgl. Sumpf-Schachtelhalm, Seite 212.

Inhaltsstoffe

Etwa 10 % mineralische Bestandteile, insbesondere Kieselsäure und Kalium, Flavonoide (überwiegend Kämpferol und Quercetinglykoside), Sterole und seltene Dicarbonsäuren sowie Spuren von Alkaloiden.

Heilwirkungen

Der Acker-Schachtelhalm wird arzneilich als harntreibendes Mittel bei entzündlichen Erkrankungen der ableitenden Harnwege und bei Nierengrieß verwendet. Aus dem Kraut kann ein Tee bereitet werden, dem die Volksmedizin lindernde Eigenschaften bei rheumatischen Beschwerden zuschreibt. Außerdem wendet sie ihn bei Nasenbluten und starker Monatsblutung an. Wissenschaftlich erwiesen ist eine immunstimulierende Wirkung der Pflanzendroge. Auch äußerlich kann man den Acker-Schachtelhalm vielfach nutzen. Er eignet sich zur Behandlung infizierter Wunden und kann gegen Frostbeulen und bei Schwellungen und Knochenbrüchen eingesetzt werden.

Wald-Sauerklee

Oxalis acetosella L.
Oxalidaceae, Sauerkleegewächse

mehrjährig	0,15 m	April bis Juni	weiß und purpurrot

In Mischwäldern auf leicht sauren Lehmböden bis in eine Höhe von etwa 2000 m.

Verwendung in der Küche

Blätter: Die Blätter des Sauerklees lassen sich die ganze Vegetationsperiode über gut ernten. Sie werden kaum zäh. Am weichsten sind sie jedoch vor der Blüte von März bis April. Man nutzt sie als Zutat in Saucen, Salaten, Suppen und Gemüsesäften. Gern legt man sie auch in Zucker ein, um diesem eine erfrischende Note zu geben, oder trocknet sie als Gewürz. Aufgrund ihrer

schönen Form eignen sie sich auch als essbare Dekoration. Unser Tipp: Kartoffelsuppe mit Sauerklee.
Blüten: Die weißen Blüten können von April bis Mai jede Suppe zieren und erfrischen.
Wurzeln und Stiele: Beim Zupfen der Blätter kommen meistens die Wurzeln und Stiele mit. Man trennt sie von den Blättern, wiegt sie fein und gibt sie in Gemüsegerichte.
Früchte: Im Mai sammelt man die noch weichen Früchte, bevor sie im Juni zu hart werden, und nutzt sie als Gewürz zum Beispiel beim Einlegen von Oliven oder Kapern.
Geschmack: Der Grundgeschmack der Pflanze ist zitronenartig sauer-erfrischend.
Hinweis! Die Pflanze ist oxalsäurehaltig, jedoch kaum mehr als Spinat, Mangold oder Rhabarber. Oxalsäure kann über einen langen Zeitraum regelmäßig eingenommen (mehrere Monate) zu Schädigung der Nieren führen. Oxalsäure ist wasserlöslich und kann durch Abkochen und Abgießen des Kochwassers entfernt werden. Alle anderen mitteleuropäischen Sauerkleearten *(Oxalis)* sind in gleicher Weise verwendbar.

Inhaltsstoffe

Oxalsäure und Vitamin C.

Heilwirkungen

Wurde früher von der Volksmedizin bei Skorbut und Hauterkrankungen eingesetzt. Homöopathisch bei Stoffwechselschwäche, Verdauungsstörungen, Erkrankungen von Leber und Galle und einer Neigung zur Steinbildung.

Hopfenklee, Hopfen-Luzerne

Medicago lupulina L.
Fabaceae, Schmetterlingsblütengewächse

einjährig	0,3 m	Mai bis Sept.	gelb

Auf trockenen und warmen Standorten auf Lehmböden bis in etwa 1500 m Höhe.

Verwendung in der Küche

Triebe: Der kleine Hopfenklee zeigt sich von April bis Mai mit feinen, zarten Trieben, die in Salate gegeben werden können. Man kann die Triebe aber auch als Zutat zu Spinat, Gemüsefüllungen oder Suppen verwenden.
Blüten: Die kleinen Blüten erntet man von Mai bis September, streut sie fein gewiegt über würzige Aufstriche oder trocknet sie und mahlt sie zu Streckmehl.
Samen: Von September bis Oktober findet man die Samen, die man roh essen kann, indem man sie mit einem angefeuchteten Finger direkt aus der Handfläche nascht. Sie eignen sich auch geröstet als Gratinierung verschiedener Aufläufe. Man kann sie trocknen und im Winter auf der Fensterbank keimen lassen.

1 Die Blätter sind dreiteilig.
2 Die Einzelblätter sind ei- bis herzförmig.
3 Der Blattrand ist an der Blattspitze schwach gezähnt.
4 Die Blütenstände enthalten bis zu 50 Einzelblüten.
5 Die gelbe Blüte wird bis 3 mm lang.
6 Der Blütenkelch hat 5 Zähne.
7 Die bis 3 mm lange Frucht ist schneckenförmig.

Die Blütenblätter fallen im Gegensatz zu anderen Kleearten nach dem Verblühen ab.

Geschmack: Der Grundgeschmack der Pflanze ist streng, auch etwas erbsenartig.

Inhaltsstoffe
Phytoöstrogene, Flavonoide, Saponine, photosensibilisierende Stoffe, reich an Proteinen und Vitaminen – vor allem Vitamin K und Carotin, viel Calcium und Chlorophyll.

Heilwirkungen
Vor allem im arabischen Raum hat der Hopfenklee eine jahrhundertelange Tradition als Heilmittel bei Magenbeschwerden, Geschwüren, Appetitlosigkeit und Blähungen. Die ganze Pflanze wirkt mild abführend und harntreibend. Aufgrund ihrer östrogenen Wirkstoffe könnte sie möglicherweise auch bei Menstruations- und Wechseljahresbeschwerden helfen.

Gänseblümchen

Bellis perennis L.
Asteraceae, Korbblütengewächse

mehrjährig	0,2 m	Jan. bis Nov.	weiß bis rötlich, gelb

Auf Wiesen, Parkrasen und Weiden.

Verwendung in der Küche
Blätter, Knospen und Blüten: Das Gänseblümchen ist ein wichtiger Bestandteil von Wildsalaten und Frühjahrssuppen. Man kann die jungen Blätter, Knospen und Blüten aber auch gut unter Gemüse- und Spinatgerichte sowie unter Kräuterquark und Kräuterkäse mischen. Aus der Pflanze kann man auch Tee herstellen und Frischsaft gewinnen.
Blütenknospen: Von März bis Juni eignen sich die noch nicht stark behaarten Blütenknospen des Gänseblümchens als Salatzutat. Weiter entwickelte Blütenknospen schmecken im Salat oft zu intensiv; sie können gut als falsche Kapern eingelegt werden.
Samen: Von Ende August bis September kann man die Samen roh oder geröstet in Salate geben. Der Sammelaufwand ist jedoch schon für eine kleine Menge groß. Im Winter ergeben sie als Keimsaat auf der Fensterbank eine frische Vitaminquelle.

Geschmack: Der Grundgeschmack der Pflanze erinnert etwas an Feldsalat. Bei manchen Menschen erzeugt das Gänseblümchen einen anhaltenden rauh stechenden Nachgeschmack.

Inhaltsstoffe
Reich an Kalium, Calcium, Magnesium und Eisen, Vitamin A und C. Außerdem ätherisches Öl, Gerbstoffe, Saponine, Bitterstoffe, Schleimstoffe, fettes Öl, Inulin.

Heilwirkungen
Früher volksmedizinisch bei Katarrh, Hauterkrankungen und Leberleiden eingesetzt, zur Anregung des Stoffwechsels, der Blutbildung und der ableitenden Harnwege. Äußerlich gegen Akne und zur Wundbehandlung.

Berg-Ulme, Weißrüster
Ulmus glabra Huds.
Ulmaceae, Ulmengewächse

Baum	30 m	März bis April	purpurrot

In Schlucht-, Hang- und Auenwäldern.

Verwendung in der Küche
Blätter: Von März bis April, solange die Blattfasern noch nicht so zäh sind, kann man die Blätter der Berg-Ulme roh essen oder mit in Salate verarbeiten. Gegart schmecken die Blätter erst, wenn man sie zuvor fein wiegt und eventuell mit anderen würzigen Kräutern mischt. So kann man sie zum Beispiel in Frühlingsrollen geben. Etwas später in Jahr, etwa bis Mai, werden sie getrocknet und als Tee aufgebrüht oder mit in Rauchtabakmischungen gegeben.
Früchte: Die flachen, noch unreifen sehr jungen Früchte sind fast papierartig und können von April bis Mai roh gegessen werden.
Kambium: Das zarte Rindenkambium kann man von März bis April in sehr feine, dünne Streifen schneiden und als eine Art Nudelgericht kochen, oder man trocknet und mahlt es und vermischt es mit Getreidemehl, das man zum Backen ver-

wendet. Wichtig: Unbedingt nur das Kambium von durch Fällung oder Schnitt angefallenen Baumteilen nutzen. Denn Rindenverletzungen können dem lebenden Baum erheblichen Schaden zufügen!
Geschmack: Der Geschmack frischer, sehr junger Blätter ist salatartig, jedoch bissfester. Im Sommer wird der Geschmack strenger und vor allem zäh. Die Samen sind weich und haben wenig Aroma, sind aber wegen ihrer Form eine interessante Speisenzutat.

Inhaltsstoffe in der Rinde
Hoher Gehalt an Schleim- und Gerbstoffen, Flavonoide.

Heilwirkungen
Die Anwendung erfolgt nur noch selten volksmedizinisch bei Durchfall und Entzündungen in den Verdauungsorganen. Außerdem äußerlich bei rheumatischen Beschwerden, Hämorrhoiden, zur Wundheilung und bei Ekzemen. Auch in Gurgelwasser gegen Infektionen in Mund und Rachen kann die Berg-Ulme angewendet werden. In der Homöopathie bei Schmerzen in den Hand- und Fußgelenken.

Wiesen-Margerite

Leucanthemum vulgare agg.
Asteraceae, Korbblütengewächse

mehrjährig	0,7 m	Mai bis Okt.	weiß und gelb

Auf warmen und basenreichen Magerrasen auf Lehm- und Tonböden.

Verwendung in der Küche

Blätter: Die Wiesen-Margerite überwintert in einer kompakten Blattrosette. Diese kann man im Frühjahr ernten und roh essen oder zu einem Gemüsepüree zubereiten. Im März und April nutzt man die frischen, neuen Blätter gern für Salate und Frühjahrskräutermischungen.
Blüten, Blütenknospen, Blütentriebe: Von Mai bis Juni kann man die Blütenknospen und das gelbe Blüteninnere gut in Essigwasser oder in Würzöl als Antipasti einlegen. Die weißen Strahlenblüten zupft man aus und bestreut damit Desserts, würzige Aufstriche, Salate oder Gemüsesuppen. Aus ganz jungen Blütentrieben lässt sich von April bis Mai gebratenes Gemüse bereiten.
Wurzeln: Die von September bis März geernteten Wurzeln eignen sich als Koch- und Backgemüse.

Geschmack: Der Grundgeschmack der Blüten und Triebe ähnelt dem Aroma von Zucchinischalen. Die Wurzeln schmecken nach Winterrüben.

Inhaltsstoffe

Ätherische Öle, Tannine, Harze.

Heilwirkungen

In der Volksmedizin wenig gebräuchlich. Man kann einen Tee aus den Blütenköpfen bereiten, der entkrampfend wirkt und bei Menstruationsbeschwerden und Darmkoliken einsetzbar ist. Er wirkt ferner adstringierend und hustenlindernd. Durch die adstringierende Wirkung wird die Gewebeoberfläche von Schleimhäuten (hier der Lunge) und Wunden gefestigt und deren Sekretion vermindert.

Wiesen-Glockenblume

Campanula patula L.
Campanulaceae, Glockenblumengewächse

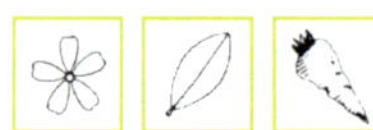

zweijährig	0,6 m	Mai bis Juli	rosa-lila

Auf nährstoffreichen Wiesen tieferer Lagen auf Sand-, Lehm- und Tonböden. In den Alpen bis in eine Höhe von 1100 m. Tiefwurzler, Futterpflanze.

Verwendung in der Küche

Blüten: Die schön geformten Blüten der Glockenblume können von Mai bis Juli als essbare Dekoration verwendet werden, man kann sie aber auch unter einen Salat mischen.
Sprosse: Von April bis Mai lassen sich die zarten, jungen Sprosse zu einem zarten Stängelgemüse oder auch als Salat verarbeiten.
Blätter: Zarte, weiche Blätter nutzt man von April bis Mai als milde Grundlage für Salate, und in Streifen geschnitten geben sie auch Suppen ein gutes Aroma.
Wurzel: Die Wurzel erntet man von August bis in der Herbst. Sie kann frisch oder getrocknet verwendet werden. Zumeist kocht man sie in Suppen mit oder mariniert sie zur Bevorratung.

Geschmack: Der Grundgeschmack der Pflanze erinnert an süßes Erbsengemüse.
Alle anderen mitteleuropäischen Glockenblumenarten *(Campanula)* sind ebenso verwendbar.

Inhaltsstoffe

Inulin, Vitamin C.

Heilwirkungen

Die Glockenblumen spielen in der Heilkunde keine große Rolle, da ihre Wirkung nur schwach ausgeprägt ist. Man kann sie innerlich und äußerlich als adstringierendes, leicht antiseptisches und erfrischendes Mittel einsetzen. Die Pflanze galt früher als hilfreich gegen Halsschmerzen.

Europäischer Portulak

Portulaca oleracea L.
Portulacaceae, Portulakgewächse

mehrjährig	0,2 m	Juni bis Sept.	gelb

An warmen Standorten auf sandigen oder lehmigen Böden, beispielsweise in Weinbergen, in Pflasterfugen oder an Wegen.

Verwendung in der Küche

Blätter und Triebe: Junge Blätter und zarte Triebe des Portulak nutzt man von April bis Mai vor der Blüte roh als bissfesten Salat, gedämpft als Spinat und gekocht in Gemüsesuppen als Würze für Kräuterquark oder Kräutersauce sowie für Gemüsefüllungen etwa in Teigtaschen. In Kochgemüse zeigt sich die leicht andickende Wirkung des Krautes.
Blüten: Von Mai bis Juni ergeben die knospigen Blüten zum Beispiel als in Gewürzessig eingelegtes Gemüse eine Delikatesse.

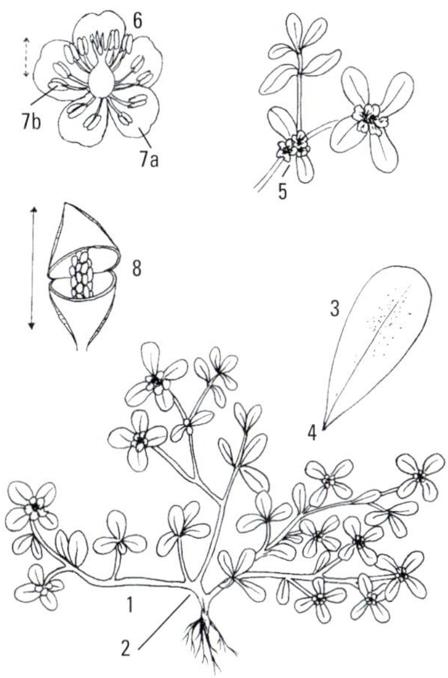

1 Die Pflanze ist niederliegend und reich verzweigt.
2 Die Äste sind oft rötlich eingefärbt.
3 Die Blätter sind fleischig.
4 Die Form der Blätter ist länglich und unten zugespitzt.
5 Bis zu 3 Blüten sitzen in den Achseln zwischen den Blättern.
6 Die gelben Blüten öffnen sich nur bei Sonnenschein.
7 Die Blüte hat 5 Blütenblätter (7a) und zahlreiche Staubblätter (7b).
8 Die Frucht ist eine vielsamige Kapsel.

Samen: Die Samen erntet man von August bis Oktober, um sie zu mahlen und als Streckmehl zu nutzen. Getrocknet kann man die Samen bevorraten, im Winter auf der Fensterbank treiben lassen und daraus einen als Keimsaat-Salat zubereiten.
Geschmack: Der Grundgeschmack der Pflanze ist leicht säuerlich, fest und saftig.

Inhaltsstoffe

Vitamine (insbesondere Vitamin C), Mineralstoffe (vor allem Magnesium, Calcium, Kalium und Eisen) Schleim- und Bitterstoffe, Oxalsäure, Omega-3-Fettsäuren.

Heilwirkungen

Portulak ist bei Sodbrennen wirksam und eignet sich zur Blutreinigung. Das Kraut wirkt fiebersenkend, harntreibend und gegen viele Mikroorganismen. Die innerliche Anwendung als Tee regt den Stoffwechsel und die Verdauung an und hilft bei Nierenbeschwerden, Blasenleiden und Kopfschmerzen. In der Traditionellen Chinesischen Medizin bei Leber- und Magenbeschwerden und bei Blasenentzündung.

Gewöhnliche Berberitze, Sauerdorn

Berberis vulgaris L.
Berberidaceae, Berberitzengewächse

Strauch	3 m	April bis Juni	goldgelb

An Waldrändern, in lichten Eichen- und Kiefernwäldern sowie in Auenwäldern.

Verwendung in der Küche

Früchte: Von August bis September verwendet man die Früchte der Berberitze als Aroma und Würze zum Beispiel für Suppen und Saucen, für Kräuterlimonaden und Fruchtsäfte, für Gelees und Marmeladen, als Zutat für Kompott und Chutneys oder mit Zucker versetzt für Spirituosen oder Essig. Man kann die Früchte auch zu Saft pressen oder trocknen zur Teebereitung und als Trockenobst.
Blätter: Von April bis Mai gibt man die jüngsten Blätter in kleinen Mengen in Salate und Suppen. Man kann die Blätter auch trocknen und als Tee aufgießen, und zuweilen findet man sie in Rauchtabakmischungen. Übermäßiger Genuss der Blätter kann bei manchem zu Durchfall führen.
Geschmack: Der Geschmack der Früchte ist zitronenartig, die Blätter erinnern an Sauerampfer.

Inhaltsstoffe

In den Früchten: Carotinoide, Fruchtsäuren, Oxalsäure, viel Vitamin C, Zucker und Pektin.

Heilwirkungen

Die Berberitzenbeere wirkt bei Gelbsucht, Cholera, Amöbenruhr und anderen Erkrankungen des Magen-Darm-Trakts sowie bei chronischen Hautbeschwerden.

Persischer Ehrenpreis

Veronica persica Poir.
Scrophulariaceae, Braunwurzgewächse

einjährig	0,3 m	Febr. bis Nov.	blau

In Gärten und auf Äckern auf nährstoffreichen Lehmböden bis in etwa 1900 m Höhe.

Verwendung in der Küche

Blätter: Zarte Blätter und zarte Triebspitzen des Persischen Ehrenpreis benutzt man von März bis September frisch und getrocknet vor allem als milden Tee. Sie sind aber auch eine gesunde Zutat für Salate, Suppen, Eierspeisen (Omelett, Rührei), Quiche, Eintöpfe und Kräuteraufstriche.
Blüten: Von Februar bis September können die Blüten roh als essbare Dekoration auf Salate oder als Farbtupfer auf Gemüsegerichte gegeben werden. Man muss sie vorsichtig mit einer Schere ernten, da sie beim Pflücken mit den Fingern leicht zerquetscht werden können.
Geschmack: Der Grundgeschmack der Pflanze ist herb-aromatisch, ähnlich wie Schwarztee.

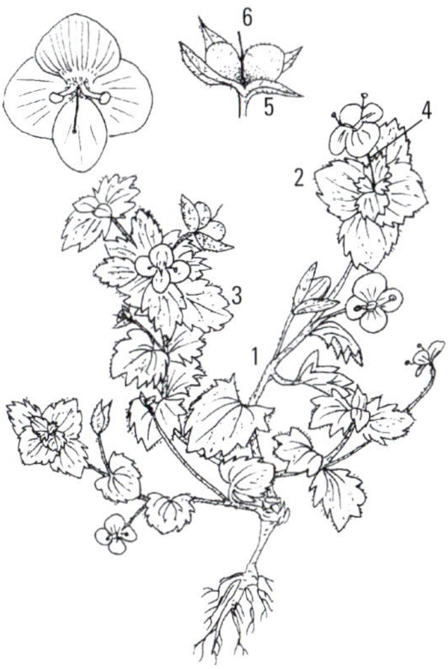

1 Der Stängel ist behaart.
2 Die Blätter sind eiförmig.
3 Der Blattrand ist grob gezähnt oder deutlich gekerbt.
4 Die Blüten sind lang gestielt.
5 Die Frucht misst im Durchmesser bis zu 1 cm, ist herzförmig und in Kelchblätter eingebettet.
6 An der Spitze der Frucht befindet sich ein Griffel.

Inhaltsstoffe

Im blühenden Kraut: ätherisches Öl, Harze, Kaffeesäurederivate, Iridoide (Aucubinglykoside), Milchsäure, Gerb- und Bitterstoffe, Gerbsäure und Saponine.

Heilwirkungen

Die unscheinbare Pflanze mit den filigranen blauen Blüten stand bereits im Mittelalter in hohem Ansehen. Man nannte sie auch »Allerweltsheil« und sprach ihr sogar eine Heilwirkung gegen Pest und Aussatz zu. Aufgrund des bitteren Geschmackes verwendet man den Persischen Ehrenpreis heute gern in Teemischungen. Er wirkt verdauungsfördernd, regt den Stoffwechsel an und ist hilfreich bei Atemwegserkrankungen. Die blutreinigenden Eigenschaften macht man sich auch bei der Behandlung chronischer Hauterkrankungen zunutze. Zu diesem Zweck kann man einen Teeaufguss aus der Pflanze einnehmen und mit ihm auch äußerliche Waschungen vornehmen. So eingesetzt lindert der Ehrenpreis Juckreiz unterschiedlichster Ursache und wird auch bei Neurodermitis und Verbrennungen eingesetzt.

Bachbungen-Ehrenpreis

Veronica beccabunga L.
Scrophulariaceae, Braunwurzgewächse

mehrjährig	0,6 m	Mai bis Aug.	blau

Im Vegetationsgürtel fließender und nährstoffreicher Gewässer und an Quellen bis in etwa 1900 m Höhe.

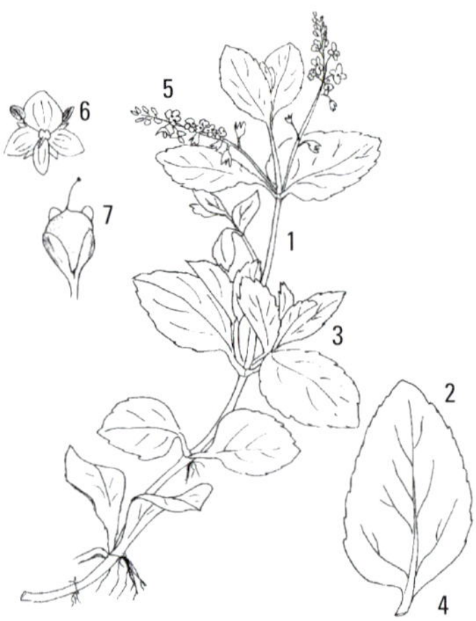

1 Der Stängel ist rund.
2 Die Form der Blätter ist oval bis rundlich.
3 Das Aussehen der Blätter ist glatt, glänzend und gummiartig.
4 Das Blatt ist kurz gestielt.
5 Die vielblütigen, gestielten Blütenstände wachsen aus den Blattachseln.
6 Die Einzelblüte wird nur bis knapp 1 cm groß.
7 Die Frucht hat einen langen Stiel.

Verwendung in der Küche

Blüten: Wenn man von Mai bis Ende August an einem Bachlauf steht, sieht man dort häufig Bachbungen-Ehrenpreis in Blüte. Wie bei dem verwandten Persischen Ehrenpreis wird die Blüte zum Beispiel als dekorative Beigabe in Trockenteemischungen, aber auch als frisch essbare Dekoration über Speisen gegeben. Die blauen Blüten behalten auch getrocknet ihre schöne Farbe.

Blätter und Triebspitzen: Die Blätter und Triebspitzen sind ein bekanntes Wildgemüse, jedoch relativ herb. Roh sollte man sie nur von März bis Mai fein gehackt in Salate oder Gemüsegerichte geben. Gemischt mit anderen Blattgemüsen nutzt man sie auch als Spinat. Getrocknet kann das Kraut als Tee aufgebrüht werden. Man sollte die Pflanze auf jeden Fall, wie bei Wasserpflanzen üblich, gut reinigen, um anhaftende Wassertierchen abzulösen.

Geschmack: Der Grundgeschmack der Pflanze ist kresseartig und bitter.

Inhaltsstoffe

In den blühenden Sprossspitzen und im frischen Saft: Gerbstoffe, Bitterstoffe, Glykoside und Flavonoide.

Heilwirkungen

Bachbungen-Ehrenpreis wirkt innerlich und äußerlich als blutreinigendes und harntreibendes Mittel. Außerdem stimuliert er den Stoffwechsel und kann den Cholesterinspiegel senken. Äußerlich kann der Tee oder Breiumschlag zur Wundreinigung herangezogen werden und bei Ausschlägen und Geschwüren gute Dienste leisten.

Zitter-Pappel, Espe

Populus tremula L.
Salicaceae, Weidengewächse

Baum	25 m	März bis April	rötlich

Nährstoffreiche Standorte auf Waldschlägen und an Waldrändern.

Verwendung in der Küche

Blätter: Sobald im April und Mai bei der Zitter-Pappel die ersten Blätter wackeln, kann man diese abzupfen und in der Küche verwerten. Solange die Blattfasern noch nicht so zäh sind, kann man die Blätter durch Milchsäuregärung zu Sauerkraut verarbeiten. Später in Jahr wurden sie getrocknet und zu Mehl pulverisiert. Dieses nutzte man zum Strecken von Backmehl oder als Gewürz für Suppen und Fonds.
Kambium: Das zarte Rindenkambium kann man von März bis April in sehr feine, dünne Streifen schneiden und als eine Art Nudelgericht kochen. In Notzeiten diente es getrocknet und gemahlen auch zum Strecken von Getreidemehl. Wichtig: Unbedingt nur das Kambium von durch Fällung oder Schnitt abfallenden Baumteilen nutzen. Denn Rindenverletzungen können dem lebenden Baum erheblichen Schaden zufügen! Bei der Nutzung des Kambiums wird der Blutungssaft des Holzes frei und kann durch langes Köcheln zu Sirup eingedickt oder auch gesüßt zu Wein vergoren und zu Essig weiterverarbeitet werden.
Blütenknospen: Ein Sud aus den Knospen ist sehr bitter, duftet aber angenehm nach Gemüsesuppe und wurde in Spirituosen verarbeitet.
Junge Blüten und gerade austreibende Blätter und Triebe kann man ab Ende März und im April auch mit festen Gemüsen wie zum Beispiel Fenchel mitkochen.
Geschmack: Der Grundgeschmack vor allem der zarten jungen Pflanzenteile ist spargelähnlich, nur etwas strenger.
Alle mitteleuropäischen Pappelarten *(Populus)* sind ebenso verwendbar.

Inhaltsstoffe

In den Knospen: Phenolglykoside, die denen der Weidenrinde sehr ähnlich sind mit Salicin als Hauptkomponente, ätherisches Öl (0,3 %) und Flavonoide.

Heilwirkungen

Die Knospen und die Rinde werden auf der ganzen Welt medizinisch verwendet. Präparate aus der Pflanze wirken antibakteriell, entzündungshemmend und fördern die Wundheilung. Die Wirksamkeit bei innerlicher Anwendung beruht insbesondere auf dem Gehalt an Salicin und Salicinderivaten (pflanzliches »Aspirin«). Salbe aus der Pappel wird bei oberflächlichen Hautverletzungen, Hämorrhoiden, Frostbeulen, Hautjucken und Sonnenbrand angewendet. Volksmedizinisch als Tee bei Rheuma, Erkrankungen der Harnwege, chronischer Bronchitis und Husten sowie zur Entwässerung. Außerdem bei Erkrankungen der Gebärmutter und Prostata. Die zerriebene Holzasche soll eingenommen bei verdorbenem Magen und Sodbrennen helfen.

Gewöhnliche Hasel

Corylus avellana L.
Betulaceae, Birkengewächse

Strauch	6 m	Jan. bis März	männl. gelb, weibl. rot

In Hecken und im Unterholz lichter und krautreicher Laubwälder.

Verwendung in der Küche

Blätter: Von März bis April lässt sich aus den ganz jungen, gerade aus den Knospen sprießenden, zarten Blättern auch mit anderen Wildpflanzen gemischt ein Spinatgemüse zubereiten. Getrocknete Blätter nutzte man von April bis August zum Strecken von Rauchtabak.
Blütenkätzchen: Die männlichen Blütenkätzchen, die zuweilen schon im Winter blühen, nutzt man mit ihrem proteinreichen leuchtend gelben Blütenstaub etwa von Februar bis April getrocknet und gemahlen zum Strecken von Getreidemehl oder auch zum Einkochen mit scharf würzigem Gemüse als Chutney.
Nüsse: Im September bietet die Pflanze ihre Nüsse an. Am besten isst man sie geschält roh oder röstet sie und gibt sie in Salate und Gebäck.

Man kann auch aus der Nuss ein hochwertiges Speiseöl pressen oder sie in Spirituosen einlegen.
Geschmack: Der Grundgeschmack der Blätter und Blüten ist stumpf-erdig, der der Früchte natürlich nussig.

Inhaltsstoffe

In den Blättern: Ätherisches Öl, Sitosterin.
In den Nüssen: Phytosterine, Salicylsäure, fettes Öl (reich an essenziellen Fettsäuren), Zucker (bis 5 %), Eiweiß (20 %), Vitamin B_1, B_2 und E, Calcium, Magnesium, Mangan, Silicium, Phosphor und Kalium und viele Spurenelemente.

Heilwirkungen

Die Blätter volksmedizinisch bei Leber und Gallenerkrankungen. Äußerlich in Form von Waschungen oder Umschlägen bei Venenerkrankungen, wie Krampfadern und Blutungen angewendet. Die im Frühjahr gesammelten Kätzchen haben als Tee zubereitet schweißtreibende Wirkung. Die Haselnuss spielte in der Steinzeit als Nahrungsmittel eine wichtige Rolle. Sie ist sehr nährstoffreich und lässt sich gut lagern. Die Nüsse sind gut für Gehirn und Nerven und können bei Gleichgewichtsstörungen Linderung bringen. Ferner sollen sie gut für das Immunsystem sein und die Lebensgeister wecken. Aus den Nüssen kann ein hervorragendes Speiseöl gewonnen werden, das sich auch gut für die Hautpflege eignet. Ein Brei aus geriebenen Nüssen, äußerlich angewendet, hilft bei entzündeten Augen und eiternden Wunden.

Gewöhnliche Mehlbeere

Sorbus aria agg.
Rosaceae, Rosengewächse

Baum	10 m	Mai bis Juni	weiß

In warmen Laubwäldern und an Felsen.

Verwendung in der Küche

Früchte: Eine zu Unrecht oft unbeachtete Wildfrucht ist die Mehlbeere. Ihre Früchte sammelt

man von August bis November, am besten jedoch nach dem ersten Frost, oder man lässt sie vor der Verwendung etwa zwei Wochen draußen ruhen. Wenn die Beeren vor dem ersten Frost geerntet wurden, kann man sie auch eine Nacht in die Gefriertruhe geben. Die Früchte können roh oder getrocknet gegessen werden. Wenn man sie auskocht und passiert, erhält man ein hervorragendes Mus für Suppen, Pürees, Saucen, aber auch Marmeladen, Obstkuchen und scharf würzige Chutneys. Getrocknet wird aus dem Mus eine Art Mehl, das gemischt mit Getreidemehl zum Backen genutzt wird. Die Fruchtkerne ergeben geschrotet und geröstet einen Kaffee-Ersatz.
Geschmack: Die Mehlbeeren schmecken mehlig, musartig und ganz leicht süß.

Inhaltsstoffe

In den Beeren sind ähnliche Inhaltsstoffe wie in der Eberesche *(Sorbus aucuparia)*, siehe Seite 171.

Heilwirkungen

Die rohen Früchte und ein aus den Früchten aufgebrühter Tee können bei Durchfall, aber auch bei Darmträgheit hilfreich sein, ebenfalls bei Reizdarmbeschwerden und Menstruationsbeschwerden. Auch bei Husten und Nierenbeschwerden. Die bitter schmeckenden Samen enthalten in geringen Mengen Blausäureglykoside. In der Alternativmedizin mehren sich die Hinweise, dass diese Stoffe in geringer Dosis bei der begleitenden Behandlung und der Nachsorge von Krebskranken positiv wirken.

Vogel-Kirsche

Prunus avium L.
Rosaceae, Rosengewächse

Baum	25 m	April	weiß

Eichen-Hainbuchen-Wälder und andere Laubwälder tieferer Lagen.

Verwendung in der Küche

Früchte: Von Juni bis Juli erntet man von der Vogel-Kirsche die Früchte und verwendet sie als erfrischende Nascherei, für Fruchtsäfte, Gelees und Marmeladen, als Kompott oder zu Spirituosen, Weinen und Essig. Man kann die Früchte auch zur Teebereitung trocknen. Die Kirschkerne kann man nach der Verarbeitung des Fruchtfleisches sammeln, schroten und als Kaffee rösten.

Blätter: Die jüngsten Blätter nutzt man im April in kleinsten Mengen als Aroma für verschiedene Saucen. Von April bis Juni kann man die Blätter auch trocknen und als Tee aufgießen.
Blüten: Von April bis Mai erstrahlen die hellen Blüten. Sie lassen sich kandieren oder als Tee aufgießen.
Geschmack: Die Früchte schmecken fruchtig sauer und süß, die Blätter und Blüten erinnern etwas an Mandel.

Inhaltsstoffe

Kalium, Calcium, Vitamin C, Provitamin A, organische Säuren, Gerbstoffe, ätherisches Öl, Harz, Pektin, Zucker und Enzyme. Darüber hinaus Alantoin, Amygdalin, Asparagin, Cyanidin und Methylsalicylat.

Heilwirkungen

Zu heilkundlichen Zwecken wurden früher Rinde, Blätter und Blüten genutzt. Heute werden noch gelegentlich die Stiele als harntreibendes Mittel verwendet. Alkoholhaltiges Kirschwasser gilt als magenwirksam. Die innerliche Anwendung der Früchte wirkt adstringierend, blutbildend und harntreibend. Außerdem gegen Husten, Fieber, Durchfall, Ödeme und bei Nervosität.

Felsen-Kirsche, Stein-Weichsel

Prunus mahaleb L.
Rosaceae, Rosengewächse

Strauch	5 m	April bis Mai	weiß

An felsigen und sonnigen Hangstandorten.

Verwendung in der Küche

Früchte: Die Felsen-Kirsche bietet von Juli bis August einen auffallend roten und zuweilen bis schwarzen Fruchtschmuck. Die Früchte können wie Kirschen roh vom Baum gegessen werden. Die ausgereiften schwarzen Früchte sind süßer. Man verarbeitet die reifen Früchte gern zu Kompott, Gelees oder Fruchtmarmeladen. Zuweilen zuckert man die Früchte auch ein oder trocknet sie zum Vorrat und zur Teebereitung.

Blätter: Auch aus den Blättern der Pflanze stellt man von April bis Mai mit anderen Kräutern gemischt einen Tee her oder mischte sie getrocknet in Rauchtabak.
Blüten: Im Mai verwendet man die hellen Blüten als Aroma für Tee, zum Aromatisieren von Zucker oder kandiert sie in Zuckerwasser und trocknet sie dann als Nascherei.
Kerne: In den Weichselkernen sitzen die Samen. Diese wurden getrocknet, geschrotet und Brotteig beigemengt.
Geschmack: Die Früchte schmecken sauer bis kirsch-erfrischend süß. Die Blüten, Blätter und Samen erinnern im Geschmack etwas an Mandel.

Inhaltsstoffe

In den Kernen: Cumarinderivate, Blausäuregklykoside, fettes Öl mit besonderen, mehrfach ungesättigten Fettsäuren.

Heilwirkungen

Über eine medizinische Anwendung ist nichts bekannt. Der Saft der Früchte kann zum Färben verwendet werden.

Trauben-Kirsche

Prunus padus L.
Rosaceae, Rosengewächse

Strauch	10 m	April bis Mai	weiß

An feuchten Waldrändern und in Auenwäldern.

Verwendung in der Küche

Blüten und Blätter: Die Trauben-Kirsche hat von April bis Mai zarte, in Trauben angeordnete weiße Blüten. Man erntet die ganze Traube und trennt erst kurz vor dem Verarbeiten die einzelnen Blüten ab. Diese legt man als Aromaspender ins Zuckerglas oder besprüht sie mit Zuckerwasser und kandiert sie dann durch Trocknen. Gern werden die Blüten zusammen mit Blättern der Trauben-Kirsche auch frisch als Tee aufgegossen. Zarte Blätter können von April bis Mai fein gehackt als Gewürz in Saucen und Aufläufen verwendet werden.

Früchte: Von Juni bis September sammelt man die kleinen Kirschen, die einen großen Kern haben. Man isst sie roh oder passiert sie zu Mus, um so auch die Kerne herauszulösen. Das Mus wird weiterverarbeitet zu süßen Aufstrichen und Kompott, aber auch zu Saft, Gelee, Wein und Essig. Eine besondere Delikatesse erhält man durch das Einlegen der Kirschen in Salz und Gewürze, zum Beispiel in Minze oder Salbei. Die zuvor ausgelösten Kerne werden zerstoßen und geröstet als Kaffee-Ersatz verwendet.

Samen: Die inneren Samen püriert man mit Wasser auch zu einer Art Mandelmus oder -milch (wegen der Blausäure nur in kleinen Mengen verwenden, siehe Seite 234).

Geschmack: Der Grundgeschmack der Kirschen ist säuerlich, fruchtig-saftig-süß. Die Blüten, Blätter und Samen schmecken nach Bittermandel.

Inhaltsstoffe

In den Samen und übrigen Pflanzenteilen sind Blausäureglykoside und Gerbstoffe enthalten.

Heilwirkungen

Das Fruchtmark soll fiebersenkend wirken und bei Rheuma hilfreich sein. Ein aus der Rinde bereiteter Tee bei juckenden Hauterkrankungen und Ekzemen innerlich und äußerlich. Die Anwendung sollte aber wegen der Blausäureglykoside nur mit Vorsicht und kurzzeitig erfolgen. Die Homöopathie verwendet Potenzierungen bei Schwächegefühl und Schmerzen im Bauchraum.

Rot-Buche

Fagus sylvatica L.
Fagaceae, Buchengewächse

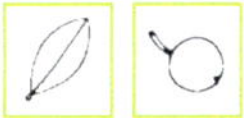

Baum	40 m	April bis Mai	gelblich grün

In Laub- und Mischwäldern.

Verwendung in der Küche

Blätter: Die ganz jungen Blätter der Buche lassen sich als Aroma für Limonaden verwenden, indem man sie über Nacht in Wasser einlegt. Auch Liköre kann man mit den Blättern aromatisieren, dazu müssen die Blätter zwei Wochen in den Likör eingelegt werden. Man kann sie aber auch für Salate und Gemüsegerichte verwenden.

Getrocknete Blätter gab man zum Strecken dem Rauchtabak bei.
Früchte: Rohe Bucheckern, die man im September erntet, sind in größeren Mengen unbekömmlich, geröstet sind sie jedoch zum Verzehr gut geeignet. Man verwendet sie als Zusatz für Salate und als Einlage in Schnaps, geröstet als Kaffee-Ersatz und gekocht als Gemüsebeigabe. Auch Speiseöl kann aus Bucheckern gewonnen werden.
Rinde/Holz: Von gefällten Buchen nutzte man die innere weiche Rinde. Sie wurde gekocht, aber meistens getrocknet als Streckmehl vermahlen. Die frischen Holzspäne werden als Räucheraroma oder zum Würzen von Essig genutzt.
Keimlinge: Die auffälligen Buchenkeimlinge eignen sich im März und April würzig eingelegt als Antipasti oder fein gehackt und in Salz gelegt als rohe Zugabe für einen Salat.
Geschmack: Die Bucheckern schmecken ähnlich wie Mandeln. Buchenkeimlinge sind fest zu kauen und etwas trocken im Geschmack, sie erinnern im Geschmack an Kohl. Die Blätter schmecken nach Sauerampfer.

Inhaltsstoffe

In den Nüssen: bis zu 45 % fettes Öl, 40 % Stärke, viel Eiweiß (25 %), Vitamin B_6 und C, Alkaloide und Fagin. Die beiden letztgenannten Stoffe sind wahrscheinlich dafür verantwortlich, dass der Verzehr roher Früchte zu Unverträglichkeiten, wie Kopf- und Magenschmerzen führt. Kleine Mengen der Früchte sind jedoch unbedenklich. Beim Rösten werden die problematischen Substanzen abgebaut.

Heilwirkungen

In der Naturheilkunde nutzt man die Buchenrinde zur Teebereitung. Der Tee wirkt fiebersenkend und antiseptisch und bringt insbesondere bei Erkrankungen der Atemwege Linderung. Die Buche liefert ferner Buchenholzteer, den man früher als juckreizstillendes und entzündungshemmendes Mittel bei Hauterkrankungen einsetzte. Aus dem Holz kann ein als Kreosotum bezeichnetes Öl destilliert werden, das in der Homöopathie innerlich gegen eine Vielzahl entzündlicher Beschwerden eingesetzt wird. Die Holzkohle dient in verschiedenen Präparaten als Mittel gegen Verdauungsschwäche, Krampfadern sowie bei Herz- und Kreislaufschwäche.

Blutroter Hartriegel

Cornus sanguinea L.
Cornaceae, Hartriegelgewächse

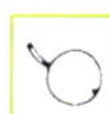

Strauch	4 m	Mai bis Juni	weiß

In krautreichen Laub- und Auenwäldern.

Verwendung in der Küche

Früchte: Von Juli bis Oktober erntet man seine schwarzen Früchte. Roh sind die Früchte ungenießbar. Das gelbe Fruchtfleisch unter der schwarzen Haut hat einen bitter-sauren Geschmack und verursacht Bauchschmerzen. Der Kern ist im Verhältnis zur Frucht relativ groß. Die Früchte eigenen sich nur gekocht in Kombination beispielsweise mit anderen Wildfrüchten zu Marmelade, Chutneys, Gewürzpasten oder zu Fruchtsäften und Bitterspirituosen, wie zum Beispiel Kräuterschnäpsen. Aus den getrockneten Früchten lässt sich nach deren Erhitzen und Pressen ein gelbliches Speiseöl gewinnen, und aus den

Fruchtkernen lässt sich durch Schroten und Rösten eine Art Kaffee herstellen.
Geschmack: Der Grundgeschmack der Früchte ist sehr bitter, das Fruchtfleisch ist musartig.

Inhaltsstoffe

Gerbstoffe (Tannine), Harze, Flavonoide wie Quercetin (Rinde), Pektine, organische Säuren (Früchte).

Heilwirkungen

Eingesetzt werden die Rinde und die Früchte. Die adstringierende und entzündungshemmende Wirkung macht man sich bei der Herstellung von Gurgelwasser zunutze. Die Pflanze wirkt schmerzstillend und blutstillend. Aus den Kernen kann Öl gewonnen werden, das als Hautöl bei spröden Händen genutzt werden kann.

Kornelkirsche

Cornus mas L.
Cornaceae, Hartriegelgewächse

Strauch	6 m	Febr. bis März	gelb

In lichten Eichenwäldern und sonnigem Gebüsch.

Verwendung in der Küche

Früchte: Die Kornelkirsche hat von Juli bis Oktober einen auffallend roten Fruchtschmuck. Die Früchte kann man wie Kirschen direkt vom Baum naschen. Man sollte jedoch nur die Früchte ernten, die sich nahezu von allein vom Strauch lösen oder durch Schütteln herabfallen. Dies sind die Früchte, die ausgereift sind und reichlich Süße besitzen. Sie sind dunkelrot. Unreife Früchte sind sehr sauer. Man verarbeitet die reifen Früchte gern zu Fruchtsäften, zu Kompott, Gelees oder Fruchtmarmeladen. Den Saft verwertet man auch weiter zu Wein und Schnaps, oder man setzt mit den Früchten Liköre und andere Spirituosen an. Zuweilen schneidet man die Kerne heraus, halbiert die Früchte und bestreut sie nach Belieben mit Zucker, so kann man sie auch bis zu vier Tagen im Kühlschrank lagern. Zur Bevorratung und zur Teebereitung werden die entkernten Früchte auch getrocknet. Von Juli bis August eignen sich die reifen und unreifen Früchte zum Einlegen in Essig oder Öl und erinnern so an eingelegte Oliven.
Blätter: Auch aus den Blättern der Pflanze stellt man von März bis April mit anderen Kräutern gemischt einen Tee her.
Blüten: Von Februar bis März verwendet man die Blüten als Aroma für Spirituosen oder als Tee.
Samen: Aus dem gerösteten Samen der Früchte kann man von Juli bis Oktober eine Art röstbitteren Kaffee mahlen.
Geschmack: Der Geschmack der Früchte ist sauer, johannisbeerartig bis süß. Die Blüten und

Blätter geben Getränken in der beschriebenen Verarbeitung einen fruchtigen Geschmack.

Inhaltsstoffe

In den Früchten: verschiedene Zucker, Gerbstoffe, Anthocyane, organische Säuren, B-Vitamine, Vitamin C und E, Flavonoide (Rutin).

Heilwirkungen

Frucht und Rinde wirken fiebersenkend und adstringierend. Früher erfolgt die Anwendung bei chronischen Darmerkrankungen und Durchfall. In gleicher Weise kann auch ein Tee aus den übrigen Pflanzenteilen (Blätter und Rinde) angewendet werden. Aus diesen kann auch eine wundheilende Salbe, die auch bei Krampfadern hilft, hergestellt werden.

Gewöhnlicher Steinklee

Melilotus officinalis (L.) Lam.
Fabaceae, Schmetterlingsblütengewächse

einjährig	0,9 m	Juni bis Sept.	gelb

An trockenen und warmen Standorten auf Böden bis in etwa 1000 m Höhe. Rohbodenpionier.

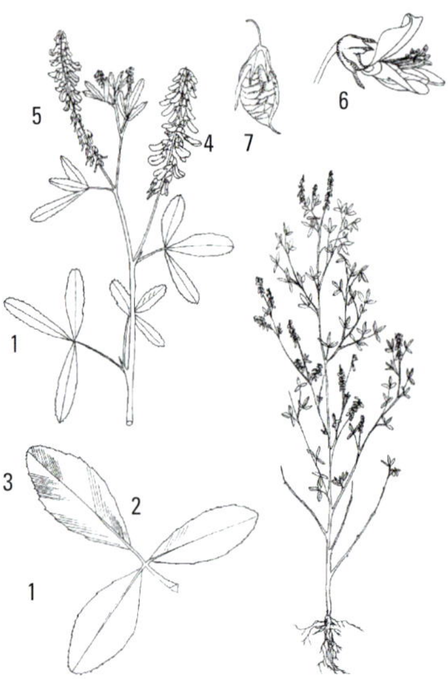

Verwendung in der Küche

Triebe: Die jungen Triebe erntet man von April bis Juni. Man lässt sie 1–2 Tage anwelken und gibt sie dann als Aroma in Gemüsegerichte und zu Milchspeisen, indem man sie mitkocht und wieder herausnimmt, oder man legt sie ein in Weine und Bowlen. Auch als fein geschnittenes Gewürz zur Schnittkäseherstellung verwendbar. ***Kraut mit Blüten:*** Das Kraut samt Blüten kann von Mai bis September als Würze zum Beispiel in Marmeladen oder Kompott mitgekocht werden. Trocknet man es, so werden damit Liköre, Weine und Limonaden aromatisiert. Pulverisiert ergibt das Kraut des Steinklees ein Süßgewürz, das zum Backen oder für Desserts verwendet werden kann.

1 Die Blätter sind dreizählig.
2 Die Teilblätter sind länglich bis oval und gestielt.
3 Der Blattrand ist gesägt.
4 Die gelben Blüten sind hängend am Blütenstiel angeordnet.
5 Die reichblütigen Blütenstände werden bis 10 cm lang.
6 Der Blütenkelch hat 5 etwa gleich lange Zähne.
7 Die unbehaarte Frucht wird bis 5 mm lang und ist durch Querrippen gekennzeichnet. Sie enthält 5 bis 8 Samen.

Samen: Von August bis September kann man die noch zarten Samenkapseln fein wiegen und zusammen mit Frischkäse als Brotaufstrich herrichten.
Blätter: In kleinen Mengen kann man die Blätter auch frisch vor der Blüte im April zu Salatsaucen mischen.
Wurzeln: Auch die von September bis April geernteten, getrockneten Wurzeln kann man in kleinen Mengen als Gewürz einsetzen.
Hinweis! Alle Pflanzenteile nur in Gewürzmengen verwenden, damit das enthaltene Cumarin nicht überdosiert wird.
Geschmack: Das Aroma der Pflanze ist süßaromatisch, Waldmeister-vanilleartig, und so duftet sie auch.

Inhaltsstoffe

Cumarin (verantwortlich für den Heugeruch), Flavonoide, Gerb- und Schleimstoffe.

Heilwirkungen

Das getrocknete Kraut wird arzneilich als Venenmittel und zur Behandlung von Hämorrhoiden verwendet. Die enthaltenen Cumarine wirken entzündungshemmend, regen die Lymphtätigkeit an und fördern die Wundheilung. Der Cumaringehalt in der Pflanze ist stark schwankend, sodass auf die Dosierung sehr zu achten ist. Die Volksmedizin schreibt dem Steinklee eine harntreibende Wirkung zu. Äußerlich wird die Pflanze als Umschlag oder in Salbenform gegen Blutergüsse und Prellungen eingesetzt.

Rühr-mich-nicht-an, Großes Springkraut

Impatiens noli-tangere L.
Balsaminaceae, Balsaminengewächse

einjährig	0,8 m	Juni bis Aug.	gelb

An Waldrändern, Quellen und Ufern von Waldbächen. Auf nährstoffreichen Lehm- und Tonböden bis in eine Höhe von 1300 m.

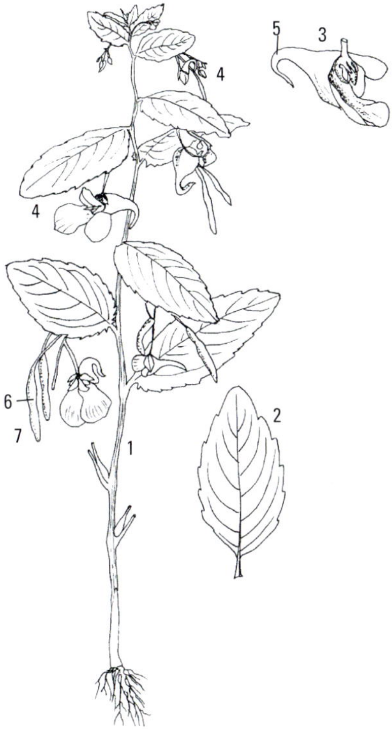

1 Der Stängel ist gefurcht.
2 Die Blätter sind eiförmig, grob gezähnt und kurz gestielt.
3 Die Blüte wird bis 4 cm groß.
4 Der Blütenstand ist ein- oder wenigblütig.
5 Das schmale Ende der Blüte – auch Sporn genannt – ist gekrümmt.
6 Die Frucht ist kantig.
7 Die reifen Samenkapseln springen bei Berührung auf.

Verwendung in der Küche

Die Pflanze wird wie das Indische Springkraut *(Impatiens glandulifera)* verwendet.
Siehe Seite 67.

Auch Inhaltsstoffe und Heilwirkungen entsprechen denen vom Indischen Springkraut *(Impatiens glandulifera).*

Gewöhnliche Hainbuche

Carpinus betulus L.
Betulaceae, Birkengewächse

Baum	25 m	April bis Mai	gelblich grün

In Laubwäldern der Tieflagen in sommerwarmer Klimalage.

Verwendung in der Küche

Blätter: Im April lässt sich aus den jungen, sich gerade entfaltenden Blättern zusammen mit anderen Wildpflanzen eine Kräutermischung herstellen, geeignet für Kräuterquark, Kräuterbutter oder Kräutersalz.
Samen: Im Mai, kurz nach der Blütezeit, entstehen die ersten Samen. Diese können aus ihren Tragflügeln geschält in Gemüsegerichten mitgekocht oder zu »Pickles« eingelegt werden. Wem die Samen zu bitter sind, der kann sie vor der Verarbeitung in Salzwasser einlegen. Danach kann man sie selbst kräftigen Salaten zugeben.
Früchte: Von Juli bis September werden die Früchte samt ihren faserigen Flügeln geerntet und zu einem Speiseöl ausgepresst.

Geschmack: Der Grundgeschmack der Pflanze ist bitter und daher eine Bereicherung intensiver Würzmischungen.

Über Inhaltsstoffe und Heilwirkungen ist nichts bekannt.

Heidelbeere, Blaubeere

Vaccinium myrtyllus L.
Ericaceae, Heidekrautgewächse

Strauch	0,5 m	April bis Aug.	weißlich bis rötlich grün

Bodensaure Standorte, überwiegend im Nadelwald.

Verwendung in der Küche

Blüten: Im Mai erntet man die Blüten der Heidelbeere und nutzt diese in Hausteemischungen.
Früchte: Von Juli bis August erntet man die Früchte, um sie roh oder in Obstgebäck zu essen. Man macht aus ihnen auch scharf abgeschmecktes Würzmus oder ein Wildbeeren-Chutney. Außerdem eignen sich die gekochten und passierten Früchte zur Herstellung von Sirup, Säften,

Spirituosen, Eis, Desserts, Aufstrichen und Kompott, aber auch für Suppen und Saucen. Getrocknet nutzt man die Früchte als Trockenobst oder im Winter als Tee.
Blätter: Die kleinen Blätter verwendet man zusammen mit den Früchten frisch oder getrocknet als Tee.
Geschmack: Der Geschmack der Früchte ist angenehm süß, harmonisch. Die Blüten und die Blätter sind herber und bitterlich.

Inhaltsstoffe

Bis zu 6,7 % Gerbstoffe, Flavonoide, hoher Gehalt an Mangan und Chrom, Pektin, Zucker, Vitamine und Fruchtsäuren. Die Blätter enthalten Iridoide.

Heilwirkungen

Aufgrund des hohen Gerbstoffgehalts und der leicht antibakteriellen Wirkung werden Blätter und Früchte auch schulmedizinisch bei Durchfallerkrankungen eingesetzt. Außerdem hilft die Pflanze bei Kreislaufbeschwerden und verbessert das Nachtsehen. Des Weiteren können die Früchte der Heidelbeere die Gewebsheilung unterstützen. Ihre Blätter werden bei Harnwegsinfektionen und Blasenentzündungen angewendet. Volksmedizinisch wird die Heidelbeere auch zur Unterstützung bei Diabetes empfohlen.
Wilde Heidelbeeren sind besonders reich an Ballaststoffen und Pflanzenfarbstoffen. Sie unterstützen die Verdauung und fördern den Abtransport schädlicher Schlackenstoffe. Die rotviolette Farbe der Beeren weist auf einen hohen Gehalt an gesundheitsfördernden Pflanzenfarbstoffen (Anthocyanen) hin. Sie wirken als Antioxidantien und sind aufgrund ihrer Eigenschaften als Radikalfänger von besonderer Bedeutung. Zusammen mit anderen Flavonoiden wirken die Beeren stärkend auf das Immunsystem und unterstützen den Körper bei der Abwehr von Bakterien, Viren und Pilzen.

Vogel-Sternmiere, Vogelmiere

Stellaria media agg.
Caryophyllaceae, Nelkengewächse

einjährig	0,3 m	März bis Okt.	weiß

In Gärten, auf Äckern und auf anderen Kultur- und Brachflächen, zum Beispiel an Straßen und Wegrändern. Auf nährstoffreichen Lehmböden bis in eine Höhe von etwa 1900 m.

Verwendung in der Küche

Bei der kleinen, flächenartig auftretenden Vogel-Sternmiere lassen sich kaum einzelne Pflanzen unterscheiden. Meistens erntet man sie in Büscheln von vielen Pflanzen. Sie ist komplett verwendbar, samt ihren Stängeln, Blüten und Fruchtkugeln. Die Pflanze ist über die ganze frostfreie Jahreszeit von März bis Oktober als besonders delikater Salat oder als sehr zartes spinatartiges Gemüse zuzubereiten. Sie eignet sich allein als Hauptteil eines Gerichts, lässt sich aber auch mit anderem Gemüse kombinieren. Die während der gesamten Vegetationsperiode sich immer wieder neu bildenden Samen keimen sehr gut auf jeder frischen Erde, zum Beispiel auch in einem Blumenkasten. So hat man ständig frische Pflanzen griffbereit.
Geschmack: Der Grundgeschmack ist sehr mild, ähnlich dem des Kopfsalates, jedoch aromatischer.

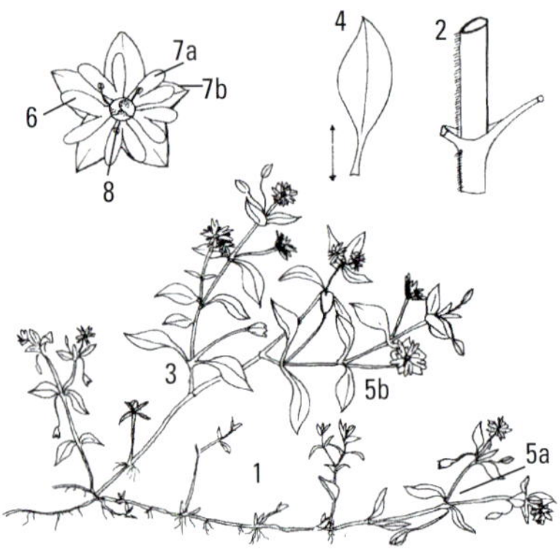

1 Durch ihren flachen Wuchs hat die Vogel-Sternmiere eine bodendeckende Wirkung.
2 Der Stängel ist meist einreihig behaart.
3 Jeweils 2 Blätter stehen sich gegenüber.
4 Die kleinen Laubblättchen sind ganzrandig und zugespitzt.
5 Aus den Blattachseln entspringen neue Triebe (5a) und Blütenstände (5b).
6 Die weißen Blütenblätter sind fast bis zum Grund zweiteilig.
7 Die Blütenblätter (7a) sind höchstens so lang wie die Kelchblätter (7b).
8 Die 3 Staubbeutel sind violett.

Inhaltsstoffe

Doppelt so viel Calcium, dreimal so viel Kalium und Magnesium und siebenmal so viel Eisen wie der Kopfsalat, zwei- bis achtmal so viel Vitamin A und C wie der Kopfsalat, Vitamine B_1, B_2 und B_3, das Spurenelement Selen, Schleimstoffe, Saponine, Flavonoide (Rutin), Kieselsäure und Gammalinolensäure.

Heilwirkungen

In der Volksmedizin wird die Sternmiere bei Husten, Asthma und Lungenerkrankungen eingesetzt, außerdem zur Reinigung und Kräftigung des ganzen Organismus. Die Pflanze hat eine kühlende, entzündungshemmende, schmerzlindernde, verdauungsfördernde und leicht abführende Wirkung. Sie hilft bei Krämpfen, Leberbeschwerden, übermüdeten oder entzündeten Augen, Rheuma und Blasenkrankheiten. Äußerlich kann sie bei Hautausschlägen, Verbrennungen, Schürfwunden und kleineren Verletzungen eingesetzt werden. Homöopathisch bei Rheumatismus, Gelenkentzündungen, Bronchitis und Schuppenflechte.

Arznei-Thymian, Feld-Thymian

Thymus pulegioides agg.
Lamiaceae, Lippenblütengewächse

mehrjährig	0,3 m	Juni bis Sept.	purpurrot

An warmen Böschungen und auf mageren Weiden, auf Sand- oder Lehmböden bis in eine Höhe von über 2000 m.

Verwendung in der Küche

Blätter: Zarte Blätter des Feld-Thymians benutzt man von Juni bis September als Aroma. Sie können roh zum Beispiel auf Butterbrot gegessen werden, oder man verarbeitet sie als Würze für Tee, Kräuterlikör, Kräuterwein und Schnaps, als Bierwürze oder als Aroma für Würzöle. Zarte Triebspitzen samt den Stängeln sind von März bis Mai fein gehackt eine gute Zutat für verschiedene Salatdressings (insbesondere für Tomaten-

salat), Suppen, Eierspeisen (Omelett, Rührei), Quiche, Eintöpfe, Kräuterkäse, Kräuterbutter oder Kräuterquark. Die getrockneten Blätter nutzt man von Mai bis Juni zur Teebereitung oder als Aroma für Rauchtabak.
Blüten: Die Blüten können von Juni bis August als essbare Dekoration zu verschiedenen Speisen oder als Aroma für Speiseöl verwendet werden.

1 Der Stängel ist vierkantig.
2 Die Kanten sind dicht behaart.
3 Das Blatt ist eiförmig und wird bis 2 cm lang.
4 Ein Teil der Blütenstände entspringt den Blattachseln (4a), der andere Teil ist endständig angeordnet (4b).
5 Der Blütenkelch ist behaart.
6 Die Zähne der Blütenkelche sind dreieckig und schmal.

Geschmack: Die Pflanze duftet beim Zerreiben sehr aromatisch und appetitanregend. Der Geschmack ist dem des Küchen-Thymians ähnlich, jedoch schärfer. Auch die Blüten sind aromatisch, aber etwas milder.

Inhaltsstoffe

Bis 0,6 % ätherisches Öl (Hauptwirkstoffe: Thymol und Carvacrol), Flavonoide und Triterpene.

Heilwirkungen

Angewendet wird der Feld-Thymian ähnlich wie der Echte Thymian gegen Husten und Erkältungskrankheiten. Dabei kommen vor allem die antiseptischen und antibakteriellen Wirkstoffe zum Tragen. Die Pflanze wird auch als Gurgelmittel genutzt. Die Volksmedizin verwendet sie außerdem gegen Blähungen, Blasen- und Nierenerkrankungen und für Kräuterkuren und Bäder, in alkoholischen Auszügen zum Einreiben bei Rheuma und Verstauchungen.

Purpur-Waldfetthenne

Hylotelephinum telephium agg.
Crassulaceae, Dickblattgewächse

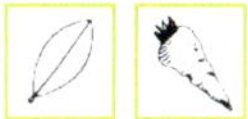

mehrjährig	0,8 m	Juli bis Sept.	rosa bis purpurrot

Auf Waldlichtungen, an Wegen, in Hecken und auf Wällen auf Lehmböden bis in eine Höhe von etwa 1000 m.

Verwendung in der Küche

Triebspitzen und Blätter: Von April bis Juni sammelt man sowohl weiche Triebspitzen als

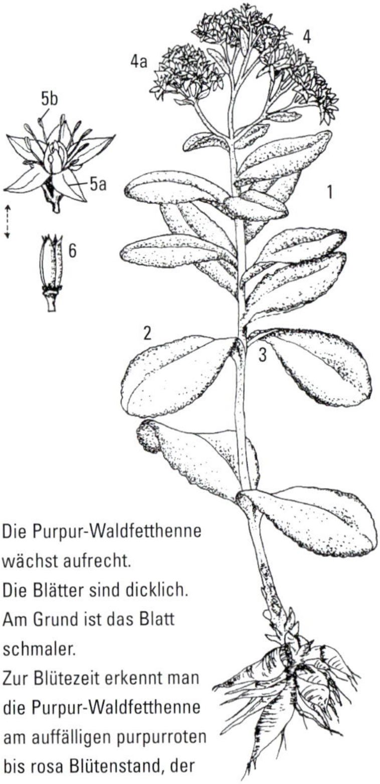

1 Die Purpur-Waldfetthenne wächst aufrecht.
2 Die Blätter sind dicklich.
3 Am Grund ist das Blatt schmaler.
4 Zur Blütezeit erkennt man die Purpur-Waldfetthenne am auffälligen purpurroten bis rosa Blütenstand, der sich aus mehreren Blütenköpfchen zusammensetzt (4a).
5 Die Blüte enthält 5 Blütenblätter (5a) und 10 Staubblätter (5b).
6 Die Samenkapsel ist an der Außenseite eingeschnitten.

auch große dicke Blätter der Purpur-Waldfetthenne. Doch auch während der Blüte kann man immer noch saftige Blätter ernten. Verwendet werden die Triebspitzen und Blätter meistens in verschiedenen Salaten. Um den Geschmack zu verbessern, sollte man die transparente dünne Blattschale abziehen. Weiterhin nutzt man die Blätter und Triebe auch zu Gemüsegerichten, insbesondere zu Spinat, Frühlingsrollen und Eintöpfen. Im Entsafter gewinnt man aus ihnen eine gute Basis für ein Frischsaftgetränk. Zuweilen wurden die Blätter auch als Sauerkraut vergoren.
Wurzeln: Ab September bis ins Frühjahr nutzt man die bohnengroßen, essbaren Knöllchen an den Wurzeln gegart als Back- und Kochgemüse.

Geschmack: Der Grundgeschmack der geschälten Blätter erinnert etwas an eine Mischung aus Kiwi und grünem Paprika.
In Österreich ist diese Art selten und sollte dort nicht gesammelt werden.

Inhaltsstoffe und Heilwirkungen gleichen denen der Weißen Fetthenne, siehe Seite 35.

Preiselbeere, Kronsbeere

Vaccinium vitis-idaea L.
Ericaceae, Heidekrautgewächse

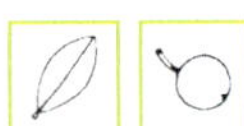

Strauch	0,2 m	Mai bis Juli	weiß bis rosa

In bodensauren Nadel- und Eichenwäldern sowie in Moorgebieten.

Verwendung in der Küche

Blätter: Von April bis Mai erntet man die kleinen, festen Blätter. Man verwendet sie fein gehackt als Gewürz in Saucen und Aufläufen.
Früchte: Von Juli bis September sammelt man die kleinen Früchte, die roh und verarbeitet gegessen werden können. Ihren intensiven Ge-

schmack nutzt man für die Zubereitung von Saucen und Mus, oder man kocht sie in leicht gesüßtem Wasser ein, um sie so das ganze Jahr über zu warmen Käsegerichten und Gebratenem zu servieren. Man kann sie auch zu Gebäck, zu Säften und Sirup, zu Desserts und Aufstrichen verwenden. Getrocknet können sie Hausteemischungen zugesetzt werden.
Geschmack: Die Früchte schmecken säuerlich und fruchtig-saftig-zartbitter. Die Blätter haben einen bitteren Geschmack.

Inhaltsstoffe der Früchte

Reichlich Vitamin C und E, Fruchtsäuren, Gerbstoffe, Mangan, Eisen, Kupfer, Zink und Molybdän.

Heilwirkungen

Die Preiselbeere fand erst in jüngerer Zeit Verwendung in der Volksmedizin. Wegen des hohen Ascorbinsäuregehalts wird der Saft aus den Beeren als winterliche Vitamin-C-Quelle genutzt. Die blutreinigenden und desinfizierenden Inhaltsstoffe der Beeren haben eine leicht harntreibende Wirkung. Sie schützen vor Blasenentzündung und werden auch gegen Durchfall, Blähungen und Nierenbeckenentzündungen eingesetzt. In der Volksmedizin wurden auch die getrockneten Blätter, ähnlich wie die der stärker wirksamen Bärentraube (höherer Arbutingehalt) zur Zubereitung von Tee bei Erkrankungen der Harnorgane genutzt. Dieser Tee eignet sich auch vorzüglich zur Fiebersenkung. Die harntreibende Wirkung spielt auch beim Einsatz der Beeren und Blätter gegen Gicht und Rheuma eine wichtige Rolle.

Tüpfel-Johanniskraut

Hypericum perforatum L.
Hypericaceae, Johanniskrautgewächse

mehrjährig	0,6 m	Juli bis Aug.	gelb

An sonnigen Gebüschrändern, an Wegen und auf Waldlichtungen auf tiefgründigen Böden aller Art bis in eine Höhe von etwa 1000 m. Magerkeitszeiger.

Verwendung in der Küche

Blätter und Triebspitzen: Die Blätter des Johanniskrauts benutzt man von April bis Juli als Würze für Tee, Bitterlikör, Kräuterwein, Schnaps und Bier sowie als Aroma zu Würzölen. Triebspitzen und zarte Blätter sind von März bis Mai eine gesunde Zutat für Salate, Suppen, Eierspeisen (Omelett, Rührei), Quiche, Eintöpfe und Kräuteraufstriche.
Blüten: Von April bis Ende Juni eignen sich die Blüten als essbare Dekoration auf verschiedenen Salaten, Aufstrichen oder als Aroma und zum Einfärben von Gemüse und Speiseöl. Die gelben Blüten geben, wenn sie eingelegt, gekocht oder zerdrückt werden, eine färbende, blutrote Flüs-

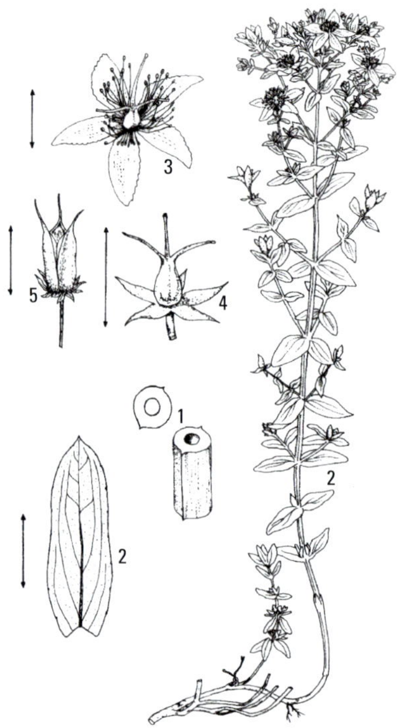

1 Die Stängel sind zweikantig.
2 Die Blätter sind am Stängel sitzend angeordnet, länglich und durchscheinend punktiert.
3 Die gelben Blütenblätter sind einseitig gezähnt.
4 Die gefleckten, bis 5 mm langen Kelchblätter sind zugespitzt.
5 Die Samenkapsel ist dreiteilig.

sigkeit ab. Man sollte sie daher vorsichtig mit einer Schere ernten, da sie leicht zerdrückt werden können.
Geschmack: Der Grundgeschmack der Pflanze ist herb-aromatisch, ähnlich wie Schwarztee. Die Blüten sind zart süßlich.

Inhaltsstoffe

Flavonoide (Hypericin und Hyperforin), Gerbstoffe, ätherisches Öl, Anthocyane.

Heilwirkungen

Die Pflanze ist in zahlreichen Arzneien, meist in hoher Dosierung enthalten. Anwendungsgebiete sind Depressionen, Nervosität und Angstzustände. Volksmedizinisch wird sie in Form eines Tees (2 TL pro Tasse) auch bei Magenbeschwerden und Erkrankungen der Leber und Gallenblase eingesetzt. Johanniskrautöl (Auszug des Krautes in Pflanzenöl) unterstützt die Erneuerung des Gewebes, weshalb es äußerlich bei Verbrennungen, Wunden, Zahn- und Gelenkschmerzen und innerlich bei Magengeschwüren hilft. Man sollte beachten, dass durch die Einnahme und äußerliche Anwendung von Johanniskraut die Empfindlichkeit gegenüber Sonnenlicht erhöht wird. Bei intensiver Sonnenbestrahlung und entsprechender Empfindlichkeit kann es zu Hautrötungen kommen. Die Inhaltsstoffe der Pflanze schwächen die Wirkung etlicher Arzneistoffe. Das in der Pflanze enthaltene Hypericin wirkt antiviral und wurde aus diesem Grund bereits gegen HIV eingesetzt.

Rot-Klee, Wiesen-Klee

Trifolium pratense L.
Fabaceae, Schmetterlingsblütengewächse

mehrjährig	0,4 m	Juni bis Sept.	rot

Auf Wiesen mit tiefgründigen Lehm- und Tonböden in wintermilder Klimalage bis über 2000 m Höhe. Nährstoffzeiger, wurzelt bis 2 m tief! Bodenverbesserer.

Verwendung in der Küche

Triebe und Blätter: Der Rot-Klee ist mit seinen jungen, von April bis Juni geernteten Trieben und Blättern ein Bestandteil von Frühjahrssuppen und Hackkräutermischungen in Salaten. Man kann die Triebe und Blätter aber auch unter Gemüse- und Spinatgerichte geben oder sie in Kräuterquark und Kräuterkäse mischen. Auch zur Teebereitung, als Sauerkraut vergoren und würzig mariniert werden sie verwendet.
Blüten: Gern werden von Juni bis September die Blüten des Rot-Klees über Salate und Gemüsegerichte gestreut. Man kann die Blüten aber auch in Teig einkneten, herzhaft würzen und als Bratlinge ausbacken oder als Aroma in Spirituosen

und Tees verwenden. Die ganzen Blütenköpfchen verarbeitet man auch in Mehl gestampft zu Knäckebrot.
Samen: Die von August bis September geernteten Samen kann man zu Mehl schroten oder den Winter über auf der Fensterbank als Vitaminquelle keimen lassen.
Geschmack: Der Grundgeschmack der Blätter erinnert an Erbsengemüse oder Feldsalat. Die Blüten sind süß.

Inhaltsstoffe

Gerbstoffe, Cumarin, ätherisches Öl, Isoflavone (Genistein), Glykoside und Harz.

Heilwirkungen

Volksmedizinisch bei Durchfällen, Husten und chronischen Hauterkrankungen. Zunehmende Bedeutung hat die Anwendung von Extrakten des Rot-Klees bei weiblichen Wechseljahresbeschwerden aufgrund der enthaltenen Isoflavone. Diese Phytoöstrogene spielen darüber hinaus eine Rolle bei der Vorbeugung hormonabhängiger Krebserkrankungen, insbesondere der Brust, der Gebärmutter und der Prostata. Der Tee (3 TL Blüten pro Tasse) wirkt blutreinigend und kann auch zum Erfrischen übermüdeter Augen angewendet werden.

Echter Vogelknöterich

Polygonum aviculare agg.
Polygonaceae, Knöterichgewächse

einjährig	0,5 m	Juni bis Okt.	grün-weiß-rosarot

Auf Kies- und Schotterflächen sowie in Wildkrautgesellschaften der Äcker und Gärten auf nährstoffreichen Sand- und Lehmböden bis in eine Höhe von etwa 1400 m. Pionierpflanze und Stickstoffzeiger.

Verwendung in der Küche

Blätter: Die jungen Vogelknöterichblätter kann man von Mai bis Juni zu kräftigen Salaten, zu Kräuterpüree, zu Spinat, zu Suppen und zu Gemüsegerichten verwenden. Man kann die Blätter in dieser Zeit aber auch entsaften und den Saft als gesundes Erfrischungsgetränk mit Wasser oder Joghurt mischen. Bei ganz jungen Pflanzen sind neben den Blättern auch die Stiele und Triebe zu verwenden, sofern diese noch nicht zu faserig sind. Bis September eignen sich die Blätter zum Trocknen, um aus ihnen Tee zu bereiten.
Samen: Die von August bis Oktober geernteten Samen kann man wie Getreide verwenden. Sie

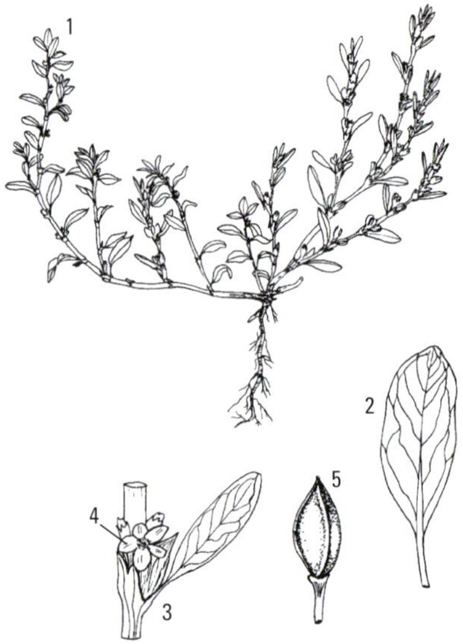

1 Die Stängel sind bis zur Spitze beblättert.
2 Die Blätter haben eine schmal-ovale Form und sind kurz gestielt.
3 Das Blatt läuft am Stängel in auffälligen Blattscheiden aus.
4 Die kleinen Blüten befinden sich zu 1 bis 3 in den Blattwinkeln.
5 Die Frucht ist dreikantig und oben zugespitzt.
6 Im Erscheinungsbild ist der Echte Vogelknöterich sehr vielgestaltig.

können etwa in eine Mahlzeit gestreut und mit Mehl gemischt zu Bratlingen gebacken werden. ***Geschmack:*** Der Grundgeschmack der Pflanze ist mild, salatartig, nur bissfester.

Inhaltsstoffe

Bis 1 % Flavonoide (Abkömmlinge des Kämpferols, Quercetins und Myricetins), etwa 1 % Kieselsäure, Gerbstoffe (Gallotannine), Bitter- und Schleimstoffe, Cumarinderivate.

Heilwirkungen

Die Pflanze wird sowohl in der Schulmedizin als auch volksmedizinisch verwendet. Die hauptsächlichen Anwendungsgebiete des getrockneten Krautes als Tee (2 TL pro Tasse) sind wegen der auswurffördernden Wirkung entzündliche Erkrankungen der Luftwege. Die enthaltenen Gerb- und Bitterstoffe wirken aber auch günstig bei Magen- und Darmbeschwerden, Durchfällen und Erkrankungen von Niere und Blase. Die äußerliche Anwendung erfolgt bei schlecht heilenden Wunden, Hämorrhoiden und in Form von Gurgelwässern. Die Traditionelle Chinesische Medizin setzt die Pflanze bei Parasitenbefall der Haut, bei Harnverhalten und bei Beschwerden der Galle ein.

Luzerne

Medicago sativa agg.
Fabaceae, Schmetterlingsblütengewächse

mehrjährig	0,8 m	Juni bis Sept.	blau oder violett

Verwildert an mageren Standorten, auf tiefgründigen Lehmböden bis in eine Höhe von etwa 1300 m. Stickstoffsammler.

Verwendung in der Küche

Im Vergleich mit anderen Kleearten schmeckt die Echte Luzerne am strengsten. Um sie gut nutzen zu können, kann man die geernteten Teile fein schneiden, überbrühen und mit etwas Salz ziehen lassen.

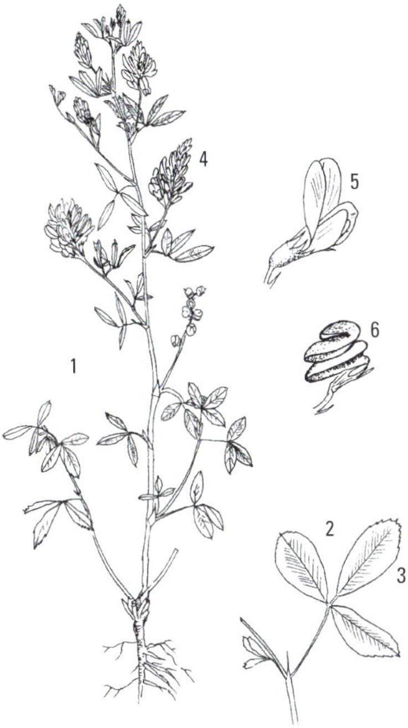

1 Die Pflanze wächst aufrecht.
2 Die Blätter sind dreiteilig.
3 Das Einzelblatt wird bis 3 cm lang.
4 Der Blütenstand enthält bis zu 25 blaue oder violette Einzelblüten.
5 Die Einzelblüten werden bis zu 1 cm lang.
6 Die 0,5 cm große Frucht sieht spiralförmig aus.

Triebe: Die jungen Triebe lassen sich von April bis Juni gut als Würze zu verschiedenen Salaten und auch Salatsaucen oder gekocht zu Spinatgerichten und Suppen geben.
Blüten: Die farbigen Blüten sind eine wunderschöne essbare Dekoration, insbesondere für Salate oder Frischkäsebrote. Gern nutzte man die getrockneten Blütenstände von Juni bis September in Trockenteemischungen oder in Notzeiten gemahlen auch zum Strecken von Getreidemehl. Frische Blütenstände können wie die jungen Triebe zu Salaten und Gemüsegerichten gegeben werden.
Samen: Die Samen wurden im September zu Streckmehl gemahlen. Doch man kann sie auch gut zum Keimen im Winter auf der Fensterbank nutzen, sie sind aber auch roh essbar.

Geschmack: Der Grundgeschmack der Pflanze ist erbsenartig.

Inhaltsstoffe und Heilwirkungen entsprechen denen des Hopfenklees *(Medicago lupulina)*, siehe Seite 39.

Gewöhnlicher Hornklee

Lotus corniculatus agg.
Fabaceae, Schmetterlingsblütengewächse

mehrjährig	0,3 m	Mai bis Aug.	gelb

Auf Wiesen, Weiden und in sonstigen warmen und nährstoffreichen Rasengesellschaften auf Lehmböden bis in etwa 2300 m Höhe. Besiedelt auch rohe, das heißt oftmals kaum mit Humus versorgte (Mineral-)Böden. Bodenverbesserer.

Verwendung in der Küche

Triebe und Blätter: Der Gewöhnliche Hornklee hat von März bis April junge Triebspitzen und zarte Blätter, die als Kochgemüse oder Gemüsefüllung verarbeitet werden können. Es empfiehlt sich, den Hornklee stark zu würzen, um dem

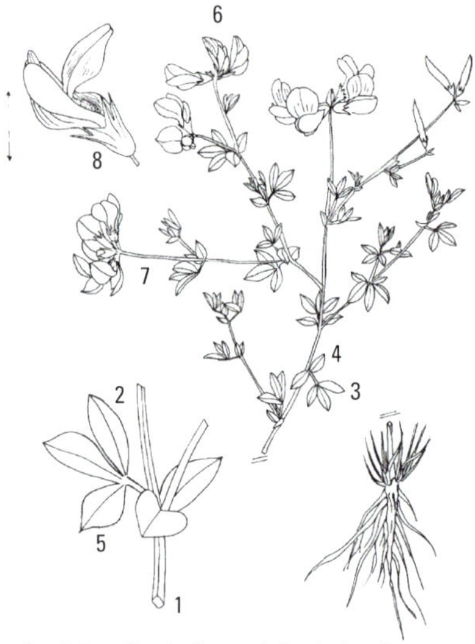

1 Der Stängel ist im Querschnitt vierkantig.
2 Die Blätter sind etwa doppelt so lang wie breit.
3 Die oberen 3 Teilblätter sitzen gemeinsam an einem Stiel.
4 Das untere Teilblattpaar ist ungestielt.
5 Alle Blätter haben am Rand und an den Nerven feine Wimpern.
6 Die Blüten sind vor dem Aufblühen oft rot gefleckt.
7 Die Blüten sitzen zu mehreren an einem langen Stiel.
8 Der Blütenkelch ist etwa 5 mm lang.

strengen Geschmack zu begegnen. Im Salat genutzt sollte man die Blätter nur in kleinen Mengen verwenden. Nüsse eignen sich als Geschmacksabrundung.
Samenschoten: Ab Juli findet man junge Samenschoten, die wie kleine Bohnenschoten zubereitet werden können.
Blüten: Die gelben Blüten erntet man von Mai bis August, streut sie als würzende Dekoration fein gewiegt über angerichtete Brote oder trocknet und mahlt sie und gibt sie dann zu Backmehl.
Geschmack: Der Grundgeschmack der Pflanze ist streng, jedoch nicht bitter, etwas erbsen- oder mandelartig.

Inhaltsstoffe

Tannine, Flavonoide, reich an der Aminosäure Lysin, Cyanwasserstoffe.

Heilwirkungen

Ein Tee aus den Blüten wirkt krampflösend und beruhigend. Er kann auch bei Schlafstörungen und nervösen Störungen angewendet werden. Äußerlich bei Bindehautentzündung und als Gurgelwasser bei Zahnfleischentzündungen. Ein Extrakt aus der Pflanze wirkt hautschützend. Die frische Pflanze enthält Cyanwasserstoffe, sie entweichen jedoch beim Kochen ohne Deckel. Die beim Würzen verwendeten geringen Mengen der frischen Pflanze können hinsichtlich der Cyanwasserstoffe als unbedenklich angesehen werden.

Gewöhnlicher Gilbweiderich

Lysimachia vulgaris L.
Primulaceae, Primelgewächse

mehrjährig	1,5 m	Juni bis Aug.	gelb

In Bruch- und Auenwäldern sowie an Quellen und feuchten Gräben auf Lehm-, Ton- oder Torfböden bis in eine Höhe von etwa 1900 m. Bodenfestiger.

1 Die Pflanze wächst aufrecht und ist im oberen Drittel verzweigt.
2 Stängel und Blätter sind kurz behaart.
3 Die Blätter sind drei- bis viermal so lang wie breit.
4 Die Blätter sind ganzrandig.
5 Die Blüten erscheinen im oberen Drittel der Pflanze.
6 Die Blüte hat 5 gelbe Blütenblätter, die am Grund rötlich sein können.
7 Die Blüte hat 5 Staubblätter.

Die Fruchtkapsel wird bis 5 mm lang (ohne Abbildung).

Verwendung in der Küche

Blätter: Junge Blätter des Gilbweiderichs sind im April fein gehackt oft Bestandteil von Frühjahrssuppen. Man kann sie aber auch unter Gemüse- und Spinatgerichte geben oder abbrühen und in Kräuterquark mischen. Mit anderen Kräutern zusammen eignen sie sich auch gut als Füllgemüse von Teigtaschen.
Blüten: Von Juni bis August erntet man die Blüten und streut sie in kleinen Mengen, gern gemischt mit andersfarbigen Wildblüten, über würzige Brotaufstriche.
Geschmack: Der Grundgeschmack der Pflanze ist leicht säuerlich-erfrischend.

Inhaltsstoffe

Benzochinon, Saponine, Gerbstoffe, Flavonoide.

Heilwirkungen

Volksmedizinisch bei Magen- und Darmbeschwerden sowie bei Durchfall, zur Wundbehandlung und in Form von Spülungen bei Zahnfleischproblemen.

Indisches Springkraut Drüsiges Springkraut

Impatiens glandulifera Royle
Balsaminaceae, Balsaminengewächse

einjährig	2 m	Juni bis Okt.	purpurrot

Seit Mitte des 20. Jahrhunderts in Auenwäldern und auf feuchten Stellen in Laub- und Mischwäldern auf nährstoffreichen Böden eingebürgert.

Verwendung in der Küche

Samen: Von September bis Oktober haben die kleinen runden Samen des Springkrautes ein überraschend gutes Nussaroma. Sie können roh genossen werden. Sowohl die jüngeren, noch weißen Samen als auch die ausgereiften schwarzen können in gleicher Weise benutzt werden. Man kann sie als Nussbasis für Würzpasten, in Auf-

läufe, Bratlinge oder Gebäck verarbeiten oder sie zu Speiseöl pressen.
Blüten: Von Juli bis Oktober zeigt die Pflanze ihre aufwendig gestalteten Blüten. Sie sind mild süßlich im Geschmack und lassen sich in kleinen Mengen als essbare Dekoration einsetzen, nach Belieben in feine Streifen geschnitten.
Blätter: Von April bis Juli lassen sich die jungen Blätter und weichen Triebspitzen als Gemüse kochen. Jedoch bleibt das Gemüse, selbst wenn man das Kochwasser häufiger wechselt, wenig schmackhaft und rau im Nachgeschmack.
Hinweis! Die Pflanze sollte man nicht roh konsumieren, denn dann wirkt sie stark abführend und harntreibend.
Andere mitteleuropäische Springkrautarten *(Impatiens noli-tangere, Impatiens parviflora)* sind in gleicher Weise verwendbar.

Inhaltsstoffe

Bitterstoffe, Glykoside, Öl, Tannine und organische Säure.

Heilwirkungen

Medizinisch ohne Bedeutung. Lediglich die äußerliche Anwendung eines starken Teeaufgusses zum Säubern von Wunden ist erwähnenswert. Angeblich soll diese Behandlung eine starke Narbenbildung verhindern.

Schlehe

Prunus spinosa agg.
Rosaceae, Rosengewächse

Strauch	3 m	April	weiß

In Hecken an sonnigen und trockenen Standorten und in Auwäldern.

Verwendung in der Küche

Blüten: Von April bis Mai erntet man die weichen, weißen Schlehenblüten. Diese kann man mit Zuckerwasser benetzen und durch Trocknen als kandierte Nascherei zubereiten. Man nutzt sie auch als Gewürz in Süßspeisen und Tees.

Früchte: Kurz vor dem ersten Frost, von September bis Dezember, erntet man die Früchte, lässt sie drei bis vier Wochen in Salz ziehen, um sie dann in Gewürzöl einzulegen. Nach dem ersten Frost verlieren die Früchte am Strauch etwas von ihrem herb-sauren Geschmack und können dann roh gegessen oder zu Mus passiert werden. Das Mus verwendet man zur Herstellung von Säften, Spirituosen, Aufstrichen und Kompott. Getrocknet eignen sich die Früchte auch als Tee.
Blätter: Die zarten Blätter im Mai verwendet man frisch gehackt oder getrocknet und gemahlen als Brat- und Küchengewürz. Sie können auch das ganze Jahr über frisch oder getrocknet als Tee verwendet werden. Auch in Rauchtabakmischungen sind sie zu verwenden.
Geschmack: Der Geschmack der Früchte ist sehr sauer, adstringierend. Verarbeitet werden sie zur Delikatesse.

Inhaltsstoffe

In den Blüten: Flavonoide (Quercitrin, Rutin und Hyperosid), Spuren von Blausäureglykosiden.
In den Früchten: Anthocyane, Gerbstoffe, Zucker, Vitamin C und Fruchtsäuren. In den Samen: Blausäureglykoside, die in geringen Mengen in den aus den Früchten bereiteten Schlehenwein übergehen.

Heilwirkungen

Volksmedizinisch werden die Blüten als mildes Abführmittel zur Entwässerung und als Hustenmittel eingesetzt, homöopathisch bei Herzschwäche und Nervenschmerzen im Kopfbereich. Der durch Vergärung der Früchte gewonnene Wein soll blutreinigend wirken, die Abwehrkräfte steigern und bei rheumatischen Beschwerden helfen. Der frische verdünnte Saft ist bei Schleimhautentzündungen im Mund hilfreich.

Echte Mispel

Mespilus germanica L.
Rosaceae, Rosengewächse

Strauch	4 m	Mai	weiß

An Wegen und Böschungen an sonnigen und trockenen Standorten.

Verwendung in der Küche

Früchte: Die Mispel ist eine alte, heimische, oft vergessene Wildfrucht. Ihre Früchte sammelt man am besten nach dem ersten Frost. Obwohl sie etwas holzig sind, kann man sie roh essen.

Gern wurde ihr Saft für Schnäpse und Liköre genutzt. Wenn man sie kocht und passiert, erhält man ein hervorragendes Mus. Dieses kann man scharf würzen und als Chutney einmachen oder gesüßt, im Geschmack dem Aprikosenmus ähnlich, verwenden. Mispeln eignen sich auch für Fruchtsäfte, Sirup, Kompott, Gelees, Fruchtmarmeladen und als Zutat für Gebäck.
Geschmack: Der Fruchtgeschmack ist aprikosenartig, jedoch nicht so süß.

Inhaltsstoffe

Gerbstoffe, organische Säuren, Pektine, Zucker, Vitamin C.

Heilwirkungen

Die Früchte werden seit dem Mittelalter bei Fieber und Durchfall eingesetzt, sind harntreibend und reinigen das Blut. Wegen ihrer adstringierenden Wirkung sind sie zur Regulierung der Darmtätigkeit geeignet und werden auch von Menschen mit empfindlichem Magen vertragen. Ein Absud kann für Mundspülungen, als Gurgelmittel und für Waschungen bei Entzündungen genutzt werden.

Echter Alant

Inula helenium L.
Asteraceae, Korbblütengewächse

mehrjährig	1,5 m	Juli bis Aug.	gelb

Kultiviert und selten in Wildkrautgesellschaften, an Weg- und Waldrändern sowie an Bach- und Flussufern verwildert.

Verwendung in der Küche

Blätter: Die noch weichen, hellgrünen, würzig bitteren Blätter kann man von April bis Juli als Zutat für Gemüse und Gemüsesuppen nutzen. Der Bittergeschmack der Pflanze kann durch vorheriges Ziehenlassen in warmem Wasser gemildert werden. Während der Blütezeit von Juli bis August sind die Blätter für die Verwendung in der Küche zu bitter.

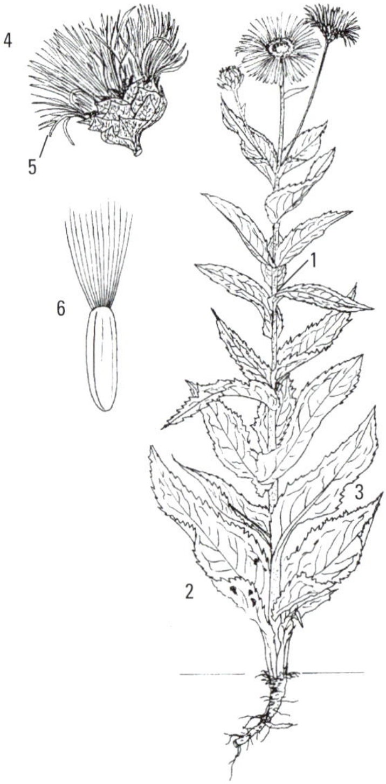

1 Der Stängel ist meist dicht behaart.
2 Die Blätter werden bis 80 cm lang.
3 Der Blattrand ist unregelmäßig gezähnt, die Blattunterseite ist filzig.
4 Die Blütenköpfe werden im Durchmesser bis 7 cm groß.
5 Die Blütenblätter werden bis 3 cm lang und nur bis 2 mm breit.
6 Der Samen wird bis 5 mm, sein Haarkranz bis 10 mm lang.

Geschmack: Der Grundgeschmack ist würzig, bitter, chicoréeähnlich, der Geruch aromatisch.

Inhaltsstoffe

Sterole, Bitterstoffe (Sesquiterpenlactone), 1–5 % ätherisches Öl (überwiegend Alantolactone), in der Wurzel bis zu 44 % Inulin.

Heilwirkungen

Der Alant war früher eine geschätzte Heilpflanze. Sie wirkt desinfizierend auf die Atemwege und erleichtert das Abhusten bei Bronchitis. In der Volksmedizin nutzt man sie wegen ihrer Bitterstoffe bei Magenbeschwerden, bei Infektionen der ableitenden Harnwege, gegen Wurmbefall und bei Menstruationsbeschwerden. Die Schulmedizin setzt sie kaum noch ein, da die enthaltenen Alantolactone in höheren Dosen zu Durchfall und Erbrechen führen können. Auch können allergische Reaktionen nicht ausgeschlossen werden. Zur äußeren Anwendung kann man ihre leicht desinfizierende Wirkung bei infektiösen Hauterkrankungen nutzen.

Blüten: Die gelben Strahlenblüten eignen sich zur Verzierung von Speisen.
Wurzeln: Von September bis ins Frühjahr kann man die Wurzeln ernten und als Kompott süß einlegen. Man kann sie auch geschält und klein geschnitten als Koch-, Back- oder Pfannengemüse nutzen. Es empfiehlt sich, sie vor der Zubereitung etwa 2 Stunden zu wässern.
Hinweis! Beim Genuss der Wurzel ist Vorsicht geboten. Sie kann allergische Reaktionen hervorrufen.

Kleine Braunelle

Prunella vulgaris L.
Lamiaceae, Lippenblütengewächse

mehrjährig	0,3 m	Juni bis Sept.	blauviolett

Feuchte und nährstoffreiche Standorte, etwa an Waldwegen, Ufern und auf Wiesen auf humosen Lehm- und Tonböden bis in eine Höhe von über 2000 m. Nährstoffzeiger.

Die Pflanze wirkt antibiotisch und wurde früher bei Diphtherie und allen entzündlichen Erkrankungen von Rachen und Hals angewendet. Neuere Forschungen, insbesondere in China, beschreiben eine Wirksamkeit der Braunelle gegen Herpesviren. Diese Viren können an Lippen und Genitalien unangenehme, nässende Blasen verursachen.
Äußerlich angewendet hilft sie bei Augenleiden und bei der Wundheilung. Die Traditionelle Chinesische Medizin verwendet die Pflanze bei so schweren Erkrankungen wie Krebs, Tuberkulose und Aids.

Verwendung in der Küche

Blätter und Triebspitzen: Die jungen Blätter der Braunelle und ihre Triebspitzen mit Blütenknospen ergeben klein geschnitten von April bis Mai ein herbes Gewürz für Kräuterbutter, Salate oder Salatsaucen. Wichtig bei der Salatsaucenbereitung ist der Einsatz eines kräftigen Öls, um den herben Geschmack zu mildern. Fein gewiegt nutzt man sie auch in Kräutermischungen oder auf belegten Broten. Gegart eignen sich die Blätter und Triebspitzen als Zutat für Eintöpfe, Spinat oder Suppen. Getrocknete Blätter nutzte man als Aroma in Kaltauszügen (zum Beispiel über Nacht in Bowlen gelegt) oder Spirituosen sowie in Rauchtabak.
Blüten: Von Mai bis September können die violetten Blüten jedes Gericht verzieren und eignen sich auch für Teemischungen und Bowlen.
Geschmack: Der Grundgeschmack der Blätter und Blüten ist herb-aromatisch bitter.

Inhaltsstoffe

Gerb- und Bitterstoffe, Saponine, Flavonoide und Harze.

Heilwirkungen

Volksmedizinisch aufgrund der Gerbstoffwirkung bei Magen- und Darmerkrankungen.

1 Die Pflanze wächst aufrecht oder aufsteigend.
2 Die Kleine Braunelle vermehrt sich über oberirdische Ausläufer.
3 Jeweils 2 Blätter stehen sich paarweise gegenüber.
4 Das Blatt ist länglich und spärlich behaart.
5 Der Blattrand ist schwach gekerbt.
6 Das oberste Blattpaar umgibt den Blütenstand.
7 Die Blüten sind zu mehreren in einem zylindrischen Köpfchen angeordnet.
8 Die violette Einzelblüte wird etwa 1,5 cm lang.

Geflecktes Lungenkraut

Pulmonaria officinalis agg.

Boraginaceae, Borretschgewächse

mehrjährig	0,3 m	März bis April	blauviolett

An nährstoff- und kalkreichen Standorten in Laubmischwäldern auf Lehm- und Tonböden bis in etwa 1300 m Höhe.

Verwendung in der Küche

Blätter: Die zarten und saftigen Blätter des Gefleckten Lungenkrauts eignen sich von März bis April gut als Zutat für Frühjahrssalate. Bis in den August hinein eignen sich die Blätter immer noch gut zu Spinat und anderen Gemüsegerichten, zu Suppen und Saucen. Man kann sie auch in Ausbackteig wenden und frittieren.

Blüten: Die blauroten und violetten Blüten können von März bis Juni klein geschnitten in Kräuterquark eingerührt oder getrocknet in Teemischungen genutzt werden.

Geschmack: Der Geschmack erinnert an das Aroma von Gurken.

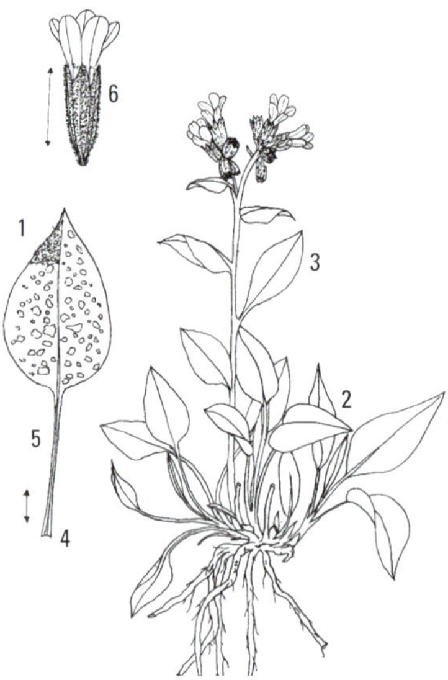

1 Die Blätter sind borstig und weiß gefleckt.
2 Die Grundblätter sind annähernd herzförmig.
3 Die Stängelblätter sind länglich.
4 Der Blattstiel hat an seiner Basis schmale Flügel.
5 Der Blattstiel wird etwa 15 cm lang.
6 Der Blütenkelch ist borstig und trichterförmig.

Inhaltsstoffe

Flavonoide (hauptsächlich Kämpferol und Quercetin), bis 15 % Mineralstoffe, darunter bis zu 3 % Kieselsäure, Schleimstoffe, Gerbstoffe (überwiegend Catechine und Gallotannine), Allantoin, Pyrrolizidinalkaloide und Vitamin C.

Heilwirkungen

Volksmedizinisch schätzte man das Lungenkraut als auswurfförderndes Hustenmittel und schrieb ihm Heilwirkungen gegen viele Lungenkrankheiten bis hin zur Tuberkulose zu. Von den genannten Indikationen ist lediglich die Anwendung bei leichteren Erkrankungen der Atemwege haltbar. Das getrocknete Kraut wird auch heute noch arzneilich verwendet. Man kann die Pflanze außerdem bei Beschwerden im Magen und Darm einsetzen. Auch die Traditionelle Chinesische Medizin nutzt die Pflanze für Lunge und Dickdarm. Die getrockneten Blätter des Lungenkrauts auf kleine Wunden gelegt sollen die Wundheilung beschleunigen.

Bär-Lauch

Allium ursinum L.
Alliaceae, Lauchgewächse

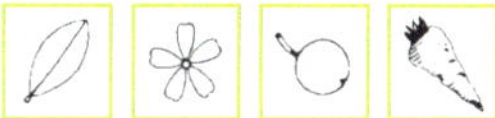

mehrjährig	0,4 m	April bis Mai	weiß

In feuchten und schattigen Lagen in krautreichen Laub-, Bergmisch- oder Auenwäldern bis auf etwa 1000 m Höhe. Bodenfruchtbarkeits- und Feuchtigkeitszeiger.

Verwendung in der Küche

Blätter: Von März bis April kann man die stark nach Knoblauch duftenden Blätter des Bär-Lauchs zu Pesto verarbeiten oder in Kräuterquark, als Brotbelag, in Kräuterbutter, Kräuterkäse, Saucen und Gemüsegerichten genießen.
Blütenknospen und Blüten: Die Blütenknospen lassen sich wie Antipasti in Öl, Essig oder Salzlake einlegen. Die Blüten nutzt man von April bis Juni als essbare Dekoration.
Samen: Die im Juni geernteten noch grünen, runden Samen lassen sich wie grüner Pfeffer unter Weichkäse, Saucen oder Gemüsegerichte mischen. Die ausgereiften Samen trocknet man und mahlt sie zu einem pfeffrigen Trockengewürz.

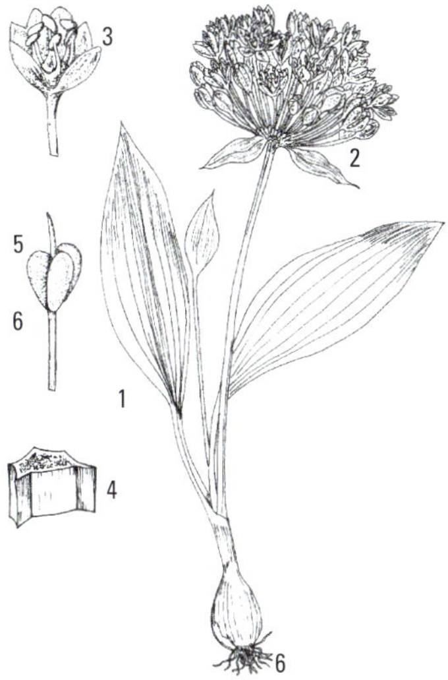

1 Die Blätter sind breit lanzettlich, ganzrandig und können 20 cm lang werden.
2 Aus einem bis zu 40 cm hohen Stiel entspringt ein kugelig wirkender Blütenstand.
3 Der Bär-Lauch blüht von April bis Mai. Seine weißen Blüten bestehen meist aus 6 Blättern.
4 Der Blütenstängel ist kantig.
5 Die grünen Früchte sind drei- oder vierteilig.
6 Vermehrung über Samen und Zwiebeln.

Zwiebel: Nachdem sich die Blätter der Pflanze zersetzt haben, kann man von Mai bis zum Februar des folgenden Jahres die etwa 20 cm tief in der Erde steckende Zwiebeln einlegen oder, ähnlich der Knoblauchzehe, als scharfes Speisegewürz verwenden.
Geschmack: Der Grundgeschmack der Pflanze ist scharf, intensiv knoblauchartig und aromatisch.
Hinweis! Die Pflanze ähnelt den gefährlich giftigen Pflanzen Herbstzeitlose *(Colchicum autumnale)* und Maiglöckchen *(Convallaria majalis)*, deren Blätter jedoch nicht gestielt sind. Verwechslung mit Aronstab *(Arum maculatum* agg.) möglich (siehe Seite 206ff.).
Alle anderen mitteleuropäischen Laucharten *(Allium)* sind ähnlich verwendbar.

Inhaltsstoffe

Lauchöle, Alliine, Allicin, Flavonoide, Saponine, Polysaccharide, ätherisches Öl, Schleim und Zucker. Pro 100 g Frischpflanze 150 mg Vitamin C, 340 mg Kalium, 320 µg Mangan.

Heilwirkungen

Das ganze Kraut wird arzneilich verwendet. Der Bär-Lauch hilft aufgrund seiner antibakteriellen Eigenschaften bei Magen- und Darmstörungen, senkt den Blutdruck, den zu hohen Cholesterinspiegel, wirkt Gefäßverkalkung entgegen und ist daher ein hervorragendes Mittel zur Vorbeugung von Herzinfarkt und Schlaganfall. Darüber hinaus wirkt Bär-Lauch blutreinigend, entzündungshemmend, harntreibend, schleimlösend, Stoffwechsel anregend und allgemein stärkend.

Gewöhnlicher Meerrettich

Armoracia rusticana G. M. Sch.
Brassicaceae, Kreuzblütengewächse

mehrjährig	1,5 m	Mai bis Juni	weiß

Auf staudenreichen Wildkrautfluren am Wegesrand auf nährstoffreichen und tiefgründigen Lehmböden bis in 750 m Höhe.

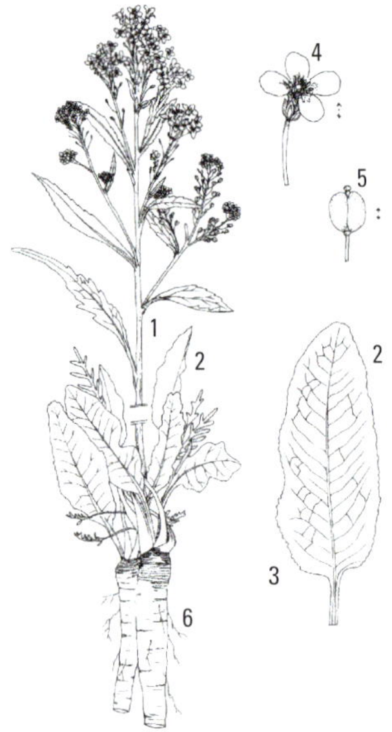

1 Der Stängel ist kantig.
2 Die unteren Blätter sind lang gestielt und können bis 1 m lang werden.
3 Der Blattrand ist unregelmäßig gezähnt.
4 Die 4 Blütenblätter sind weiß.
5 Die Früchte werden etwa 0,5 cm lang.
6 Die kräftigen Pfahlwurzeln können sehr dick und lang werden.

Verwendung in der Küche

Wurzeln: Die frisch geriebenen Wurzeln des Meerrettichs sind von September bis in den Winter als Gewürz zu verwenden. Man nutzt sie roh, zum Einlegen, zu Saucen und als Kochgemüse.
Blätter: Besonders von März bis Mai eignen sich die jungen, frisch gehackten Blätter ebenfalls als Gewürz zu vielen Speisen.
Blüten: Die Blüten gebraucht man von Mai bis Juli als scharfe essbare Dekoration.
Geschmack: Der Grundgeschmack der Pflanze ist kresseartig, allerdings wesentlich intensiver und schärfer.

Inhaltsstoffe

Senfölglykoside (Sinigrin), Vitamine, besonders reich ist die Pflanze an Vitamin C (etwa 0,6 %), Flavonoide, flüchtige antibiotisch wirksame Inhaltsstoffe.

Heilwirkungen

Die scharf schmeckenden Inhaltsstoffe des Meerrettichs regen die Ausschüttung von Verdauungssäften an. Die Senfölglykoside wirken antimikrobiell und bedingen den Einsatz der Pflanze als pflanzliches Antibiotikum bei Infektionen der Atemwege und der ableitenden Harnwege. Äußerlich nutzt man die hautreizende und durchblutungsfördernde Wirkung bei infizierten Wunden, Kopfschmerzen, Rheuma und Insektenstichen. Die Homöopathie wendet die Pflanze bei Bauchkrämpfen und Entzündungen der Augen und Atemwege an.

Zweijährige Nachtkerze

Oenothera biennis agg.
Onagraceae, Nachtkerzengewächse

ein- bis zweijährig	1 m	Juni bis Aug.	gelb

An Böschungen und an sonnigen und trockenen Standorten auf nährstoffreichen Lehmböden bis etwa 700 m Höhe.

Verwendung in der Küche

Wurzeln: Solange die junge Nachtkerzenpflanze noch keinen Blütentrieb entwickelt hat, kann man die Wurzeln ernten. Man kann sie roh essen, in Salate raspeln oder auch wie Kartoffeln in Aufläufen zubereiten oder weich kochen und dann als Salat anmachen.
Blätter: Von April bis Juni kann man die Blätter der noch nicht blühenden Pflanze in feinen Streifen roh in Salate geben oder zu Spinat dünsten. Schleimstoffe in der Pflanze wirken beim Kochen eindickend.
Blütenstängel, Blütenknospen, Blüten: Die ersten jungen Blütenstängel kann man von April bis Juni geschält roh essen oder als Pfannengemüse zubereiten. Eine Delikatesse sind die Blütenknospen von Juni bis September in Salaten oder in Öl eingelegt als Antipasti. Die Blüten selbst sind essbar und sehr dekorativ für Salate und andere Gerichte. Auch kandiert können sie verwendet werden.
Früchte: Auch die grünen, noch nicht zähen Früchte lassen sich im August und September ebenso wie die Blütenstängel verarbeiten.
Samen: Ab September werden die reifen, ölhaltigen Samen wie Sesam in Gebäck verarbeitet.
Geschmack: Die Pflanze schmeckt mangoldartig, die Wurzeln schwarzwurzelartig. Ein rauer Beigeschmack kann durch Einlegen in Essig oder Zitronensaft gemildert werden.
Alle anderen mitteleuropäischen Nachtkerzenarten *(Oenothera)* sind ebenso verwendbar.

Inhaltsstoffe

In den Blättern: Flavonoide, Oenotherin, Schleim- und Gerbstoffe, Zucker, Harz und Phytosterole. Das Nachtkerzenöl enthält Fettsäuren, unter anderem auch Gamma-Linolensäure. Diese essenzielle mehrfach ungesättigte Fettsäure ist in Pflanzen nur selten zu finden und für den Menschen von großer Bedeutung.

Heilwirkungen

Aus der Nachtkerze werden flüssige Extrakte und Öl hergestellt. Die innerliche Anwendung wirkt blutreinigend und krampflösend. Der Blütensirup und die Blätter werden bei Keuchhusten, Asthma und Magen-Darm-Leiden angewendet. Das Samenöl innerlich und äußerlich gegen Neurodermitis, bei Ekzemen, Akne, Arthritis und Leberschäden, außerdem bei Bluthochdruck und zur Senkung erhöhter Cholesterinwerte.

Gewöhnlicher Natternkopf

Echium vulgare L.

Boraginaceae, Borretschgewächse

mehrjährig	0,8 m	Juni bis Sept.	blau oder rosa

An sonnigen und trockenen Standorten, etwa an Burgen, in Steinbrüchen und an Wegrändern auf unterschiedlichen, lockeren Böden bis in eine Höhe von 1000 m.

1 Stängel und Blätter sind rauh behaart.
2 Die Form der Blätter ist lang und schmal.
3 Die Blüten wachsen büschelig in Blattachseln.
4 Die erst rosafarbene, dann blaue, bisweilen rötliche Blütenkrone wird bis 2 cm lang.
5 Die Staubbeutel ragen weit aus der Blüte hinaus.
6 Die Wurzel geht bis in 2,5 m Tiefe.

Verwendung in der Küche

Blätter: Die im zeitigen Frühjahr noch zarten Blätter des Natternkopfes können als Grundlage verschiedener Frühjahrssalate verwendet werden. Später, von April bis Juni, eignen sie sich zusammen mit zarten Stängelspitzen gut für Spinat und andere Gemüsegerichte, zu Suppen und Saucen. Man kann sie auch mit Teig ummanteln und frittieren. Während der Blütezeit, von Juni bis September, sind die inzwischen zu trockenen Blätter nicht mehr zu verwenden.

Blüten: Am schönsten kommen die eleganten Blüten zur Geltung, wenn man sie vorsichtig auszupft und frisch oder getrocknet als essbare Dekoration für Speisen verwendet. Unser Tipp: Frischkäse mit Salz und mit den Blüten des Natternkopfes gemischt als Brotbelag. Zuweilen nutzt man auch die getrockneten Blüten als dekorative Beigabe in Trockenteemischungen.

Geschmack: Der Geschmackseindruck der Pflanze ist etwas rau, aber aromatisch, ähnlich der Gurkenschale.

Hinweis! Die Pflanze ist aufgrund des Gehalts leberbeeinträchtigender Pyrrolizidinalkaloide in Misskredit geraten. Andererseits wurde sie als Heil- und Nahrungspflanze jahrhundertelang hochgeschätzt und in größeren Mengen konsumiert, ohne dass derartige Wirkungen beim

Menschen beschrieben wurden. Wir schätzen den gelegentlichen Verzehr kleiner Mengen als unbedenklich ein, dennoch können wir dem Leser die Entscheidung zur Verwendung für den persönlichen Gebrauch nicht abnehmen. Lesen Sie dazu Seite 238.

Inhaltsstoffe

Anthocyane, Pflanzenschleim Allantoin, Consolidin, Heliosupin.

Heilwirkungen

Der Tee ist harntreibend, schweißtreibend und hustenstillend. Äußerlich können die Wurzeln ähnlich wie der Beinwell verwendet werden, beispielsweise als Salbe oder Breiumschlag bei Hautproblemen und Verletzungen des Bewegungsapparates.

Esskastanie, Marone

Castanea sativa Mill.
Fagaceae, Buchengewächse

Baum	30 m	Juni	blassgelb

Vor allem in wintermilden Klimalagen, in Deutschland nur im Westen, in tieferen Lagen bis 700 m. Wird bis 500 Jahre alt.

Verwendung in der Küche

Früchte: Die bekannten Esskastanien erntet man von August bis September. Man löst die glatten, braunen Früchte aus dem stacheligen Mantel, ritzt die braune Schale an und röstet sie über Feuer oder im Backofen als warme Nascherei. Die gebackenen oder gekochten Früchte kann man auch geschält einlegen oder zu Mus verarbeiten, das sich gut einfrieren lässt. Dieses Mus eignet sich frisch oder aufgetaut als Grundlage für Suppen oder als nussige Zutat für Backwaren oder Desserts. Klein gehackt und geröstet ergeben die Esskastanien einen Kaffee-Ersatz. Getrocknete Esskastanien kann man mahlen. Das Mehl verwendet man zum Eindicken von Suppen und Desserts oder auch zum Backen. Nach dem Mahlen und Auswaschen der Früchte setzt sich am Grund der Flüssigkeit Stärke ab. Durch Konzentration der Flüssigkeit gewinnt man auch Zucker. Der Zucker kann weiter zu Alkohol verarbeitet werden.
Geschmack: Der Grundgeschmack der Esskastanien ist nussig und süß.

Inhaltsstoffe

Blätter: Gerbstoffe (überwiegend Ellagitannine), Flavonoide, Triterpene, Fett, viel Stärke, Harz, Pektin und Vitamin C (in den frischen Blättern).
Früchte: Die Kastanien sind reich an Kohlenhydraten, Kalium, Magnesium, Mangan und Kupfer, ungesättigte Fettsäuren, Vitamine B_1, B_2, B_5, B_6 und E sowie Phytosterine.

Heilwirkungen

Blätter: Kommen volksmedizinisch bei Husten und Keuchhusten zum Einsatz. Aufgrund der enthaltenen Gerbstoffe bei Durchfall und als Gurgelmittel bei entzündlichen Prozessen im Mund und Hals. Homöopathische Zubereitungen werden bei Krampfhusten und Enddarmentzündung eingesetzt.
Früchte: Die Esskastanien sind ein ausgezeichnetes und vollwertiges Nahrungsmittel, das man früher auch gegen Durchfall verwendete.

Ährige Minze, Grüne Minze

Mentha spicata agg.
Lamiaceae, Lippenblütengewächse

mehrjährig	0,8 m	Juli bis Sept.	blassrosa bis blasslila

An feuchten und nährstoffreichen Standorten an Ufern und Gräben, bis in eine Höhe von etwa 1500 m. Vernässungs- und Beweidungszeiger.

Verwendung in der Küche

Blätter und Triebe: Die vielen Minzarten, die alle unter »Grüner Minze« zusammengefasst werden, haben von April bis August aromatische Blätter und weiche Triebe. Man nutzt sie frisch oder getrocknet als Tee, als Würze für Süßspeisen, Salate und Gemüsegerichte. Getrocknetes Kraut lässt sich auch zum Aromatisieren von Rauchtabak verwenden.

Blüten: Von August bis September nutzt man die Blüten als aromatische Dekoration etwa auf Salaten, insbesondere Obstsalaten, und auf Schokodesserts.

Geschmack: Der Grundgeschmack ist typisch minzartig, jedoch etwas weicher und süßer als die bekannte Pfefferminze.

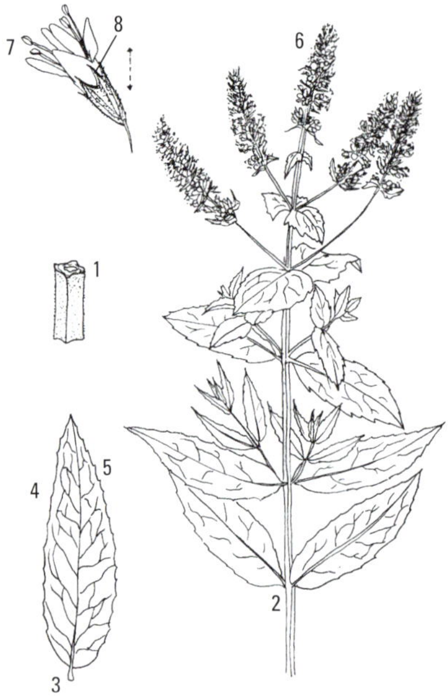

1 Der Stängel ist vierkantig.
2 Die Blätter stehen paarig.
3 Die Blätter haben keine oder nur sehr kurze Stiele.
4 Die Blätter haben eine längliche Form.
5 Der Blattrand ist gezähnt.
6 Die Blüten erscheinen an der Spitze der Zweige.
7 Die Blüten haben 4 Staubblätter.
8 Der Blütenkelch hat 5 Spitzen.

Alle anderen mitteleuropäischen Minzarten *(Mentha)* bis auf die Polei-Minze *(Mentha pulegium)* sind in gleicher Weise verwendbar.

Inhaltsstoffe

Bis 3 % ätherisches Öl (hauptsächlich Carvon), Gerbstoffe und Flavonoide.

Heilwirkungen

Die Pflanze wirkt als Tee (1 TL pro Tasse) beruhigend auf Magen, Darm und Psyche. Außerdem steigert sie die Produktion des Gallensaftes. Das ätherische Öl wirkt antibakteriell und wird für Inhalationen oder äußerlich in Salben bei rheumatischen Beschwerden verabreicht.

Dornige Hauhechel

Ononis spinosa agg.
Fabaceae, Schmetterlingsblütengewächse

mehrjährig	0,5 m	Juni bis Aug.	purpurrot

In trockenen und sonnigen Rasen-, Wiesen- und Weidegesellschaften auf Lehm- und Tonböden bis in etwa 1000 m Höhe. Magerkeitszeiger.

Verwendung in der Küche

Triebe: Die jungen Triebe der Dornigen Hauhechel werden im April, wenn sie noch keine Dornen entwickelt haben, als Gewürz Salaten und fein gewiegt Salatsaucen beigegeben. Man kann sie sowohl in Salz als auch in Öl einlegen.
Blüten: Die Blüten können von Juni bis August in gleicher Weise wie die jungen Triebe genutzt werden. Außerdem wirken sie sehr dekorativ auf Broten oder Salaten.
Wurzeln: Die Wurzel sammelt man im Herbst ab September und verarbeitet sie in Spirituosen.
Geschmack: Der Grundgeschmack der Pflanze ist scharf. Sie riecht ätherisch, süßholzartig. Die süß riechende Wurzel hat einen herb-kratzenden Geschmack.

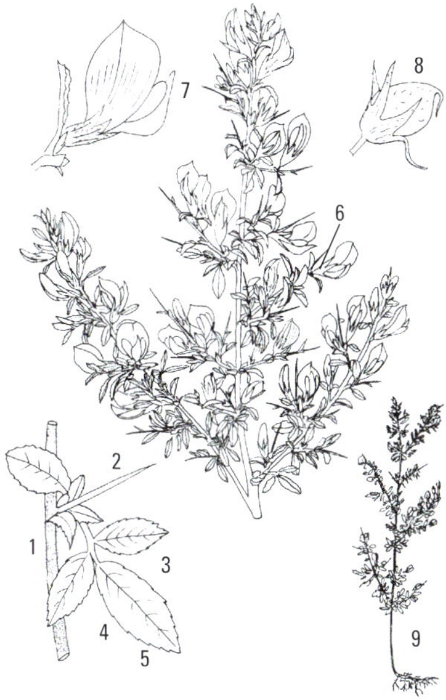

1 Die Stängel sind behaart.
2 Die Zweige sind mit spitzen Dornen bewehrt.
3 Jeweils 3 Teilblätter bilden das Blatt.
4 Die Teilblätter sind oval.
5 Der Blattrand ist gesägt.
6 Die etwa 1 cm langen, violetten oder rosa Blüten sitzen meist einzeln in den Blattachseln.
7 Am unteren Blütenblatt befindet sich ein kleiner Schnabel.
8 Die Frucht ist rundlich und behaart.
9 Die Dornige Hauhechel ist ein Halbstrauch, sie ist also im unteren Bereich verholzt.

Inhaltsstoffe

Flavonoide (vor allem Formononetin und Genistein), Phytosterole (Beta-Sitosterin), Triterpene, kleine Mengen ätherisches Öl (enthält Anethol, Menthol und Carvon), Zitronensäure, fettes Öl, Zucker und Eiweiß.

Heilwirkungen

Die Pflanze, insbesondere die Wurzel, wird von der Schulmedizin wegen ihrer milden harntreibenden Wirkung verwendet. Volksmedizinisch bei Gicht und rheumatischen Beschwerden. In früherer Zeit wurde die Dornige Hauhechel gegen Feigwarzen, eine durch Viren (HPV) verursachte

Krankheit, eingesetzt. Als Gurgelmittel ist die Hauhechel eine wirksame Arznei bei Zahnfleischentzündungen und wundem Hals. Homöopathisch bei Wassersucht.

Acker-Vergissmeinnicht

Myosotis arvensis (L.) Hill
Boraginaceae, Borretschgewächse

einjährig	0,3 m	April bis Okt.	hellblau

An nährstoffreichen Standorten wie auf Getreidefeldern oder in Waldschlägen bis in eine Höhe von 1000 m.

Verwendung in der Küche

Blüten: Das Vergissmeinnicht erkennt man schnell an seinen schönen blauen Blüten. Diese lassen sich von April bis Oktober gut als essbare Dekoration verwenden. Unser Tipp: Vergissmeinnichtblüten auf Kerbelspitzen- oder Rucolasalat oder auf einem würzigen Crème-fraîche-Dip servieren. Gern nutzt man auch die getrockneten Blüten als dekorative Beigabe in Trockenteemischungen.

Geschmack: Der Grundgeschmack der Blüten erinnert an grünen Tee.
Alle anderen mitteleuropäischen Vergissmeinnichtarten *(Myosotis)* sind ebenso verwendbar.
Hinweis! Die Pflanze enthält möglicherweise leberbeeinträchtigende Pyrrolizidinalkaloide. Wir schätzen den gelegentlichen Verzehr kleiner Mengen jedoch als unbedenklich ein, können den Lesern jedoch die Entscheidung über die Verwendung für den persönlichen Gebrauch nicht abnehmen. Siehe Seite 238.

Inhaltsstoffe

Rosmarinsäure, Gerbstoffe und Alkaloide, wahrscheinlich auch Pyrrolizidinalkaloide.

Heilwirkungen

Schulmedizinisch besitzt die Pflanze keine große Bedeutung, kann aber als Tee bei Lungenbeschwerden und Erkältungskrankheiten eingesetzt werden. Äußerlich angewendet wird die Pflanze in der Volksmedizin als Teeaufguss bei Hautquetschungen oder für Augenbäder. In der Homöopathie nutzt man sie bei chronischen Atemwegsinfektionen, Lungentuberkulose und Nachtschweiß.

Großblütige Königskerze

Verbascum densiflorum Bertol.
Scrophulariaceae, Braunwurzgewächse

zweijährig	2 m	Juli bis Sept.	gelb

Sonnige Standorte sowohl im Freiland als auch im Wald auf nährstoffreichen und kalkhaltigen Böden bis in etwa 900 m Höhe.

Verwendung in der Küche

Blüten: Man erntet bei der Großblütigen Königskerze von Juni bis August die gelben Blüten. Sie lassen sich frisch oder getrocknet zur Bereitung von Hausteemischungen verwenden. Gekocht können die Blüten als Aroma und goldgelber Farbgeber Sirup, Limonaden oder Spirituosen

hinzugefügt werden. Aus den fertigen Getränken siebt man die Blüten wieder ab.
Blätter: Vor der Blüte, von April bis Juni, verwendet man die Blätter frisch oder getrocknet in einem aromatischen Haustee.
Geschmack: Das Aroma der Blüten ähnelt dem getrockneter Apfelringe, fruchtig, vielleicht etwas strenger. Die Blätter sind herber, aber auch fruchtartig.
Die Kleinblütige Königskerze *(Verbascum thapsus)* ist ebenso zu verwenden.

Inhaltsstoffe

Bis 3 % Schleimstoffe, Saponine, Iridoide, bis 4 % Flavonoide (Apigenin, Hesperidin und Luteolin), Phytosterole, etwa 11 % Invertzucker und die Vitamine B_2, B_5, B_{12} und D.

Heilwirkungen

Die getrockneten Blüten werden arzneilich verwendet. Die Pflanze wirkt entzündungshemmend, antibakteriell und antiviral. Man setzt sie bei Erkältungskrankheiten und Husten ein. Außerdem wirkt sie allgemein beruhigend und schlaffördernd. Die Volksmedizin nutzt die Königskerze auch als harntreibendes Mittel gegen rheumatische Erkrankungen und bei Neuralgien. Die Indianer Nordamerikas rauchten die getrockneten Blätter zusammen mit anderen Heilpflanzen gegen Asthma, Bronchitis und andere Lungenprobleme. Zerdrückte Blätter äußerlich angewendet wirken durchblutungsfördernd und helfen bei der Wundheilung. Homöopathisch bei Atemwegserkrankungen und Neuralgien.
Die Pflanze kann auch zum Färben verwendet werden, dabei reichen die Farbtöne je nach dem Säuregehalt in der Färbelösung von Hellgelb über Grün bis Braun.

1 Die Königskerze beeindruckt durch ihren bis 2,5 m hohen, aufrechten Wuchs.
2 Der Stängel ist rund.
3 Die filzigen Blätter sind am Rand gekerbt.
4 Der Blütenstand ist kerzenförmig.
5 Die gelbe Einzelblüte wird bis 4 cm groß.
6 5 Blütenblätter und 5 lange Staubblätter charakterisieren die auffällige Blüte.

Wildes Stiefmütterchen

Viola tricolor L.

Violaceae, Veilchengewächse

einjährig	0,4 m	April bis Sept.	gelb bis blauviolett

Auf leicht sauren Sand- oder Lehmböden am Wegesrand oder auf Böschungen.

Verwendung in der Küche

Blüten: Das Stiefmütterchen zeigt von April bis September wunderschöne Blüten, die man am besten unmittelbar nach dem Erblühen sammelt, weil sie dann am aromareichsten sind. Man kann sie kandieren, gekocht zu Gelee verarbeiten oder in den Teig für Süßgebäck geben. Sie eignen sich auch als roh essbare Dekoration oder als Aromageber für Essig und Tee.

Blätter und Triebe: Die jungen Blätter und Triebe lassen sich von März bis Juni roh in Salaten oder gegart als eindickende Zutat für Gemüsegerichte, Füllungen und Kräutersaucen verwenden. Ausgepresst nutzt man den Saft als Frischsaftgetränk oder fügt ihn Spirituosen, Essig und Teemischungen hinzu.

Wurzeln: Die Wurzeln können geröstet werden und als eine Art Kaffee verwendet werden.

Geschmack: Der Grundgeschmack der Pflanze ist mild, salatartig und etwas aromatisch frisch.

Inhaltsstoffe

Bis 0,6 % Salicylsäure, etwa 10 % Schleimstoffe, bis 4,5 % Gerbstoffe, etwa 1,5 % Flavonoide, Cumarine, Vitamin C und E.

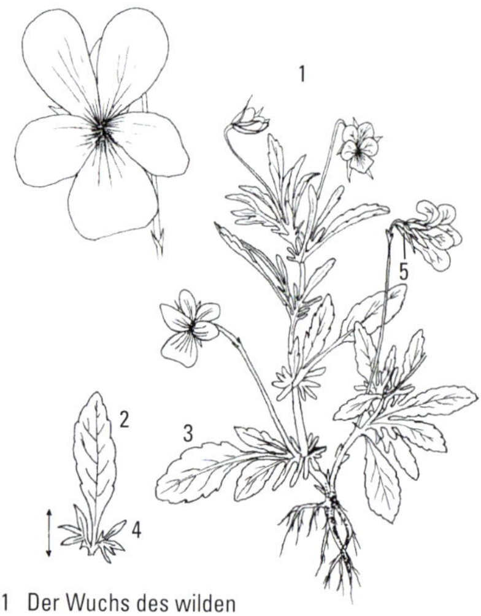

1 Der Wuchs des wilden Stiefmütterchens ist aufrecht und verzweigt.
2 Die Blätter haben eine längliche Form.
3 Der Blattrand ist gekerbt.
4 Die Nebenblätter am Blattgrund sind schmal und länglich.
5 An dieser Stelle des Blütenkelches befindet sich ein länglicher Sporn.

Heilwirkungen

Das getrocknete Kraut mit Blüten wird äußerlich und innerlich bei vielen Hauterkrankungen (Akne, Ekzeme und Geschwüre), zur Blutreinigung und Stoffwechselanregung verwendet. Volksmedizinisch wird die Pflanze bei fiebrigen Erkältungen, Keuchhusten und Halsentzündungen empfohlen. Zur Teebereitung 2 Teelöffel des Krautes pro Tasse.

Kanadisches Berufkraut

Conyza canadensis (L.) Cronquist

Asteraceae, Korbblütengewächse

einjährig	1 m	Juli bis Sept.	weiß und gelblich

Auf Waldlichtungen, Brachen, Schuttplätzen, an Wegrändern und an ähnlichen Standorten auf nährstoffreichen Böden. Pionierpflanze.

Verwendung in der Küche

Blätter: Von April bis Juli, noch vor der Blüte, können die ganz jungen, noch zarten Blätter, gemischt mit anderen Wildpflanzen, in Kräuterhackmischungen, Kräuterquark, Kräuterbutter oder Kräutersalz verwendet werden. Weiterhin nutzt man sie auch als Würze in verschiedenen Salatsaucen und für Kräuterkartoffeln. Um die Bitterstoffe der Blätter vor der Zubereitung zu reduzieren, werden sie in Streifen geschnitten und blanchiert oder in Salzwasser gelegt. Danach eignen sie sich als Beigabe zu kräftigen Salaten. Zur Bevorratung kann man die Blätter auch würzig mariniert einlegen.

Geschmack: Das Kanadische Berufkraut hat einen bitter-würzigen Geschmack.

Inhaltsstoffe

Ätherisches Öl (mit Citronellal und Linalool), Cholin, Beta-Sitosterol, Kaffeesäure, Flavonoide und Gerbstoffe.

Heilwirkungen

Die Pflanze war ursprünglich in Nordamerika beheimatet und verbreitete sich erst im 17. Jahrhundert in Europa. In der Volksmedizin Nordamerikas verwendet man einen Teeaufguss (1 TL auf 250 ml Wasser) bei Durchfallerkrankungen und bei Frauenleiden. Die Pflanze soll ausgleichend auf die Menstruation wirken. Das enthaltene Beta-Sitosterol hat eine ähnliche Wirkung wie Östrogene und ist hilfreich bei Wechseljahresbeschwerden. Aufgrund des Gerbstoffgehalts besitzt die Pflanze sowohl innerlich als auch äußerlich blutstillende Eigenschaften und kann vielfältig gegen Entzündungen der Schleimhäute eingesetzt werden. Homöopathisch wird das Berufkraut bei Entzündungen des Magens, der Leber und der Gallenblase eingesetzt.

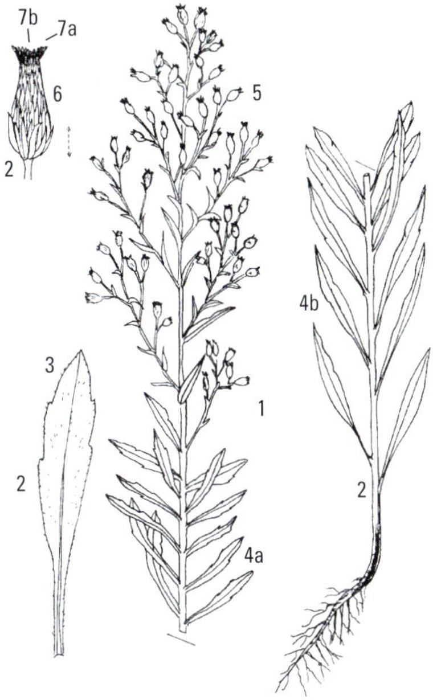

1 Die Pflanze wächst schlank aufrecht.
2 Alle Pflanzenteile sind abstehend behaart.
3 Die Form der Blätter ist überwiegend länglich.
4 Der Blattrand ist deutlich (4a) bis schwach (4b) gezähnt.
5 Bis zu 100 Blütenköpfchen bilden den Gesamtblütenstand.
6 Die Blütenhülle ist zylindrisch geformt.
7 Die Randblüten (7a) sind kaum länger als die mittig angeordneten Blüten (7b).

Die Früchte werden kaum länger als 1 mm (ohne Abbildung).

Wasserpfeffer

Persicaria hydropiper (L.) Delarbre
Polygonaceae, Knöterichgewächse

einjährig	0,6 m	Juli bis Sept.	grünlich

Im Umkreis menschlicher Siedlungen an feuchten und nassen Stellen, an Ufern und Gräben bis in etwa 1100 m Höhe. Stickstoff- und Feuchtigkeitszeiger.

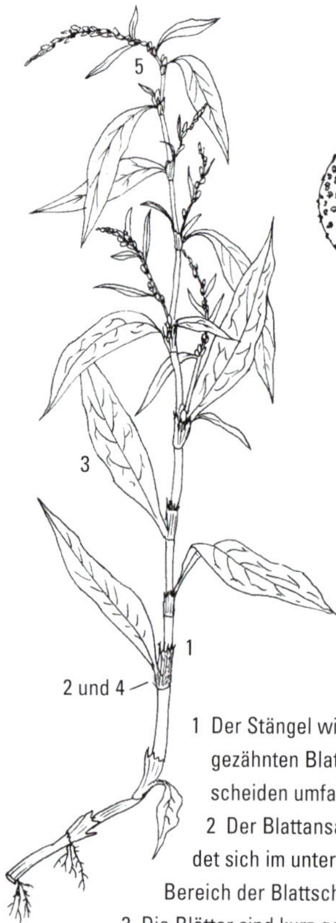

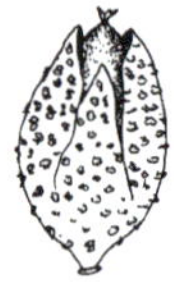

1 Der Stängel wird von gezähnten Blattscheiden umfasst.
2 Der Blattansatz befindet sich im unteren Bereich der Blattscheide.
3 Die Blätter sind kurz gestielt und länglich.
4 Die Blattscheiden sind kurz behaart.
5 Der Blütenstand ist an der Spitze oft gebogen.
6 Die Frucht ist warzig und wird bis zu 0,5 cm lang.
Die Blüte hat 6 Staubblätter (ohne Abbildung).

Verwendung in der Küche

Blätter, Triebe und Blüten: Die jungen Blätter und Triebspitzen können von März bis Juni als scharfes Gewürzkraut verwendet werden. Sie eignen sich frisch und getrocknet als Gewürz in Pesto, Kräuterquark, Kräuterbutter, Kräuterkäse, Saucen und Gemüsegerichten. Auch von Juli bis September geerntete Triebe, die bereits Blütenknospen und Blüten entwickelt haben, lassen sich fein gewiegt als Gewürz benutzen.
Samen: Die kleinen spitzkugeligen Samen können im September gesammelt und auch als Gewürz den Speisen zugegeben werden. Man braucht nur eine kleine Menge, den Rest nutzt man im Winter als Saat auf der Fensterbank.

Geschmack: Der Grundgeschmack der Pflanze ist scharf, pfefferartig und herb.

Inhaltsstoffe

Sesquiterpen Polygodial (für den scharfen Geschmack verantwortlich), Rutin (sorgt für den bitteren Geschmack), ätherisches Öl (überwiegend aus Mono- und Sesquiterpenen), Spuren von Zimtsäure, Valeriansäure, Capronsäure.

Heilwirkungen

Eine heilkundliche Verwendung der Pflanze wird bei zu starken Monatsblutungen beschrieben.

Silber-Weide

Salix alba L.
Salicaceae, Weidengewächse

Strauch oder Baum	30 m	April–Mai	gelb u. gelbgrün

In Auenwäldern und an Ufern auf nährstoffreichen Böden.

Verwendung in der Küche

Blätter: Im April, solange die Blattfasern noch nicht zu zäh sind, kann man die Blätter der Silber- oder Weiß-Weide roh essen oder in Salaten verarbeiten. Gegart schmecken die Blätter weniger gut. Am besten mischt man sie mit anderen würzigen Kräutern in Spinat oder Gemüsefüllungen. Etwa von April bis Juli können sie getrocknet und als Tee aufgebrüht oder in Rauchtabakmischungen gegeben werden.

Kambium: Das zarte innere Rindenkambium kann man von März bis April in Streifen schneiden und gekocht als eine Art feste, zähe Nudeln zubereiten. In Notzeiten diente das Kambium getrocknet und gemahlen zum Strecken von Getreidemehl. Wichtig: Unbedingt nur das Kambium von gefällten Bäumen oder abgefallenen Baumteilen nutzen, denn Rindenverletzungen können dem lebenden Baum erheblichen Schaden zufügen!
Geschmack: Der Geschmack frischer Blätter ist mild salatartig, jedoch bissfester. Im Sommer wird der Geschmack strenger. Der Geruch getrockneter, junger Blätter hat das Aroma von Melisse.
Hinweis! Die Blätter nur in kleinen Mengen essen (bis zu einer Handvoll am Tag). Das in den Blättern enthaltene Salicin kann in größeren Mengen den Organismus beeinträchtigen.

Inhaltsstoffe

Bis 11 % Salicylate (pflanzliches Aspirin, den höchsten Gehalt entwickelt die Pflanze im Frühjahr), Flavonoide (Quercetin und Luteolin), bis 20 % Gerbstoffe, etwa 6 % Salicin, Harze und Oxalate.

Heilwirkungen

Die Weide ist eine sehr alte Heilpflanze, die schon Jahrhunderte vor Christi Geburt gegen Entzündungen eingesetzt wurde. Im frühen 19. Jahrhundert isolierte man aus der Pflanze erste wirksame Inhaltsstoffe. Das heute jedem bekannte »Aspirin« (Acetylsalicylsäure) ist lediglich eine chemische Modifikation der natürlich in der Weide vorkommenden entzündungshemmenden Salicylate. Ein Rindenaufguss kann bei leichten fieberhaften Erkältungs- und Infektionskrankheiten sowie bei akuten und chronischen Schmerzen mit Erfolg eingesetzt werden. Er wirkt darüber hinaus entzündungshemmend und antioxidativ. Während und nach den beiden Weltkriegen, als Arzneimittel äußerst knapp waren, gelangte die Weidenrinde zu neuen Ehren. Hervorzuheben ist die gute Verträglichkeit. Lediglich bei Menschen mit empfindlichem Magen sollte die Anwendung nie auf nüchternen Magen erfolgen. Heute wird »Aspirin« außerdem zur Vorbeugung gegen Herzinfarkte empfohlen. Man nutzt hier neben der entzündungshemmenden auch die blutverdünnende Wirkung der Salicylsäure.

Schmalblättriges Weidenröschen

Epilobium angustifolium L.
Onagraceae, Nachtkerzengewächse

mehrjährig	1,5 m	Juni bis Aug.	rosa

Auf Waldlichtungen, Kahlschlagfluren und sonstigen nährstoffreichen Standorten auf lehmigen Böden bis in 1900 m Höhe. Pionierpflanze.

Verwendung in der Küche

Blüten und Blütenknospen: Das Weidenröschen bietet von Juni bis August eine intensive Blütenpracht. Die Blüten und Blütenknospen können roh gegessen oder zur Dekoration über Salate und warme Speisen gestreut werden. Die Blütenknospen eignen sich gegart auch als Gemüse.
Stängel: Junge, noch elastische Stängel kann man schälen und roh essen oder als eine Art Spargelgemüse zubereiten.
Wurzeln: Im Frühjahr (April) kann man die Wurzeln ernten und gesäubert oder geschält roh essen. Sie lassen sich aber auch zu Kochgemüse oder getrocknet zu Mehl verarbeiten. Das Mehl nutzt man zum Eindicken von Saucen oder zum Strecken von Getreidemehl. Aus gerösteten Wurzelstücken kann man einen Kaffee-Ersatz aufbrühen.
Blätter: Von April bis Juli können zarte Blätter und Triebspitzen gewiegt Kräutermischungen oder Salaten beigegeben werden. Aus Blättern und Blütenknospen bereitet man von Mai bis Juli auch einen Grüntee.

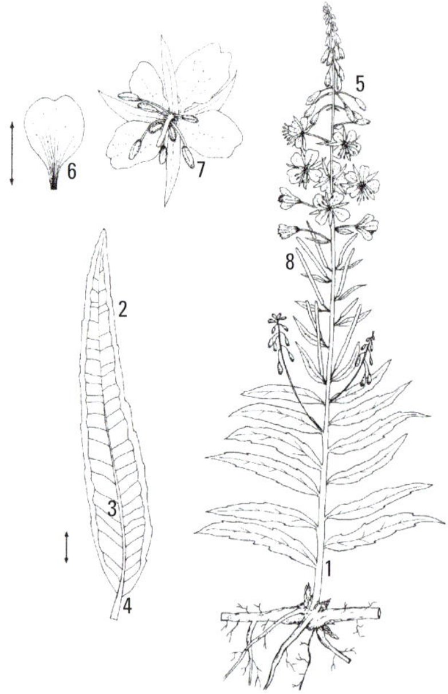

1 Der Stängel ist meist unverzweigt und rötlich überlaufen.
2 Die Form der Blätter ist schmal, lang und oben zugespitzt.
3 In der Blattmitte befinden sich helle, markante Blattnerven.
4 Die Blätter haben keine oder nur sehr kurze Stiele.
5 Der Blütenstand wird halb so hoch wie die ganze Pflanze.
6 Die Blütenblätter werden bis 1 cm lang.
7 Die Griffel sind abwärts geneigt.
8 Die Fruchtstände werden bis 6 cm lang. Wenn sie aufplatzen, erscheint eine Vielzahl von Samen mit gefedertem Anhängsel.

Die Blattunterseite ist bläulich grün.

Geschmack: Die Wurzeln haben einen süßen und leicht scharfen Geschmack. Oberirdische Pflanzenteile schmecken im zarten Zustand etwa wie Feldsalat mit einer Note Löwenzahn. Alle anderen mitteleuropäischen Weidenröschenarten *(Epilobium)* sind in gleicher Weise verwendbar.

Inhaltsstoffe

Flavonoide (unter anderem Myricetin und Quercetin), Tannine und Beta-Sitosterin.

Heilwirkungen

Das Weidenröschen wirkt entzündungshemmend und kann auch bei einer gutartigen Vergrößerung der Prostatadrüse und den damit verbundenen Schwierigkeiten beim Wasserlassen angewendet werden. Außerdem kann ein aus dem Weidenröschen hergestellter Tee bei Magen- und Darmentzündungen Linderung bringen.

Kanadische Goldrute

Solidago canadensis L.
Asteraceae, Korbblütengewächse

mehrjährig	2,5 m	Aug. bis Okt.	gelb

An nährstoffreichen Standorten in Auenwäldern, Flusstälern oder menschlichen Siedlungen auf Lehm- und Tonböden.

Verwendung in der Küche

Triebspitzen und Stängel: Von April bis Juni nutzt man das hellgrüne Innere der jungen Goldrutentriebspitzen zu kräftigen Salaten, zu gedünstetem oder kurz gebratenem Gemüse. Gern werden sie auch mit Wurzelgemüse in Gemüseaufläufe gegeben. Sie lassen sich auch sauer oder salzig einlegen. Wichtig ist es jedoch, die Stängel immer zu schälen, denn die Haut und die Blätter sind bitter. Man erntet die oberen 20 cm, solange die Triebspitze noch elastisch ist.
Blätter: Bei ganz jungen Pflanzen kann man die Blätter von April bis Juli getrocknet als Tee aufbrühen.

1 Der Stängel ist fein behaart.
2 Das Blatt ist länglich und oben zugespitzt.
3 Der Blattrand ist fein gezähnt.
4 Die Blüten werden im Durchmesser nur bis 0,5 cm groß.
5 Die länglichen Blüten am Rand des Blütenkopfes (5a) werden im Gegensatz zu anderen Goldrutenarten kaum länger als die Blüten im Zentrum des Kopfes (5b).
6 Die Blätter, die die Blüte umhüllen, sind schmal, lang, anliegend und zugespitzt.
An der Wurzel bilden sich Ausläufer, über die sich die Goldrute herdenartig vermehrt.

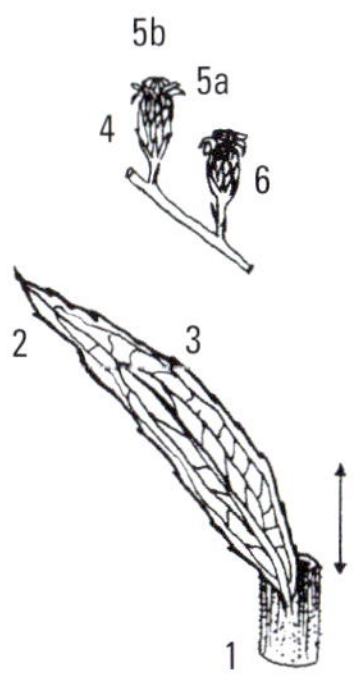

Blüten: Die großen, schönen, gelben Blüten ergeben von Juli bis Oktober frisch aufgebrüht auch einen köstlichen Tee.
Geschmack: Der Grundgeschmack der inneren Triebspitzen ist mild, erinnert zubereitet an grüne Bohnen. Die Blüten sind aromatisch herb und etwas honigartig.

Inhaltsstoffe

Etwa 2,5 % Flavonoide, Saponine, Gerbsäure, ätherisches Öl (0,6 %).

Heilwirkungen

Der aus dem Kraut bereitete Tee (2 TL pro Tasse) hilft bei Erkrankungen und Infektionen der Harnwege und der Nieren. Er wirkt entzündungshemmend, harntreibend, steigert die Harnmenge und kann so der Steinbildung vorbeugen. Außerdem kann der Tee für Mundspülungen bei Zahnfleischerkrankungen verwendet werden. Die Goldrute hilft, Stoffwechselabbauprodukte aus dem Körper zu schwemmen. Äußerlich kann die frische, zerdrückte Pflanze bei Geschwüren angewendet werden.

Sanddorn

Hippophae rhamnoides L.
Eleagnaceae, Ölweidengewächse

Strauch	3 m	April	bräunlich

In trockenen, sandigen und kiesigen Bereichen von Flussauen. Tiefwurzler, Bodenfestiger.

Verwendung in der Küche

Früchte: Von September bis Oktober entwickelt der Sanddorn seine aromatischen Früchte. Diese können zu Fruchtaufstrichen, in Speiseeis, zu Limonaden und anderen Fruchtgetränken, zu Kompott, in Obstquark und Saucen für Obstsalate verarbeitet werden. Dazu passiert man die gekochten Früchte durch ein Sieb und trennt so das Fruchtfleisch von den Kernen. Werden die Früchte roh gepresst, gewinnt man einen gesunden Fruchtsaft und Fruchtmus. Getrocknete Früchte eignen sich zur Teebereitung.
Geschmack: Der Grundgeschmack der Früchte ist sehr sauer, saftig-breiig.

Inhaltsstoffe

Viel Vitamin C (1 TL der Früchte deckt bereits den Tagesbedarf), außerdem B-Vitamine und die Vitamine E und F, Calcium, Magnesium, Flavonoide, Zuckeralkohole, Farbstoffe, Lycopin, Carotinoide und organische Säuren, vor allem in den Samen fettes Öl.

Heilwirkungen

Der Sanddorn ist aufgrund seines hohen Vitamingehalts ein altbewährtes Mittel bei Erschöpfungszuständen und Anfälligkeit gegen Erkältungskrankheiten. Er hilft bei Konzentrationsschwäche, Kopfschmerzen und Kreislaufproblemen. Das aus den Samen gewonnene Öl fördert die Wundheilung und wird auch mit Erfolg bei Sonnenbrand und Schäden durch Röntgenbestrahlung eingesetzt.

Japanischer Flügelknöterich

Fallopia japonica (Houtt.) Ronse Decr.
Polygonaceae, Knöterichgewächse

mehrjährig	3 m	Juli bis Sept.	weiß bis hellgrün

1 Die Stiele können einen Durchmesser bis zu 2,5 cm erlangen.
2 Die Blätter sind oben zugespitzt.
3 Die Blütenblätter sind weiß bis hellgrün.
4 Die Pflanze vermehrt sich über Wurzelausläufer.
5 Die Blüte hat 6 Staubblätter.
6 Die Blüte hat 3 Griffel.
7 Die Frucht ist geflügelt.

Eingebürgert an sonnigen Gebüschsäumen sowie an Fluss- und Bachufern auf nährstoffreichen Kies- und Schotterböden.

Verwendung in der Küche

Sprosse: Von März bis April können die jungen Sprosse des Japanischen Flügelknöterichs als aromatisches, schmelzend weiches Stängelgemüse in der Pfanne zubereitet oder als Grundlage für Saucen genutzt werden. Man kann sie aber auch, ähnlich wie Rhabarber, zu Torten, Kompott, Konfitüren und anderen Süßspeisen verwenden. Sie werden zuweilen im Frühjahr zugedeckt, damit sie weiß und zart bleiben. Gern verarbeitet man diese weißen Triebe zu salzig eingelegten Antipasti. Es gibt noch zahlreiche Möglichkeiten zur Verwendung dieser vielseitigen Pflanzenteile, selbst ein würziges Chutney kann aus ihnen hergestellt werden.

Wurzeln: Von August bis September können weiche Wurzelabschnitte geschält als Kochgemüse zubereitet werden.
Geschmack: Der Grundgeschmack der Pflanze ist säuerlich und süß, rhabarberähnlich, aber milder. Später im Jahr wird die Pflanze sehr holzig.

Inhaltsstoffe

Emodin und Resveratrol.

Heilwirkungen

In der japanischen und in der chinesischen Heilkunde wird die Pflanze traditionell bei der Behandlung von Pilzen, Hautentzündungen, Krankheiten des Herzens und der Blutgefäße verwendet. Die Wirkung der Pflanze dürfte dabei vor allem auf das abführend wirkende Anthrachinon Emodin und auf das wasser- und fettlösliche Flavonoid Resveratrol zurückgehen. Letzteres ist ein hochwirksames Antioxidationsmittel und hat durch seine entzündungshemmende Wirkung eine besondere Funktion im Immunsystem. Zudem kann es sowohl die Entstehung und Weiterentwicklung von Krebszellen hemmen.

Echte Bergminze

Calamintha nepeta agg.
Lamiaceae, Lippenblütengewächse

mehrjährig	0,5 m	Juni bis Sept.	blassviolett

An warmen, trockenen und steinigen Standorten bis in etwa 600 m Höhe. Pionierpflanze.

Verwendung in der Küche

Blätter: Bei der Bergminze nutzt man die Blätter von April bis August zur Teebereitung oder als aromatische Würze zu vielen Speisen. Zum Aromatisieren kann man ihnen Zucker beimischen, oder man kocht sie aus und geliert den Saft zu einem süßen Aufstrich. Auch als Geschmacksgeber verschiedener Getränke, Tees oder Spiri-

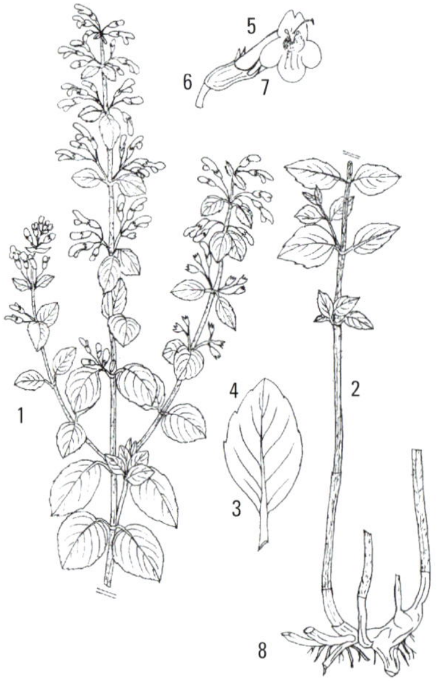

1 Die Pflanze wächst aufrecht, in der oberen Hälfte verzweigt. Sie riecht sehr aromatisch.
2 Die Stängel sind kantig und behaart.
3 Die Blätter werden bis 4 cm lang.
4 Der Blattrand ist gekerbt oder gezähnt.
5 Die blassvioletten Blüten sind etwa 1 cm lang.
6 Die Blütenkelche sind gestielt.
7 Die unteren Zähne des Kelchblattes sind etwas länger als die oberen.
8 Die Pflanze vermehrt sich über unterirdische Ausläufer.

tuosen und als essbare Dekoration lassen sich die Blätter verwenden.
Triebspitzen und Blütenköpfe: Auch die Triebspitzen mit den Blütenköpfen können zur Teebereitung und Aromatisierung genommen werden.
Blüten: Die Blüten können von Juni bis September als essbare Dekoration verwendet werden.
Geschmack: Der Grundgeschmack der Pflanze ist aromatisch, oregano- bis minzartig.

Inhaltsstoffe

Kampferartiges ätherisches Öl.

Heilwirkungen

Die Pflanze gilt als verdauungsfördernd und regt nachweislich die Gebärmuttertätigkeit an. Sie hilft außerdem bei nervösen Verspannungen, Verdauungsproblemen und Menstruationsbeschwerden. Äußerlich wirkt das Öl kühlend und erfrischend und gleichzeitig durchblutungsfördernd. Schwangere sollten die Pflanze wegen der anregenden Wirkung auf die Gebärmutter nicht verwenden.

Zottiges Franzosenkraut

Galinsoga quadriradiata Ruiz & Pavon
Asteraceae, Korbblütengewächse

einjährig	0,7 m	Juni bis Okt.	gelb und weiß

1 Jeweils 2 Blätter stehen sich gegenüber.
2 Der Blattrand ist spitz gezähnt und behaart.
3 Auf beiden Seiten ist das Blatt schwach behaart.
4 Die Blütenköpfchen befinden sich einzeln an der Spitze der Pflanze.
5 Die nach außen gerichteten Blütenblätter sind weiß.
6 Im Inneren ist die Blüte gelb.
7 Die Hülle der Blüte ist drüsig behaart.

In Gärten, Weinbergen, auf Äckern und an Wegen auf nährstoffreichen Lehm- oder Tonböden bis in eine Höhe von etwa 1200 m. Eingebürgert seit etwa 1850.

Verwendung in der Küche

Samen: Von Juli bis Oktober bildet das Franzosen- oder Knopfkraut immer wieder neue Blüten und Früchte, die man leicht ausschütteln kann. Die Früchte trocknet man in der Sonne und nutzt sie im Winter auf der warmen Fensterbank als vitaminreiche Keimsaat. Aus den Samen lässt sich Speiseöl pressen.

Kraut: Die ganze Pflanze, ausgenommen die zu zähen Stängel, verwendet man von Juli bis September zu Spinat, zu Eintöpfen und zu anderen Gemüsegerichten oder zu Kräutersuppen. Das getrocknete Kraut lässt sich als Suppeneinlage in Gläsern bevorraten. Aus dem frischen Kraut kann man in einem Entsafter gut Gemüsesaft gewinnen.

Blätter, Triebspitzen, Blütenknospen, Blüten: Zarte Blätter, Triebspitzen, Blütenknospen und Blüten ergeben roh von Mai bis September eine hervorragende Salatgrundlage.

Geschmack: Der Grundgeschmack der Pflanze ist charakteristisch aromatisch und erinnert an frischen Schnittsalat.

Alle anderen mitteleuropäischen Knopfkrautarten *(Galinsoga)* sind ebenso verwendbar.

Inhaltsstoffe

Viel Kalium, Calcium, Eisen, Magnesium und Vitamin A und C, sehr viel Mangan.

Heilwirkungen

Mangan ist Bestandteil vieler Enzyme und spielt eine wichtige Rolle im Kohlenhydrat- und Fettstoffwechsel. In der Phytotherapie wird die Tinktur gegen Krebsleiden eingesetzt. Die Homöopathie nutzt die Pflanze gegen grippale Infekte.

Wilde Blasenkirsche

Physalis alkekengi L.
Solanaceae, Nachtschattengewächse

mehrjährig	0,5 m	Mai bis Aug.	grünlich weiß

Auf Lehm- und Tonböden in warmen und feuchten Gebieten vor allem im Flachland.

Verwendung in der Küche

Früchte: Die Blasenkirsche versteckt in ihrem wunderschönen roten Fruchtballon kirschartige Beeren. Von September bis Oktober erntet man sie. Die Früchte werden gelegentlich auf den Märkten angeboten. Man kennt sie als krönende Nascherei auf manchen Desserts. Die Früchte lassen sich aber auch gut entsaften oder in Spirituosen einlegen (Likör und Wein).
Da man lange sammeln muss, um eine ausreichende Menge für Marmelade zusammen zu bekommen, sind die Früchte der Blasenkirsche oder Lampionpflanze meist nur ein kleiner Bestandteil von Fruchtaufstrichen. Wie anderes Obst lassen sie sich auch für Kompott oder Süßgebäck verwenden.
Geschmack: Der Grundgeschmack der Beeren ist wenig süß, säuerlich, erfrischend, saftig, fruchtig.

Inhaltsstoffe der Früchte

Vitamin C, Zitronensäure, Apfelsäure, Carotinoide, Zucker, Spuren von Alkaloiden.

Heilwirkungen

Die Blasenkirsche ist mit der aus dem Gemüseladen bekannteren Kapstachelbeere *(Physalis peruviana)* verwandt. Beide weisen die gleiche Lampionform der Blütenkelche auf. Früher wurde ein alkoholischer Auszug der Blasenkirsche besonders bei Nieren- und Blasensteinen verwendet, wohl weil aus der Form der Beeren eine Wirkung auf die ähnlich aussehenden Steine dieser Organe abgeleitet wurde – eine Theorie, die in der alten Heilkunde als Signaturenlehre bezeichnet wird. Aus dem Kraut der Pflanze wurde ein harntreibender Wein zubereitet, der auch zur Fiebersenkung, bei Rheuma und zur Blutreinigung eingesetzt wurde. Die Homöopathie verwendet die Pflanze ebenfalls bei Nierensteinen.

Hänge-Birke

Betula pendula Roth
Betulaceae, Birkengewächse

Baum	25 m	April bis Mai	bräunl. gelb oder grün

In lichten Laub- und Nadelwäldern, Mooren, Steinbrüchen und Waldschlägen.

Verwendung in der Küche

Rinde und Holz: Die Leitungsbahnen der Birke enthalten einen zuckerhaltigen Saft, der durch Anbohren des Baumes von März bis April geerntet werden kann. Diesen kann man frisch trinken, zu Sirup einkochen oder zu Wein vergären. Die innere Kambiumschicht unter der Borke frisch geschnittener Bäume oder Äste wurde im Frühjahr abgeschabt, in feine Streifen geschnitten und zu Gemüse und Aufläufen verwendet. Wichtig: Übermäßige Rindenverletzungen können dem Baum erheblichen Schaden zufügen!
Blätter: Von April bis Mai nutzte man die getrockneten Blätter zum Strecken von Rauchtabak, zur Teebereitung und pulverisiert zu Streckmehl

sowie als milde Würze zu allerlei Gerichten. Die jungen, frischen Blätter lassen sich im April als Grundlage verschiedener Salate, Gemüsegerichte oder als Kräuterbeigabe auf Käse und Brot verwenden.

Blüten: Von April bis Mai eignen sich die Blütenkätzchen pulverisiert als Streckmehl oder eingekocht zu Chutney.

Geschmack: Der Geschmack der Blätter ist mattneutral, der Saft schmeckt wässrig-süß und die Blüten mehlartig-streng.

Inhaltsstoffe

3 % Flavonoide in den getrockneten Blättern, Gerbstoffe, ätherische Öle, Bitterstoffe, Vitamin C, Harz, Saponine, Flavonoide.

Heilwirkungen

Ein Teeaufguss der Blätter fördert die Entwässerung und hilft bei entzündlichen Erkrankungen der Nieren und der Blase. Ein Sud aus der Birkenrinde kann äußerlich bei Hauterkrankungen angewendet werden.

Große Brennnessel

Urtica dioica L.
Urticaceae, Brennnesselgewächse

mehrjährig	1,5 m	Juni bis Okt.	grün

Nährstoffreiche Standorte im Umkreis von Siedlungen, am Waldrand und im Auenwald.

Verwendung in der Küche

Blätter: Die Brennnessel ist eine alte Gemüsepflanze, deren Blätter meistens wie Spinat zubereitet gegessen wurden. Man nutzte die Blätter aber auch für Eierspeisen und Teigmantelgerichte, als Würzkraut und als Grundlage von Gemüsesäften und Saucen sowie als Aroma für Getränke wie Bier und Tee. Man kann aus der Brennnessel weitere Gemüsegerichte, Füllungen und Pesto bereiten. Die Triebspitzen und zarten Blätter müssen etwa 3 Sekunden blanchiert, fein gewiegt oder vorsichtig mit einem Nudelholz abgerollt werden, damit sie ihre Brennhaare verlieren. Dann eignen sie sich auch roh für Salate. Brennnesselblätter lassen sich an einem luftigen Platz gut trocknen und als Mineralstofflieferant für den Winter gut aufbewahren. Früher hat man Brennnesselblätter abgekocht und in Salz eingelegt als Milchgerinnungsmittel zur Käseherstellung benutzt.

Samen: Geröstet oder getrocknet sind die Früchte als Trockengewürz zu verwenden. Sowohl die noch grünen Früchte, von Juli bis August, als auch die reifen Früchte, im Frühherbst, kann man in Kräuterkäse geben.

Blütenknospen: Im Frühsommer lassen sich die Blütenknospen gut für einen Salat nutzen.

Geschmack: Die Brennnessel ist im Grundgeschmack spinatartig, jedoch aromatischer und würziger. Die Früchte haben einen nussigen Geschmack.

Inhaltsstoffe

1–2 % Flavonoide (überwiegend Quercetin, Kämpferol und Isorhamnetin), Fett und Kohlenhydrate, viel Magnesium, Kalium, Eisen und Silicium in Form der löslichen Kieselsäure, reich an Eiweiß und Vitamin A, C, E. In den Samen: etwa 30 % fettes Öl (besonders Linolsäure), viel Vitamin E (bis zu 0,1 %), Schleimstoffe und Carotinoide.

Heilwirkungen

Die ganze Pflanze einschließlich der Samen wird zur Behandlung von rheumatischen Beschwerden und Verdauungsleiden verwendet. Die leicht harntreibende Wirkung wirkt positiv bei Nierenleiden. Volksmedizinisch wird sie innerlich zur Blutbildung und zur Erhöhung der Enzymproduktion der Bauchspeicheldrüse verabreicht. Die Brennnessel wird auch bei Gallenerkrankungen eingesetzt. Äußerlich wendet man sie bei Kopfschuppen und fettigem Haar an. Die blutreinigende und entgiftende Wirkung macht man sich seit Urzeiten für Frühjahrskuren zunutze. Die Pflanze enthält Enzyme und pflanzliche Hormone (Phytohormone), die eine krebsvorbeugende Wirkung haben. Sie senkt den Blutzuckerspiegel, hemmt Entzündungen und lindert Prostatabeschwerden. Die zerstoßenen Früchte werden volksmedizinisch äußerlich bei Rheuma und Hautleiden und innerlich als Tonikum und Biostimulans verwendet.

Goldnessel

Lamium galeobdolon agg.
Lamiaceae, Lippenblütengewächse

mehrjährig	0,45 m	Mai bis Juni	gelb

In Misch- und Auenwäldern auf nährstoffreichen Lehmböden.

Verwendung in der Küche

Siehe Weiße Taubnessel, Seite 110.

Inhaltsstoffe und Heilwirkungen

Siehe Weiße Taubnessel, Seite 110.

Wasser-Sternmiere

Stellaria aquatica (L.) Scop.
Caryophyllaceae, Nelkengewächse

mehrjährig	0,4 m	Juni bis Sept.	weiß

An feuchten Standorten im Wald, an Ufern oder im Gebüsch auf unterschiedlichen Böden bis in eine Höhe von etwa 1300 m.

Verwendung in der Küche

Die Wasser-Sternmiere ist eng verwandt mit der Vogelmiere und auch ähnlich zu verwenden. Sie ist jedoch etwas größer, etwas behaarter und auch faseriger. Die Stängel lassen sich nur an den Triebspitzen verwenden, dort, wo sie noch zart genug sind. Von April bis Juni zupft man einzelne Triebspitzen und Blätter, samt Blütenknospen, Blüten und Samen und verarbeitet sie genauso

wie bei der Vogelmiere zu Salaten und vielfältigen Gemüsegerichten. Beliebt ist hier auch wieder der Spinat oder die Gemüsefüllung für Teigtaschen, zum Beispiel mit Ei und Frischkäse oder fein gewiegt in Pesto und Hackkräutermischungen und auch als Zutat für Salatsaucen.
Geschmack: Der Grundgeschmack der Pflanze ist sehr mild, ähnlich dem des Kopfsalates.

Inhaltsstoffe und Heilwirkungen

Inhaltsstoffe und Heilwirkungen gleichen denen der Vogelmiere *(Stellaria media)*, siehe Seite 57.

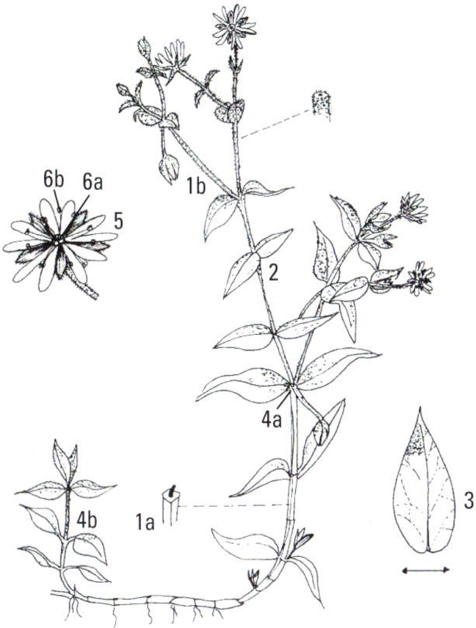

1 Der Stängel ist kantig (1a) und in der oberen Hälfte behaart (1b).
2 Die Blätter sind paarweise am Stängel angeordnet.
3 Die Form der Blätter erinnert an ein schmales Herz. Sie sind behaart.
4 In der oberen Hälfte sitzen die Blätter am Stängel (4a), unten sind sie gestielt (4b).
5 Jedes der 5 Blütenblätter ist fast bis zum Grund eingeschnitten.
6 Die Blüte hat 5 Griffel (6a) und 10 Staubblätter (6b).

Wiesen-Salbei

Salvia pratensis L.
Lamiaceae, Lippenblütengewächse

mehrjährig	0,6 m	Mai bis Aug.	blau oder violett

Auf trockenen, besonnten und kalkhaltigen Wiesen und Böschungen, auf lehmigen Böden bis in etwa 1200 m Höhe. Rohbodenpionier.

Verwendung in der Küche

Stängel: Der bis Juni sehr saftige Stängel des Wiesen-Salbeis ergibt ausgepresst einen köstlich süßen Saft.
Blätter und Triebspitzen: Die Blätter benutzt man von April bis Juni als Aroma für Würzöle. Sie können roh als Atemerfrischung gegessen werden, oder man nutzt sie als Würze für Kräuterlikör, Kräuterwein und Schnaps. Gern macht man auch Tee aus ihnen. Zarte Blätter und zarte Triebspitzen sind von April bis Mai auch eine gute Zutat für verschiedene Salate, Saucen, Suppen, Backgemüse, Eintöpfe, Kräuterhackmischungen oder Kräuterquark.
Blüten: Die Blüten können von Juni bis Ende Juli als essbare Dekoration zu verschiedenen Speisen oder als Aroma für Gemüse und Speiseöl verwendet werden. Ausgekocht ergibt ihr Sud eine schön gefärbte Sirupgrundlage.
Geschmack: Die beim Zerreiben sehr aromatisch und appetitanregend duftende Pflanze hat einen fruchtig-frischen und zart süßlichen Geschmack.

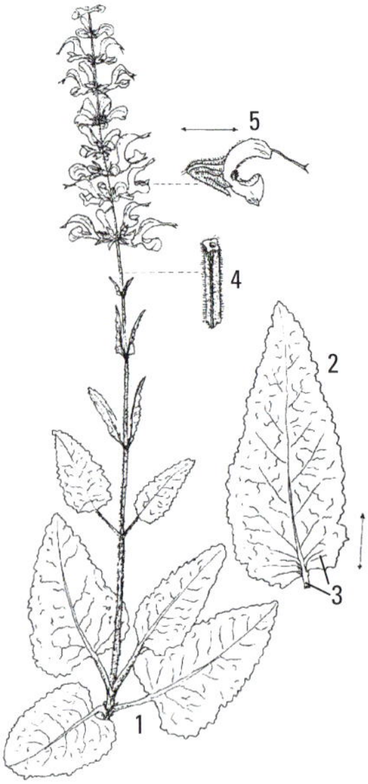

1 Vor der Blüte erscheint eine bodennahe Blattrosette mit bis zu 10 cm langen, unregelmäßig gezähnten, runzligen und lang gestielten Blättern.
2 Die Farbe des Blattes ist hellgrün. Beim Zerreiben riecht es deutlich würzig nach Salbei.
3 Der Blattstiel ist ebenso wie die Nerven oder Blattadern auf der Unterseite des Blattes deutlich behaart und wird bis zu 2 cm lang.
4 Der Blütenstängel ist vierkantig und wächst aufrecht.
5 Die Blüte wird bis zu 2 cm lang.

Inhaltsstoffe des Krautes

Ätherisches Öl (bis zu 2 % der Trockenmasse mit den Inhaltsstoffen Cineol, Pinen, Thujon, Salven und Camphen), Flavonoide, östrogenartige Stoffe, Bitterstoffe, zum Beispiel Diterpenphenole, Gerbstoffe.

Heilwirkungen

Der Wiesen-Salbei hat ein ähnliches Wirkungsprofil wie der Gartensalbei, jedoch ist seine Wirkung deutlich schwächer. Die Pflanze wirkt antibakteriell und zusammenziehend. Aus den Blättern kann man einen Tee gegen Erkrankungen der Atemwege und des Verdauungsapparates bereiten. Die östrogenartigen Inhaltsstoffe bewirken eine Linderung bei Menstruationsbeschwerden und wirken ausgleichend. Zusammen mit den schweißhemmenden Eigenschaften der Pflanze macht dies ihren Einsatz bei Beschwerden in den Wechseljahren sinnvoll. Salbeitee vermindert die Milchproduktion. Diese Eigenschaft ist beim Abstillen sehr nützlich und kann zudem helfen, einen Milchstau zu verhindern. Äußerlich kann man den Wiesen-Salbei für Waschungen und Bäder bei Hauterkrankungen, Insektenstichen, Ekzemen und übermäßigem Fußschweiß einsetzen. Auch zum Gurgeln bei Entzündungen im Mund- und Rachenraum ist der Wiesensalbei wegen seiner entzündungshemmenden Eigenschaften geeignet.

Gewöhnlicher Hohlzahn

Galeopsis tetrahit L.
Lamiaceae, Lippenblütengewächse

einjährig	0,6 m	Juni bis Okt.	rosa bis purpurrot

In Waldschlägen, an Wald- und Wegrändern und an sonstigen nährstoffreichen Standorten auf

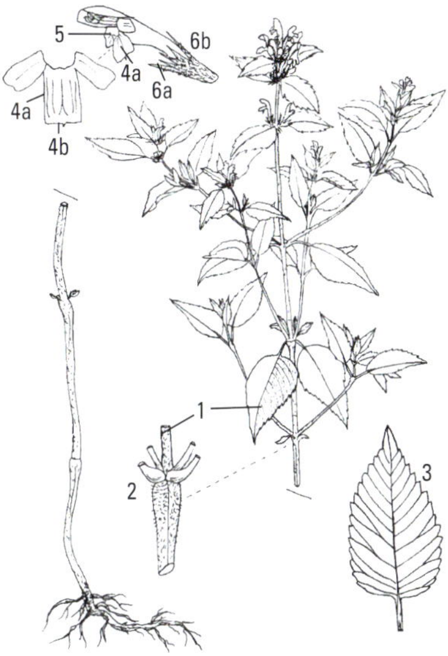

1 Die ganze Pflanze ist rauh behaart.
2 Auf Höhe der Blattansätze sind die Stängel deutlich verdickt.
3 Das Blatt ist eiförmig und oben zugespitzt.
4 Der Mittellappen der Blütenunterlippe ist quadratisch geformt (4a) und hat an der Unterseite ein spitzes Zähnchen (4b).
5 Hohle Ausbuchtung an der Unterlippe, die der Pflanze ihren Namen gibt.
6 Der Blütenkelch ist fünfzipfelig (6a) und stachelig (6b).

durchlässigen Lehmböden bis in eine Höhe von etwa 1500 m. Humuszehrer.

Verwendung in der Küche

Blätter: Von Mai bis Oktober werden die Blätter des Gewöhnlichen Hohlzahns roh als Grundlage verschiedener Salate verwendet. Erwärmt nutzt man sie als Gemüsefüllungen, Zutat für Aufläufe und Suppen, Gemüsegerichte, Kräuterpüree (Spinat), Eintöpfe, Bratlinge, Krautgemüsebrote, Quiche, Eierspeisen (Omelett, Rührei) oder Kräuterquark.

Blüten: Von Juni bis Oktober können die bunten Blüten als essbare Dekoration benutzt werden.
Samen: Im Oktober gewinnt man aus den Samen ein zartbitteres Speiseöl. Die Samen werden geschrotet und in einer Ölmühle ausgepresst. Man kann den Schrot auch in heißes Wasser geben und das dann austretende Öl abschöpfen. Aus getrockneten Früchten samt den inneren Samen lassen sich auch junge Keimlinge ziehen.
Geschmack: Die Pflanze hat einen sehr milden, kaum würzigen Geschmack. Sie ist daher als Grundlage für viele Gerichte zu verwenden.
Alle anderen mitteleuropäischen Hohlzahnarten *(Galeopsis)* verwendet man ebenso.

Inhaltsstoffe

Kieselsäure, Gerbstoffe und Saponine.

Heilwirkungen

Die Pflanze wirkt schleimlösend und wird bei leichtem Husten oder Bronchitis eingesetzt. Äußerlich helfen Kompressen bei Schwellungen.

Topinambur, Erdbirne

Helianthus tuberosus L.
Asteraceae, Korbblütengewächse

mehrjährig	2,5 m	Sept. bis Okt.	gelb

Im Flachland häufig verwildert auf nährstoffreichen Sand- und Lehmböden.

Verwendung in der Küche

Knollen: Ab Mitte Oktober können die Knollen des Topinambur geerntet werden. Man nutzt sie roh für verschiedene Salate, zu Koch-, Back- und Pfannengemüse, vergoren zu Alkohol, getrocknet und geröstet zu Kaffee und als in Essig oder Salz eingelegtes Gemüse. Die Knollen lassen sich unverarbeitet nicht lange lagern.

Blüten: Die langen, gelben Blütenblätter können von August bis Oktober frisch oder getrocknet als essbare Dekoration benutzt werden. Gern nutzt man auch die getrockneten Blüten als dekorative Beigabe in Trockenteemischungen.

Geschmack: Die Knollen schmecken ähnlich wie Kartoffeln, jedoch wesentlich süßer.

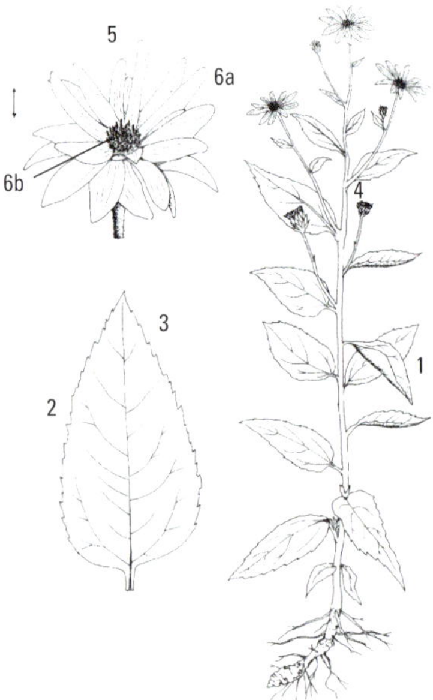

1 Die ganze Pflanze ist rauhhaarig.
2 Die Blätter sind etwa doppelt so lang wie breit und vorn zugespitzt.
3 Der Blattrand ist gezähnt.
4 Meist wachsen mehrere lang gestielte Blütenköpfe in den Blattachseln.
5 Die gelben Blütenköpfe werden im Durchmesser bis 10 cm groß.
6 Die Blütenblätter (6a) sind länger als der Durchmesser der von ihnen umschlossenen sogenannten Blütenscheibe (6b).

Die Früchte werden bis 5 mm lang (ohne Abbildung).

Inhaltsstoffe der Knollen

Viele Mineralien, reich an Kalium und Eisen, B-Vitamine, Inulin (bis 18 %), Salicylsäure und andere Polyphenole.

Heilwirkungen

Die Knolle ist hervorragend als Diabetikernahrung und bei Problemen mit der Bauchspeicheldrüse geeignet. Das in der Pflanze reichlich vorhandene Inulin fördert die Darmgesundheit, indem es das Wachstum körpereigener Bifidobakterien im Dickdarm anregt. Ein gesunder Darm ist für ein reibungsloses Funktionieren des Immunsystems im Körper und für das allgemeine Wohlbefinden von größter Bedeutung. Die Inhaltsstoffe der Knolle neutralisieren Darmgifte und schützen den Darm so vor Erkrankungen bis hin zu krebsartigen Veränderungen. Wegen der Polyphenole ist eine antioxidative Wirkung der Knolle wahrscheinlich. Die Aufnahme größerer Mengen kann zu Blähungen führen.

Schlangen-Wiesenknöterich

Bistorta officinalis Delarbre
Polygonaceae, Knöterichgewächse

mehrjährig	0,8 m	Mai bis Juli	rosa bis rot

Auf feuchten Gebirgswiesen bis 1800 m Höhe, aber auch in Auenwäldern tieferer Lagen.

Verwendung in der Küche

Wurzel: Von September bis in den Winter kann man die ergiebige Wurzel nutzen. Man schneidet sie in feine Scheiben, legt diese über Nacht in reichlich Wasser und bereitet sie dann – eventuell mit Blattgemüse – zu einem Gemüseauflauf, den man mit Käse überbackt. Getrocknet und gemahlen ergibt die Wurzel ein Stärkemehl.
Blätter: Von April bis Ende August ergeben die großen Blätter und die Blattstängel eine gute Grundlage für Salate, Spinat oder andere Blattgemüsegerichte, insbesondere auch für Gemüsepürees.
Samen: Ab August kann man die nussig schmeckenden Samen roh essen oder als Keimsaat für den Winter sammeln.
Geschmack: Bei der Wurzel des Schlangen-Wiesenknöterichs schmeckt man den hohen Gehalt an Stärke, Gerbstoffen und Säure, sie wirkt etwas zusammenziehend. Die Blätter gleichen im Geschmack dem Blattspinat.

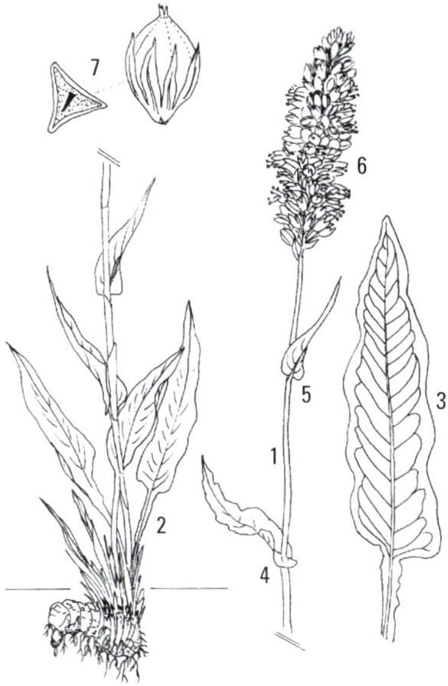

1 Der Stängel ist unverzweigt.
2 Die unteren Blätter sind lang gestielt.
3 Das Blatt wird bis 20 cm lang.
4 Der Blattrand ist stellenweise umgebogen.
5 Die wenigen Stängelblätter sind kurz gestielt.
6 Der Blütenstand ist zylindrisch und wächst an der Stängelspitze.
7 Die Früchte sind dreikantig und werden im Durchmesser bis 0,5 cm groß.

Inhaltsstoffe

In Kraut und Wurzeln: Eiweiß, Gerbstoffe, Emodin (ein Anthrachinon), Vitamin C, Zucker, Stärke, organische Säuren und Oxalsäure.

Heilwirkungen

Da der Wurzelstock sehr gerbstoffhaltig ist (15–20 %) und viel Stärke (30 %) enthält, wird er vorzugsweise bei Diarrhö, Magen- und Darmkatarrhen, bei inneren Blutungen und zur Wundheilung angewendet. Volksmedizinisch wird ein Tee zur Verdauungsförderung und zur allgemeinen Stärkung eingesetzt. Der Absud eignet sich aber auch für äußerliche Waschungen und als

Gurgelwasser bei lockeren Zähnen, Mundfäule und gegen Entzündungen im Hals. Bei empfindlichen Menschen kann es wegen des hohen Gerbstoffgehalts zu Beschwerden kommen.

Zurückgekrümmter Fuchsschwanz

Amaranthus retroflexus L.
Amaranthaceae, Fuchsschwanzgewächse

einjährig	1 m	Juli bis Sept.	blassgrün

Auf offenen Wildkrautfluren der Äcker, Wege und Schuttplätze in warmen Tieflagen auf lockeren und nährstoffreichen Böden. Über 1 m tief wurzelnde Pionierpflanze. Herkunft Nordamerika.

Verwendung in der Küche

Blätter: Von März bis Juni werden die zarten Blätter und weichen Stängel junger Pflanzen roh als Beigabe zu Salaten oder als Hauptbestandteil üblicher Gemüsegerichte verarbeitet.
Blüten: Von Juni bis Ende August eignen sich die üppigen Blütenstände im knospigen wie auch im blühenden Zustand für Gemüsegerichte.

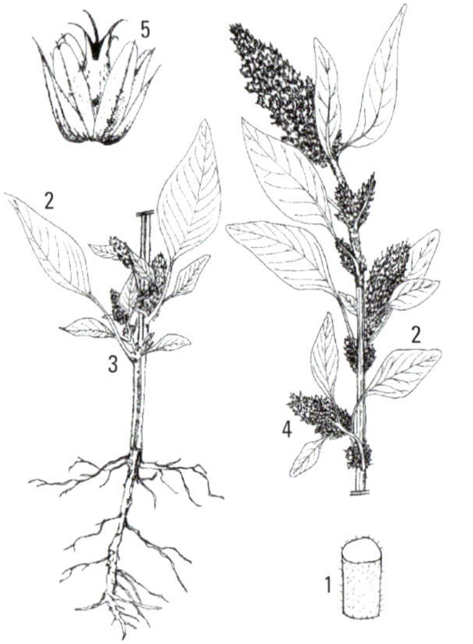

1 Der Stängel ist behaart.
2 Die Blätter sind länglich und rauten- bis eiförmig.
3 Die Blätter sind lang gestielt.
4 Die hellgrünen Blütenstände sitzen in den Blattachseln.
5 Die Blättchen, die die Blüte umhüllen, haben eine aufgesetzte Spitze.

Samen: Im September kann man beim Zurückgekrümmten Fuchsschwanz die ausgereiften Samen ausklopfen. Man isst sie roh oder geröstet. Getrocknet und geschrotet können die Samen mit Wasser oder Milch zu Brei gekocht werden. Aus getrockneten Samen lassen sich in einem Keimgefäß auf der Fensterbank junge Keimlinge ziehen.
Geschmack: Der Grundgeschmack der Pflanze ist sehr mild, kaum würzig und kaum bitter, sie ist daher als Grundlage vieler Gerichte nutzbar. Die Samen schmecken getreideartig.
Alle anderen mitteleuropäischen Fuchsschwanzarten *(Amaranthus)* sind ähnlich verwendbar.

Inhaltsstoffe

Pflanzliche Farbstoffe aus der Gruppe der Betacyane, Vitamin C, B_1 und Betacarotin (100 g der Körner decken den Tagesbedarf), viele essenzielle Aminosäuren, Calcium, Magnesium, Eisen und Zink, Stärke, ungesättigte Fettsäuren. Die Inhaltsstoffe sind nicht nur in großen Mengen, sondern auch in einem für den Menschen sehr günstigen Verhältnis enthalten. Allerdings enthält Amaranth auch besondere Gerbstoffe, die für den menschlichen Organismus nicht leicht zu verarbeiten sind.

Heilwirkungen
Medizinisch wird die ganze Pflanze verwendet: Wegen des hohen Eisengehalts gegen Blutarmut und Blutungen verschiedener Organe, bei gleichzeitig entzündungshemmender Wirkung. Außerdem bei Vitamin-C-Mangel und zur allgemeinen Stärkung. Die zerstoßenen Blütenstände eignen sich zur Blutstillung und werden äußerlich bei Arthritis angewendet.

Sumpf-Ziest

Stachys palustris L.
Lamiaceae, Lippenblütengewächse

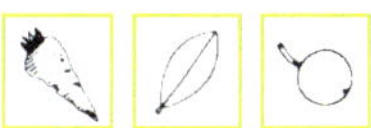

mehrjährig	1 m	Juni bis Sept.	purpurrot

An nassen und nährstoffreichen Standorten wie Ufern, Gräben oder auf Äckern mit Ton- oder Lehmböden bis in etwa 900 m Höhe.

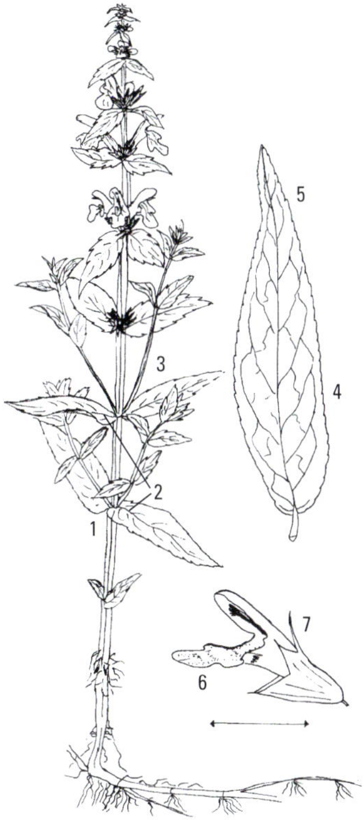

1 Immer 2 Blätter stehen sich gegenüber.
2 Die Blattpaare sind kreuzweise versetzt zueinander angeordnet.
3 In den Blattachseln entspringen Seitentriebe.
4 Das Blatt ist spitz dreieckig geformt und kurz gestielt.
5 Der Blattrand ist fein gesägt.
6 Die Blüte hat eine auffällige Unterlippe.
7 Der Blütenkelch hat 5 scharfe Spitzen.

Verwendung in der Küche
Wurzeln: Von September bis in den Winter hinein erntet man die noch weichen Wurzeln des Sumpf-Ziests im ersten Jahr und kocht oder backt sie. Getrocknet und gemahlen ergeben sie ein Gemüsemehl, aus dem man Breie bereitet oder mit dem man Getreidemehl streckt.
Blätter und Stängel: Ein feines Gemüse ergeben die leicht geschälten, zartweichen Stängelspitzen, die zarten Blätter und jungen Triebe noch vor der Blüte von April bis Juni. Man kann sie zu Koch-

gemüse oder Spinat verarbeiten. Das Raue der Blätter verliert sich beim Kochen. Im April eignet sich die Stängelbasis am Ansatz zur Wurzel geschält als Pfannengemüse.

Samen: Am Ende der Vegetationsperiode, von September bis Oktober, kann man die Ziest-Samen roh als Gewürz in Salate streuen oder mit ihnen eingelegtes Gemüse würzen.

Geschmack: Der Grundgeschmack der Pflanze ist zuweilen pilz- und manchmal auch olivenölartig.

Inhaltsstoffe und Heilwirkungen

Siehe Wald-Ziest *(Stachys sylvatica)*, Seite 111.

Wohlriechendes Veilchen, März-Veilchen

Viola odorata L.

Violaceae, Veilchengewächse

mehrjährig	0,1 m	März bis April	dunkelviolett

An Waldrändern und Gebüschen auf nährstoffreichen Lehmböden bis in etwa 1000 m Höhe.

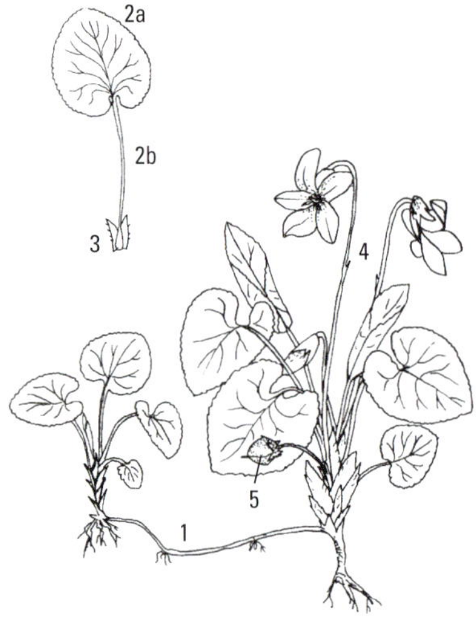

1 Das März-Veilchen vermehrt sich über lange, oberirdische Ausläufer.
2 Die Blätter sind rundlich bis nierenförmig (2a) und lang gestielt (2b).
3 Die Nebenblätter am Blattgrund haben an ihrem Rand kleine unregelmäßige Zähnchen.
4 Am Blütenstiel befinden sich kleine Blätter.
5 Die Frucht ist samtig behaart und wächst in Bodennähe.

Verwendung in der Küche

Blüten: Das Wohlriechende Veilchen bietet von Anfang März bis Ende April eine farbintensive Blütenpracht. Die Blüten und Blütenknospen können roh gegessen oder als Dekoration über Salate, warme Speisen und Desserts gegeben werden. Man verarbeitet sie auch als Aroma in Fruchtsaft und Essig, als mit Zuckerguss kandierte Leckerei, als Tee und gekocht zu Gelee oder zu Sirup.

Triebe und Blätter: Die jungen Triebe sammelt man von März bis April, die Blätter, ohne Stängel, bis Ende August. Beide Pflanzenteile eignen sich in kleinen Mengen roh für verschiedene Salate oder gegart als eindickende Beigabe zu Gemüsegerichten, Füllungen und Kräutersaucen. Die Triebe und Blätter eignen sich auch für Tee und als Würze für Spirituosen oder Essig.

Wurzeln: Die von September bis März geernteten Wurzeln können geröstet als Kaffee-Ersatz benutzt werden.
Geschmack: Der Grundgeschmack der aromatisch duftenden Pflanze ist süßlich und mild.

Inhaltsstoffe

Im Kraut: Saponine, Bitterstoffe, Alkaloide (Violin), Eugenol, Flavonoide, Salizylsäuremethylester, Schleim und Odoratin. In den Blüten: stark riechendes ätherisches Öl (mit Curcumen und Eugenol) und der blaue Farbstoff Cyamin.

Heilwirkungen

Volksmedizinisch wird der Wurzelstock als mild schleimlösendes Mittel bei Bronchialkatarrhen eingesetzt. Der Duft des ätherischen Öls soll bei Stress ausgleichend wirken. Die Homöopathie verwendet das Veilchen ebenfalls bei Erkältungskrankheiten.

Ährige Teufelskralle

Phyteuma spicatum L.
Campanulaceae, Glockenblumengewächse

mehrjährig	0,7 m	Mai bis Juli	gelblich weiß

In krautreichen Mischwäldern auf nährstoffreichen Lehmböden bis in eine Höhe von über 2000 m.

Verwendung in der Küche

Die Ährige Teufelskralle gehört zu den geschmackvollsten Wildgemüsearten.

1 Die bodennahen Blätter sind im Umriss dreieckig und lang gestielt.
2 Ihre Basis ist herzförmig.
3 Die Blätter sind oft dunkel gefleckt.
4 Die oberen Stängelblätter sind stiellos. Im Umriss sind sie lanzettlich.
5 In der Form ist der Blütenstand zylindrisch.
6 Die obersten Blätter (Hochblätter) sind schmallanzettlich und kürzer als der »Blütenzylinder«.

Blätter: Von April bis Mai pflückt man die Blätter und nutzt sie als Belag für Butterbrote, für Salate, Spinatgerichte und Pürees.
Blüten: Ebenfalls von April bis Mai lassen sich die jungen, noch geschlossenen Blütentriebe spargelähnlich anrichten. Man kann sie auch klein würfeln und zu einem mit Käse überbackenen Gemüseauflauf zubereiten. Von Mai bis Juni

sind die Blüten eine herrliche Dekoration auf frischen Salaten und anderen Gerichten.
Wurzeln: Das Hauptinteresse bei der Pflanze galt immer schon der großen Wurzel. Von September bis weit in den Frühsommer kann man sie ernten. Sie bleibt auch im vorangeschrittenen Jahr relativ weich. Man kann sie gewaschen in Rohkostspeisen raspeln, getrocknet einen würzigen Tee aus ihr bereiten und sich dem scharfen Geschmack ihrer frischen Wurzelschale bedienen und sie wie Meerrettich verwenden. Geschält und im Ofen wie Kartoffeln gebacken, lassen sich daraus Salate zubereiten. Sie können aber auch in Öl gebraten werden.
Geschmack: Der Grundgeschmack der Pflanze ist mild-würzig angenehm. Die Wurzel wird beim Backen mild.

Inhaltsstoffe

Vitamine, Mineralstoffe und Enzyme.

Heilwirkungen

Besondere Heilwirkungen sind uns nicht bekannt.

Lauchhederich, Knoblauchsrauke

Alliaria petiolata (M. Bieb.) Cavara & Grande
Brassicaceae, Kreuzblütengewächse

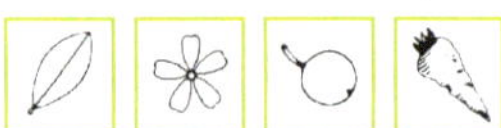

zweijährig	1 m	April bis Mai	weiß

Auf beschatteten Wildkrautfluren – an Waldrändern, Waldwegen, Hecken und auf Kahlschlägen, auf nährstoffreichen, lockeren und humosen Lehmböden bis in mittlere Gebirgslagen – in den Alpen bis über 1100 m Höhe.

Verwendung in der Küche

Blätter und Triebe: Von April bis Juni lassen sich die Blätter und jungen Triebe der Knoblauchsrauke als Küchengewürz oder als Grundlage verschiedener Salate, Gemüsegerichte, Gemüsefüllungen, für Aufläufe und Suppen, in Kräuterquark und Kräuterbutter oder zu Pesto gebrauchen.

1 Der Stängel ist aufrecht, unverzweigt, schwach kantig und nach unten hin zunehmend behaart.
2 Die Blätter variieren in Form und Größe.
3 Im unteren Bereich sind sie groß und nierenförmig.
4 In der oberen Stängelhälfte sind die Blätter dreieckig bis herzförmig spitz.
5 Der Blattrand ist unregelmäßig gezähnt.
6 Weiße, am Ende der Stängel sitzende, locker angeordnete und zierliche Blüten mit 4 nicht verwachsenen Blütenblättern.
7 Blüten mit 6 Staubblättern.
8 Die Frucht ist vierkantig und enthält 6 bis 8 Samen.

Blüten: Von Mai bis Juni eignen sich die Blütenstände als würzige, helle Speisendekoration.
Samen: Die jungen, grünen, noch zarten Samenschoten verwertet man von Ende Mai bis Juni als Frischgewürz zu diversen Speisen. Die ausgereiften Samen kann man von Juli bis August mahlen und mit etwas Essig und Salz zu Senf verarbeiten.
Wurzeln: Jeweils im Herbst und im Frühjahr, bevor die Pflanzen in die Höhe schießen, werden die Wurzeln geerntet und als scharfes Gewürz

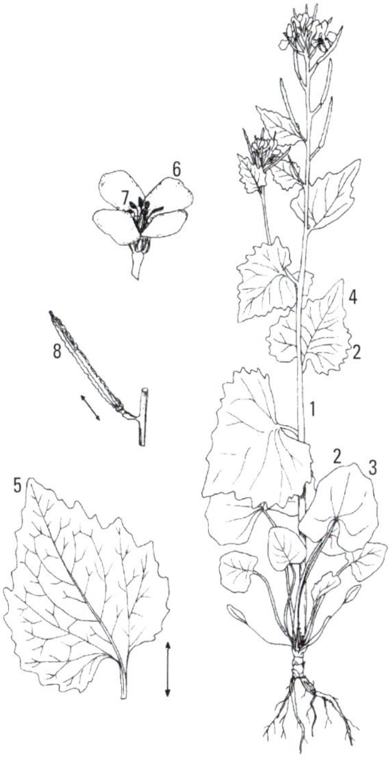

zum Beispiel für Bratgerichte und Käseplatten verwendet.
Geschmack: Der Grundgeschmack der Pflanze ist eine gute Mischung aus mildem Knoblauch und Kresse. Die Wurzel schmeckt aromatisch scharf, ähnlich wie Meerrettich.

Inhaltsstoffe

Zuckerstoffe, Saponine, Knoblauchöl, ätherisches Öl, Senfölglykoside, vor allem Sinigrin und Glucotropaeolin, geringe Mengen blutdruckregulierende Glykoside, reichlich Vitamin A und C, verschiedene Mineralstoffe.

Heilwirkungen

Volksmedizinisch bei Katarrhen der Atemwege, Asthma und als Gurgelmittel. Wird gegen Wurmbefall und als antibakterielles und keimtötendes Mittel eingesetzt. Außerdem unterstützt die Pflanze die Verdauung, wirkt harntreibend und blutreinigend. Äußerlich werden Breiumschläge bei eiternden Wunden und Insektenstichen angewendet.

Sommer-Linde

Tilia platyphyllos Scop.
Tiliaceae, Lindengewächse

Baum	35 m	Juni	blassgelb

In Berg- und Schluchtwäldern an nährstoffreichen und wintermilden Standorten. Wird bis 1000 Jahre alt!

Verwendung in der Küche

Blätter: Zarte Lindenblätter eigen sich hervorragend für Salate oder Spinatgerichte. Auch zur Teebereitung können sie genutzt werden. Getrocknet und pulverisiert eignen sich die Blätter und Blattknospen zum Strecken von Getreidemehl.

Blüten: Im Juni können die Blüten als Aroma für Schokolade, Tee, Sirup, süße Desserts und Limonaden verwendet werden. Auch der Lindenblütenhonig bekommt durch das feine Aroma der Sommer-Linde seinen unverwechselbaren Geschmack. Doch auch für deftigere Gerichte wie zum Beispiel Eierspeisen und Kräuterkäse ist das Aroma von Lindenblüten passend.

Blütenknospen: Die noch grünen, zarten Blütenknospen eigenen sich im Mai als Salat. Ebenso wie die Blätter lassen sich die getrockneten Blütenknospen pulverisiert zum Strecken von Getreidemehl verwenden. Die zarten Pflanzenteile der Linde eignen sich als Bindemittel für Suppen und Saucen.
Samen: Nur für einen kurzen Zeitraum Ende Juni können die kugeligen, noch jungen und weichen Samen wie Kapern eingelegt werden. Die reifen Samen kann man von August bis September schälen und roh essen oder ein Speiseöl daraus pressen.
Geschmack: Geschmacklich ist die Linde unübertroffen mild mit einer angenehmen fast unmerklichen Säure.
Auch die Winter-Linde *(Tilia cordata)* kann entsprechend verwendet werden. Sie ist etwas weniger weich.

Inhaltsstoffe

In den Blüten: Flavonoide, Schleimstoffe, ätherisches Öl und Gerbstoffe.

Heilwirkungen

Die Blüten des Lindenbaums werden auch heute noch von der Medizin zur Linderung des Hustenreizes bei Atemwegskatarrhen eingesetzt. Ihre schweißtreibende und schlaffördernde Wirkung bei der Behandlung grippaler Infekte kommt am besten zur Wirkung, wenn man sie als Badezusatz verwendet und als Tee trinkt (2 TL pro Tasse). Auch zur Behandlung des Bluthochdrucks finden die Lindenblüten Anwendung. Die Volksmedizin nutzt die ganze Pflanze (Blüten, Blätter und Rinde) außerdem als harntreibendes Mittel, gegen Krämpfe, bei Schlafstörungen, Stress- und Angstzuständen und zur Beruhigung. Darüber hinaus ist die Rinde des Baumes bei Blasenentzündung hilfreich. Aus dem Holz hergestellte, gemahlene Kohle wirkt ausgleichend auf den Darm, heilt geschwürige Wunden und kann zur Zahnpflege empfohlen werden.

Gewöhnlicher Dost

Origanum vulgare L.
Lamiaceae, Lippenblütengewächse

mehrjährig	0,5 m	Juli bis Okt.	purpurrot

An sonnigen Hecken- und Waldrändern auf Lehmböden bis in etwa 1800 m Höhe. Pionierpflanze.

Verwendung in der Küche

Blätter und Triebe: Die Blätter des Dostes riechen weniger aromatisch als die blühenden Triebspitzen. Verwenden kann man sie beide, frisch oder getrocknet, von April bis September. Man kann sie zum Aromatisieren von Kaltschalen oder kaltem Tee verwenden. Früher wurden auch Biere damit gebraut und andere Spirituosen aromatisiert, aber am gebräuchlichsten ist die Verwendung als Salatsaucen-, Pizza- und Gemüsegewürz.
Stängel: Von Juli bis Oktober können die inzwischen verholzten Stängel als aromaspendende Spieße in Rouladen gesteckt oder in Suppen mitgekocht werden.

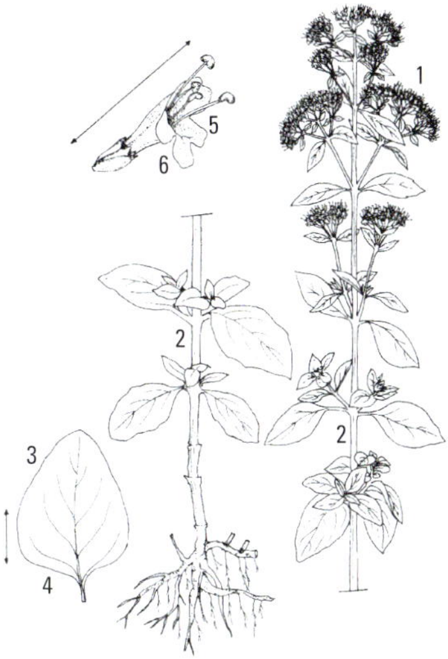

1 Erst im oberen Drittel verzweigt sich der Dost.
2 Der Stängel ist rundlich und behaart.
3 Die Blätter sind eiförmig und bis 4 cm lang.
4 Die Blätter sind ganzrandig, kurz gestielt und wenig behaart.
5 Die Blüte wird höchstens bis zu 1 cm lang.
6 Diesen Teil der Blüte nennt man Unterlippe. Beim Dost ist sie dreiteilig.

Geschmack: Der Grundgeschmack entspricht einer Mischung aus Majoran und einer milden Minze.

Inhaltsstoffe

Bis 4 % ätherisches Öl mit den Hauptinhaltsstoffkomponenten Carvacrol, Terpinen und Thymol, Flavonoide, Gerbstoffe, Triterpene und Rosmarinsäure.

Heilwirkungen

Die Anwendung erfolgt ähnlich wie beim echten Majoran bei Verdauungsstörungen, Blähungen und zur Förderung der Gallensekretion. Die Pflanze wirkt ferner krampflösend und wird bei Husten und Unterleibsbeschwerden angewendet. Das ätherische Öl ist stark antimikrobiell wirksam und wird gern Gurgelwässern und Badezusätzen zugesetzt. In der Homoöpathie findet der Dost Anwendung bei Nervosität und sexueller Übererregbarkeit.

Pfennigkraut

Lysimachia nummularia L.
Primulaceae, Primelgewächse

mehrjährig	0,3 m	Juni bis Aug.	gelb

An gut mit Feuchtigkeit versorgten Standorten in Wiesen, Gärten und an Ufern auf Lehm- und Tonböden bis in etwa 1300 m Höhe.

Verwendung in der Küche

Blätter und Blüten: Das Pfennigkraut bleibt nahezu das ganze Jahr über zart. Bis zum ersten Frost kann man die kleinen, runden Blätter Hackkräutermischungen beigeben. Die dekorativen Blätter können einzeln auf ein Butterbrot gelegt werden. Ebenso kann man auch die Blüten von Anfang Mai bis Ende Juli als essbare Dekoration einsetzen. Da die Ernte des Pfennigkrauts meist nicht für ein Gemüse ausreichend ist, kann man es mit anderen Gemüsesorten mischen. Blätter und Blüten zusammen ergeben einen schmackhaften Tee.
Geschmack: Der Grundgeschmack der Pflanze ist spargelartig, frisch, säuerlich.

Inhaltsstoffe

Gerbstoffe, Flavonoide und Saponine.

Heilwirkungen

In der Schulmedizin ist das Pfennigkraut unbekannt. Volksmedizinisch wird es selten bei Durchfallerkrankungen, Husten und äußerlich bei schlecht heilenden Wunden angewendet.

1 Die Pflanze wächst flach und weit kriechend über dem Boden.
2 An den Verzweigungen bildet das Pfennigkraut neue Wurzeln.
3 Das kurz gestielte Blatt ist rundlich oder elliptisch bis herzförmig.
4 Der Blattrand ist ganzrandig.
5 Die Blüten erscheinen einzeln und gestielt in den mittleren Blattwinkeln.
6 Die 5 gelben Blütenblätter können sich auf der Innenseite rötlich verfärben.
7 Die Blüte hat 5 Staubblätter.

Die Frucht ist eine Kapsel und wird bis 5 mm lang (ohne Abbildung).

Große Klette

Arctium lappa L.
Asteraceae, Korbblütengewächse

zweijährig	1,5 m	Juli bis Aug.	rotviolett

In staudenreichen Wildkrautgesellschaften, an Wegen, Ufern und auf Unrat auf lockeren und nährstoffreichen Lehmböden. In den Alpen bis auf 1100 m Höhe.

Verwendung in der Küche

Blattstängel: Die langen Blattstängel kann man als festes Gemüse zubereiten. Am besten eignen sie sich dazu von April bis August, solange sie noch nicht zu viele zähe Fasern haben und noch kein hohles, trockenes Mark im Stängelkern entwickelt haben. Zur Verarbeitung zieht man die dicksten Fasern aus dem Stängel heraus und reibt den Haarpelz an der Stängelhaut ab. Bereits ab Mai findet man markige Stängel. Man kann das Mark herausschaben und als Gemüsebrei zubereiten.

Blätter, Triebe, Blütenstängel: Die großen Blätter der Pflanze schmecken zu bitter, um sie als Gemüse zu verwenden. Junge Triebspitzen jedoch lassen sich gut für Gemüsepürees, Pesto oder als Hackkräuterbeigabe zu verschiedenen Gerichten und Salaten nutzen. Geschälte junge Sprosse und Blütenstängel können vor der Blüte wie Spargel zubereitet, aber auch roh gegessen werden.

Samen: Aus den im August und September geernteten Samen gewinnt man ein relativ geschmacksneutrales Speiseöl, indem man die Samen schrotet und in einer Ölmühle auspresst. Man kann den Schrot auch in heißes Wasser legen und das Öl abschöpfen.

Wurzeln: Im Herbst und Winter kann man die großen Wurzeln der bis einjährigen Pflanzen ernten. Sie sind dann weich und noch nicht verholzt. Man kann sie roh in einen Salat raspeln oder als Koch- und Backgemüse zubereiten.

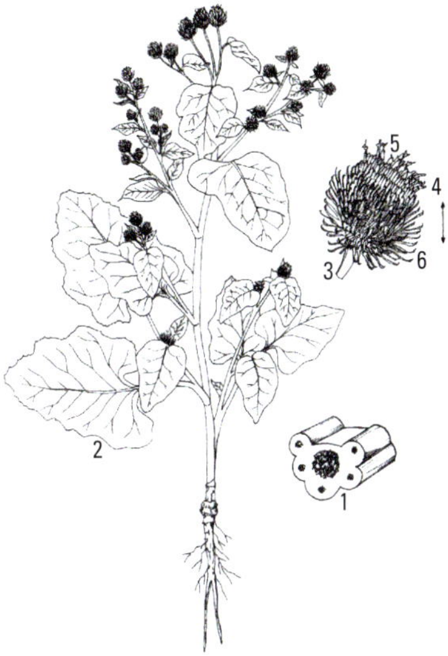

1 Der Stängel ist hohl und geriffelt.
2 Die Blätter sind lang gestielt, ei- bis herzförmig und bis 30 cm lang.
3 Die Blütenköpfe sind lang gestielt.
4 Im Durchmesser werden die Blütenköpfe bis 5 cm groß.
5 Blütenköpfe an der Spitze mit purpurroten Blüten
6 Mit diesen Haken heftet sich die Klette an Fell und Kleidung.

Geschmack: Die zarten Triebe und geschälten Stängel erinnern ein wenig an Artischockengemüse. Der Geschmack der Wurzeln erinnert an Schwarzwurzeln.

Inhaltsstoffe

27–45 % Inulin, Schleimstoffe, ätherisches Öl, Bitterstoffe, Glykoside, Flavonoide, Fettsäuren, Phosphorsäure, Gerbsäure und fettes Öl.

Heilwirkungen

Die Wurzel wird arzneilich verwendet. Wurzelextrakte wirken antibiotisch und blutzuckerreduzierend. Volksmedizinisch als Blutreinigungsmittel, bei Blasen- und Gallensteinleiden sowie bei Erkrankungen der Leber, außerdem bei Gicht, Rheuma und Diabetes. Gegen Haarausfall ist das Öl aus der Klettenwurzel recht bekannt. Die Klettenwurzel hilft als Salbe aber auch gegen vielerlei Hauterkrankungen, wie Flechten, Furunkel, Abszesse, Brandwunden, Hautunreinheiten, Kopfschuppen und unterstützend bei der Wundheilung. Statt Salbe kann man bei Hautproblemen auch den frisch ausgepressten Saft verwenden. Die Homöopathie verwendet die Pflanze bei nässenden Hautausschlägen, Gebärmuttersenkung und rheumatischen Schmerzen.

Breit-Wegerich

Plantago major L.
Plantaginaceae, Wegerichgewächse

mehrjährig	0,3 m	Juni bis Okt.	gelblich

Auf verdichteten Lehm- und Tonböden. In den Alpen bis in eine Höhe von etwa 2400 m. Salzertragende Pionierpflanze.

Verwendung in der Küche

Blätter: Von April bis Mai findet man weiche, junge Blätter auf jedem Rasen. Man benutzt sie als Salat- und Gemüsegrundlage. Sie werden quer zur Faser in Streifen geschnitten auf Brote gelegt oder im Brotteig mitgebacken, man bestreicht sie als Rohkostsnack mit Frischkäse, presst aus ihnen Gemüsesaft oder kocht sie einfach als Spinat. Das ganze Jahr über nutzt man Wegerichblätter zur Teebereitung. Bis in den September hinein können die Blätter zu Sauerkraut vergoren werden. Getrocknet eignen sie sich zum Strecken von Rauchtabak.
Blütenknospen: Von Mai bis Juni isst man die köstlichen langen Blütenknospen roh, gibt sie in Salate, dünstet sie oder legt sie ein.
Samen: Von August bis Oktober lässt sich aus den kugeligen Samen ein gutes Öl pressen, oder man nutzt die ganzen Früchte in Aufläufen, Bratlingen und anderen Gemüsegerichten.
Geschmack: Der Grundgeschmack des Breit-Wegerichs ist champignonartig; die Blütenknospen sind besonders aromatisch.
Alle anderen mitteleuropäischen Wegericharten *(Plantago)* sind ähnlich verwendbar.

Inhaltsstoffe und Heilwirkungen

Wie beim Spitz-Wegerich, siehe Seite 11. Als Zugabe in Tabak soll der Breit-Wegerich helfen, sich das Rauchen abzugewöhnen.

Weiße Taubnessel

Lamium album L.
Lamiaceae, Lippenblütengewächse

mehrjährig	0,5 m	April bis Okt.	weiß

Auf nährstoffreichen Lehmböden bis in etwa 1700 m Höhe.

Verwendung in der Küche

Blätter und Triebspitzen: Das Kraut der Taubnesseln ist uns nahezu die ganze Vegetationsperiode über als hervorragende Grundlage für schmackhafte, aromatische Teemischungen bekannt. Besonders junge Blätter und Triebspitzen bieten sich vor der Blüte ab Februar und noch während der Hauptblüte im April als Salat an. Als Gemüse gekocht sind die Blätter und Triebspitzen relativ mild und besonders gut als Suppengemüse geeignet. Sie können auch als spinatähnliches Gemüse oder als Hauptgemüsezutat eines Auflaufes zubereitet werden.
Blüten: Von April bis Oktober eignen sich die Blüten für süße Desserts, aber auch zusammen mit den Blättern als dekoratives Gewürz in herzhaft bunter Kräuterbutter und als krönender Abschluss über Salaten.
Wurzeln: Die neuen Wurzeln der Triebausläufer verwendet man vorwiegend im Herbst als rohe Knabberei, in Salaten oder in Suppen.
Samen: Ab Ende Mai bis September findet man in den nach dem Abfallen der Blüte stehen bleibenden Kelchen die Früchte. Sie können gesammelt und nachgetrocknet werden. Im Winter können daraus auf der Fensterbank frische Keimlinge für Salate wachsen.

Geschmack: Das Taubnesselkraut, die Keimlinge und die feinen Wurzeln haben einen feinwürzigen Pilzgeschmack. Die Behaarung ist an zarten Pflanzenteilen nicht störend.
Andere mitteleuropäische Taubnesselarten sind ebenso verwendbar.

Inhaltsstoffe

Kalium, Phosphor, Calcium, Bor, Eisen, Magnesium, Kupfer, Zink und Schwefel, ätherisches Öl,

Flavonoide (0,4 %), Glykoside, Saponine, Schleim- und Gerbstoffe.

Heilwirkungen

Blüten und Kraut werden arzneilich verwendet. In der Naturheilkunde gilt die Pflanze als belebend, entzündungshemmend, wirksam gegen Bakterien, schleimhautschützend, blutstillend, verdauungsfördernd und harntreibend. Entsprechend vielseitig ist die Anwendung: Zur Schleimlösung bei Katarrhen und Bronchitis, bei Beschwerden im Magen-Darm-Trakt, Gicht und Fieber. Äußerlich helfen Umschläge bei Hautschwellungen, Juckreiz, Nagelbettentzündungen, Beulen und Krampfadern.

Gefleckte Taubnessel

Lamium maculatum L.
Lamiaceae, Lippenblütengewächse

mehrjährig	0,6 m	April bis Sept.	purpurrot

An nährstoffreichen Standorten, beispielsweise in Hecken und an Waldrändern.

Verwendung in der Küche

Siehe Weiße Taubnessel, links.

Inhaltsstoffe und Heilwirkungen

Siehe Weiße Taubnessel, links.

Wald-Ziest

Stachys sylvatica. L.
Lamiaceae, Lippenblütengewächse

mehrjährig	1 m	Juni bis Sept.	braunrot

In feuchten und nährstoffreichen Laubmischwäldern auf Ton- und Lehmböden bis in eine Höhe von etwa 1700 m.

Verwendung in der Küche

Blätter: Der Wald-Ziest bietet uns von April bis Juni junge, feinflauschige Blätter, die gehackt in Kräutermischungen, Kräuterkäse, Salate und Salatsaucen, aber auch als Zutat in Kräuterpüree und als Beilage zu Bratgerichten gegeben werden können. Eine besondere Spezialität ist die Verwendung in Suppen oder Bouillons. Zur Bevorratung trocknet man die Blätter als eine Art Grillgewürz oder mariniert sie in Öl.
Stängelbasis: Die Stängelbasis am Ansatz zur Wurzel wird im April geschält und zu einem würzigen Pfannengemüse bereitet.
Wurzeln: Von September bis ins Frühjahr hinein kann man, sofern der Boden nicht gefroren ist, die Wurzeln ernten und sie als ein feinwürziges Gemüse kochen oder backen. Getrocknet und gemahlen werden sie zu einer Art Gemüsemehl für Breie und Brote genutzt.
Geschmack: Der Grundgeschmack der würzig-aromatisch duftenden Pflanze erinnert an Steinpilze.

Inhaltsstoffe

Ätherisches Öl, Bitterstoffe und Gerbstoffe.

Heilwirkungen

In der Heilkunde werden Wald- und Sumpf-Ziest heute kaum mehr angewendet, obwohl beide

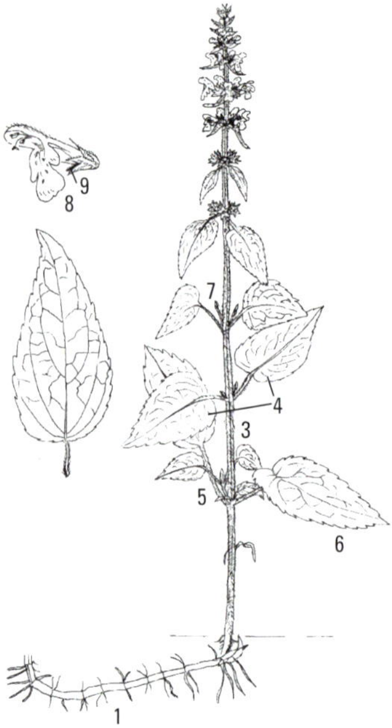

1 Der Wald-Ziest vermehrt sich über unterirdische Ausläufer.
2 Der Wuchs ist aufrecht.
3 Der Stängel ist vierkantig und behaart.
4 Die Blätter sind paarig angeordnet, die Paare stehen sich kreuzweise gegenüber.
5 Die Blattstiele sind behaart.
6 Der Blattrand ist sägeförmig.
7 Aus den Blattachseln entspringen kurze Triebe.
8 Die untere Blütenlippe ist stark gelappt.
9 Der behaarte Kelch hat 5 spitze Zähne.
Die ganze Pflanze riecht streng.

Arten krampflösende Eigenschaften besitzen. Der Wald-Ziest kann zur Regulation der Menstruation eingesetzt werden. Beide Pflanzen wirken nervenstärkend und helfen bei Neuralgien, des Weiteren bei Störungen der Schilddrüse und der Milz, bei Rheuma, Gicht und Erkrankungen der Atemwege. Der Sumpf-Ziest wirkt außerdem harntreibend. Die Anwendung erfolgt meist als Tee. Äußerlich ist ein Sud zum Reinigen von Wunden geeignet, der gleichzeitig die Wundheilung und Vernarbung günstig beeinflusst. Die Pflanzen kann man aber auch zusammen mit Wein oder Essig ansetzen und so für Heilanwendungen verwenden. (Vgl. Sumpf-Ziest, Seite 101).

Heil-Ziest

Betonica officinalis L.
Lamiaceae, Lippenblütengewächse

mehrjährig	1 m	Juli bis Aug.	rot

In »Heide-Gesellschaften« und auf mageren Berg- und Moorwiesen. Gelegentlich auch in Laubwäldern an wechselfeuchten Standorten. Bis in eine Höhe von 900 m.

Verwendung in der Küche

Triebe und Blätter: Von April bis Juli lassen sich die zarten Triebe und jungen Blätter in Spinat, Suppen und Gemüsegerichten verwenden. Getrocknet eignen sich die ausgereiften Blätter als Zusatz für Rauch- und Schnupftabak.
Blütenknospen und Blüten: Wie die Blätter kann man auch die Blütenknospen im Juni als Gemüse zubereiten. Von Juli bis August ergeben die Blüten eine schöne essbare Dekoration.
Geschmack: Die Pflanze hat einen strengen Geschmack mit einem leichten Pilzaroma.

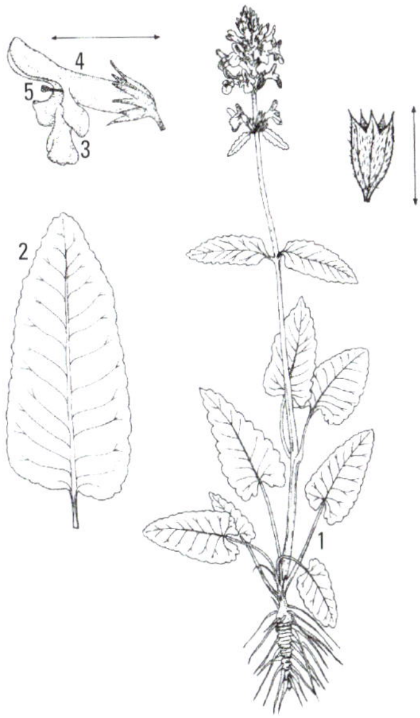

1 Die bodennahen Blätter sind lang gestielt.
2 Der Blattrand ist gesägt bis gekerbt.
3 Die Blüte ist dunkelrosa.
4 Der röhrige Teil der Blüte wird etwa 0,4 cm lang.
5 Die Blüte enthält 4 Staubblätter.

Inhaltsstoffe

Gerbstoffe, Betaine, Flavonoide und Bitterstoffe.

Heilwirkungen

Alte Heilpflanze, die bei Durchfall, Katarrhen der Atemwege und Asthma eingesetzt wird. Äußerlich bei Wunden und zum Gurgeln bei Entzündungen im Mund und Rachen. In der Homöopathie bei Asthma, Erkältungskrankheiten und Oberbauchbeschwerden.

Blut-Weiderich

Lythrum salicaria L.
Lythraceae, Weiderichgewächse

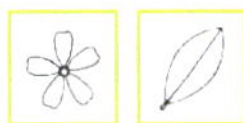

mehrjährig	1,2 m	Mai bis Sept.	purpurrot

An nährstoffreichen Standorten in feuchten Gräben und Wiesen sowie an Ufern auf unterschiedlichen Böden, bis in etwa 1400 m Höhe.

Verwendung in der Küche

Blüten: Von Ende Juni bis Anfang September kann man die Blüten des Blut-Weiderichs durch Kochen entsaften. Mit dem so gewonnenen Blütensaft lassen sich Süßspeisen rötlich färben. Der Blütensaft lässt sich aber auch zu Sirup einkochen oder unter Zucker mischen. Die Blüten eignen sich auch in kleinen Mengen als essbare Dekoration auf Desserts und Aufstrichen.
Triebe und Blätter: Von April bis Mai sind die jungen Triebe und zarten Blätter eine gute Zutat für Salate. In Spirituosen und süßen Limonaden eingelegt geben die Triebe des Blut-Weiderich den Getränken eine obstartige Note.
Stängel: Im Mai gesammelte junge Stängel kann man schälen und als Koch- oder Pfannengemüse zubereiten. Gesalzen und kurz in Butter gebräunt passen sie gut zu Kartoffelgerichten. Später im Jahr wird das Kraut der Pflanze zu hart.
Geschmack: Der Grundgeschmack junger bzw. zarter Pflanzenteile erinnert etwas an Dörrzwetschgen.

1 Die Pflanze wächst straff aufrecht.
2 Der Stängel ist kantig.
3 Die Blätter sind lanzettlich geformt und am Stiel sitzend angeordnet.
4 Auf der Blattunterseite treten die Blattnerven deutlich hervor.
5 Die Pflanze hat 6 Blütenblätter (5a) und 12 Staubblätter (5b).

Die Frucht ist eine Kapsel (ohne Abbildung).

Inhaltsstoffe

5–12 % Gerbstoffe (vorwiegend Gallotannine), Cholin, Flavonoide (vor allem Glykosylflavone), Salicarin, Pektin, Harz und ätherisches Öl.

Heilwirkungen

Das getrocknete Kraut wird als Tee (1 TL pro Tasse) gegen Durchfall verabreicht. Volksmedizinisch bei entzündlichen Erkrankungen der Magen- und Darmschleimhaut. In der Antike wurde der Blut-Weiderich sogar bei Ruhr und Typhus angewendet. Äußerlich bei Hämorrhoiden, Ekzemen und zur Wundheilung.

Echter Buchweizen

Fagopyrum esculentum Moench
Polygonaceae, Knöterichgewächse

einjährig	0,6 m	Juli bis Okt.	weiß bis hellrot

Verwildert in Schutt- und Wildkrautfluren auf nährstoffreichen Sandböden überwiegend tiefer Lagen.

Verwendung in der Küche

Samen: Von August bis September lassen sich die Samen von den Triebspitzen abstreifen. Getrocknet und zu Mehl gemahlen eignen sie sich zum Backen von Gebäck und Brot oder mit Wasser oder Milch für Breie und Desserts. Wie Gerste lassen sich die Samenkörner auch zum Bierbrauen verwenden. Eingeweicht ergeben sie mit Ei oder anderem Mehl gebunden eine Grundlage für Gemüsebratlinge.

Geschmack: Die zarten, angenehm zu kauenden Samen sind etwas mehlig und schmecken getreideartig.

Hinweis! Die Blätter können empfindliche Hautstellen bei starker Sonneneinstrahlung etwas reizen.

Aus den Blüten und Samen kann ein roter Farbstoff gewonnen werden.

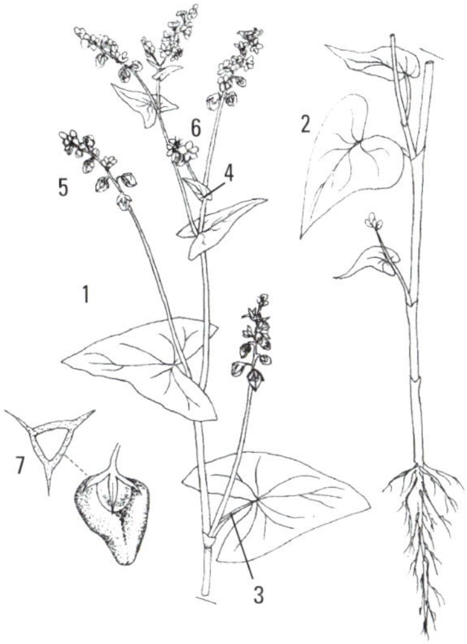

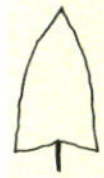

1 Der Buchweizen ist nur wenig verzweigt.
2 Die Blätter sind herz- bis pfeilförmig.
3 Die unteren Blätter sind lang gestielt.
4 Nach oben hin werden die Blattstiele immer kürzer.
5 Die Blütenstände sind gestielt und entspringen den Blattachseln.
6 Die Blüten haben 5 Blütenblätter.
7 Die Frucht ist dreikantig, braun und wird etwa 0,5 cm lang.

Inhaltsstoffe

Flavonoide, Gerbstoffe, Farbstoffe, Eiweiß, Vitamin B, Calcium und Kieselsäure.
In den Körnern: Viele Kohlenhydrate (vor allem Stärke), 10 % Eiweiß, essenzielle Aminosäure Lysin, bis zu 5 % des Flavonoids Rutin.

Heilwirkungen

Tee (pro Tasse 2 TL des Krautes mit kochendem Wasser übergießen, 10 Minuten ziehen lassen) hilft wegen des enthaltenen Rutins bei Venen und Gefäßschwäche und kann zur begleitenden Behandlung von Krampfadern und Arterienverkalkung verabreicht werden. Außerdem senkt das Rutin den Blutdruck und wirkt deutlich antioxidativ. Die Volksmedizin setzt die Pflanze darüber hinaus zum Blutstillen, bei Netzhautblutungen, Venenstauungen und zur Anregung der Milchsekretion bei Wöchnerinnen ein. Die Homöopathie nutzt Potenzierungen bei Kopfschmerzen und Lebererkrankungen. Die Buchweizenkörner sind glutenfrei.

Klebriger Salbei

Salvia glutinosa L.
Lamiaceae, Lippenblütengewächse

mehrjährig	1,2 m	Juni bis Sept.	gelb

An feuchten und nährstoffreichen Standorten am Waldrand oder im Wald auf Ton- und Lehmböden bis in eine Höhe von etwa 1500 m.

Verwendung in der Küche

Kraut: Von April bis Juni kann das Kraut des Klebrigen Salbeis als hervorragende Grundlage für schmackhaft aromatische Teemischungen genutzt werden. Besonders junge Blätter und zarte Triebspitzen bieten sich als feines Gewürzkraut für Salate, Würzöle, Suppen, Eintöpfe, Kräuterbutter oder Kräuterquark an. Das getrocknete Kraut nutzt man von April bis Juli als Aroma für Spirituosen und Kräutertabak.

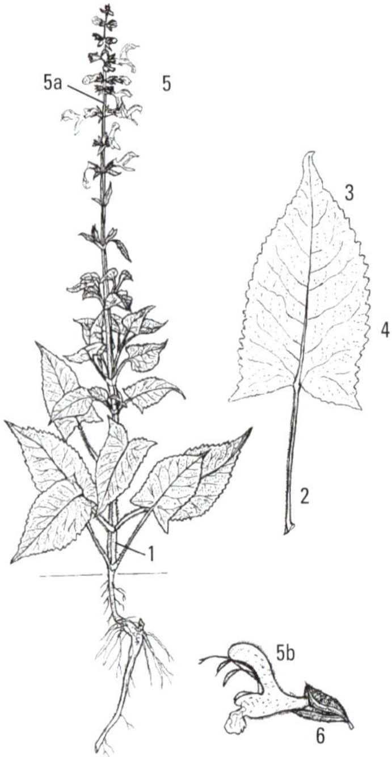

1 Der Stängel ist kantig und klebrig.
2 Die Blätter sind gestielt.
3 Die Form des Blattes ist annähernd dreieckig.
4 Der Blattrand ist gezähnt.
5 Der vielblütige, aufrechte Blütenstand besteht aus büscheligen Teilblütenständen (5a), die jeweils mehrere der gelben Lippenblüten (5b) enthalten.
6 Die Blütenhülle ist behaart.

Blüten: Die klebrigen, von Juni bis September zu erntenden Blüten lassen sich nicht leicht zupfen. Man kann sie als farbige, aromatische Zutat in Suppen, Kartoffelpüree oder Kräuterbutter verwenden.
Geschmack: Die Pflanze schmeckt aromatisch würzig und honigartig.

Inhaltsstoffe

Ätherisches Öl, Triterpene, Phytosterine (Sitosterol), Gerb- und Bitterstoffe, Rosmarinsäure, Flavonoide, Harze, östrogenartige Stoffe und Saponine.

Heilwirkungen

Zu dieser speziellen Salbeiart gibt es keine exakten Aussagen zu ihrer medizinischen Nutzung. Man kann jedoch davon ausgehen, dass der Klebrige Salbei ähnlich zu nutzen ist wie der arzneilich verwendete Gartensalbei *(Salvia officinalis)* und der Wiesen-Salbei *(Salvia pratensis)*. Salbeigewächse wirken allgemein antibakteriell und desinfizierend, haben antioxidative Eigenschaften und sind entzündungshemmend. Sie werden hauptsächlich bei infektiösen Erkrankungen der Atemwege und zum Hemmen der Schweißbildung eingesetzt. Die Pflanze ist gut verträglich. Lediglich Menschen, die zu epileptischen Anfällen neigen, sollten bei der Anwendung von Salbeigewächsen vorsichtig sein.

Berg-Sauerampfer

Rumex arifolius All.
Polygonaceae, Knöterichgewächse

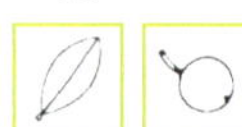

mehrjährig	0,8 m	Juni bis Aug.	grünlich

Auf nährstoffreichen Bergwiesen und in Wäldern auf Ton- und Lehmböden bis in eine Höhe von über 2000 m.

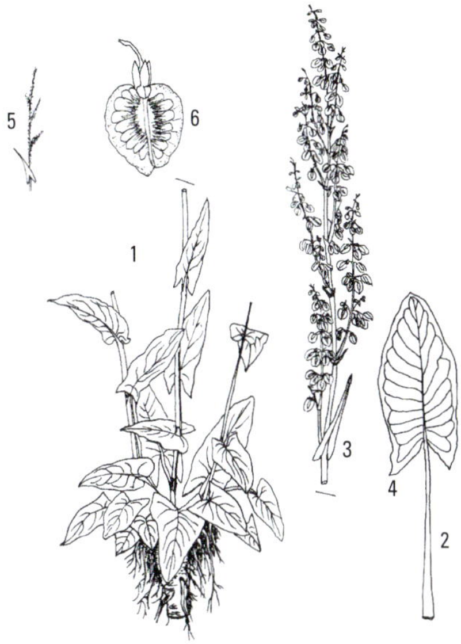

1 Der Wuchs ist aufrecht.
2 Die Grundblätter sind lang gestielt.
3 Die Stängelblätter sind sitzend angeordnet.
4 Am Blattgrund befinden sich pfeilförmige Spitzen.
5 Der Blütenstand enthält eine Vielzahl kleiner Blüten.
6 Die Frucht ist eine bis 0,5 cm große Nuss.

Verwendung in der Küche

Blätter und Triebspitzen: Die von April bis Juli noch weichen Blätter und Triebspitzen zwickt man mit den Fingerspitzen ab und nutzt sie in Streifen geschnitten als Zutat für Salate. Mit anderem Gemüse und anderen Kräutern gemischt sind die Blätter und Triebspitzen eine schmackhafte Füllung für Teigtaschen und Aufläufe. Natürlich kann man sie auch zu einer Suppe pürieren oder als Spinat zubereiten. Zur Bevorratung können die Pflanzen getrocknet werden.
Früchte: Von August bis Oktober werden die Früchte geerntet. Sie lassen sich in kleinen Mengen als Sauergewürz nutzen oder man lässt sie im Winter auf der Fensterbank keimen.
Geschmack: Die Pflanze hat einen säuerlichen, herben Grundgeschmack, der im Laufe des Jahres bitterer wird.

Inhaltsstoffe und Heilwirkungen

Wie beim Großen Sauerampfer *(Rumex acetosa)*, siehe unten.

Großer Sauerampfer

Rumex acetosa L.
Polygonaceae, Knöterichgewächse

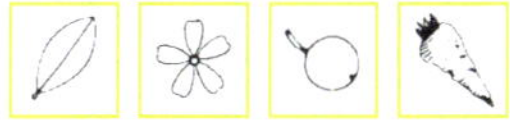

mehrjährig	0,6 m	Mai bis Juni	rötlich grün

Auf nährstoffreichen Wiesen und Weiden auf Lehm- und Tonböden bis in etwa 1750 m Höhe.

Verwendung in der Küche

Der Sauerampfer ist ein klassisches Wildgemüse, dessen Erntezeit von März bis Oktober reicht.
Blätter: Die Blätter nutzt man von März bis Oktober als Zutat für Salate oder als Suppe vor reichhaltigen, fettreichen Gerichten sowie als aromatischen Zusatz zu den Gerichten selbst.
Triebspitzen und Blütenknospen: Die Triebspitzen und die knospigen Blütenstände können von April bis Mai wie die Blätter gegart zu diversen Gemüsegerichten gegeben werden, so zum

1 Der Stängel ist teilweise rötlich überlaufen und schwach geriffelt.
2 Die Blätter sind grasgrün und etwas fleischig. Die Fortsätze am Blatt (2a) sind nach unten gerichtet.
3 Die Blätter sind lang gestielt.
4 Der Blattrand hat keine Zähne oder stärkere Einbuchtungen.
5 Am Blattansatz befindet sich ein Häutchen, das den Stängel umgibt.
6 Die kleinen, rötlichen Blüten sind in lockeren Blütenständen angeordnet.
7 Die Frucht ist dreikantig und weist trockene Hüllblätter (7a) auf.

Beispiel zu Eintöpfen mit Linsen, Tomaten und Zucchini, aber auch zu sauren Saucen, sauren Dips, Kräuterbutter und Kräuterquark. Im Entsafter wird aus den zarten Teilen des Sauerampfers ein Gemüsesaft gewonnen, der mit Wasser oder Joghurt gemischt ein belebendes Getränk ergibt. Man kann die Blätter und Triebspitzen auch als Vorrat einkochen.

Samen: Von August bis Oktober nutzt man die Samen zur Teebereitung oder lässt sie im Winter auf der Fensterbank keimen.

Wurzeln: Im September trocknet man die Wurzeln und brüht sie als Tee auf oder mahlt sie zum Strecken von Backmehl.

Hinweis! Die Pflanze ist oxalsäurehaltig, jedoch kaum mehr als Rhabarber. Oxalsäure kann regelmäßig über mehrere Monate eingenommen zur Schädigung der Nieren führen. Oxalsäure ist wasserlöslich und kann durch Abkochen und Abgießen des Kochwassers entfernt werden. Durch die Zugabe von Milch oder Sahne kann ein Teil der Oxalsäure durch das in der Milch enthaltene Calcium gebunden werden und ist dann unschädlich.

Geschmack: Die Pflanze hat einen säuerlichen, an Zitronen erinnernden Geschmack.

Inhaltsstoffe

Im Kraut: Eiweiß (2 %), freie Oxalsäure, Flavonoide, reichlich Vitamin C, Carotin, Eisen, Gerbstoffe und Hyperosid. In den Wurzeln: Anthranoide.

Heilwirkungen

In der Volksmedizin werden die (essbaren) Ampferarten zur Blutreinigung und als harntreibendes Mittel vor allem im Frühjahr eingesetzt. Die Pflanze soll das Immunsystem stärken. Außerdem werden dem Großen Sauerampfer

verdauungsfördernde Eigenschaften insbesondere bei schwer verdaulichen Speisen nachgesagt. Äußerlich Breiumschläge bei Hautleiden und Erkrankungen der Mundschleimhaut. Ein Sud aus den Wurzeln wurde zur Behandlung von Gelbsucht, Steinleiden und bei inneren Blutungen angewendet. Phytotherapeutische Verwendung bei juckenden Hautkrankheiten, Krämpfen und Halsschmerzen.

Gewöhnliches Tellerkraut

Claytonia perfoliata Donn ex Willd.
Portulacaceae, Portulakgewächse

einjährig	0,2 m	April bis Juli	weiß

In Parkanlagen und auf Wegen verwildert und eingebürgert, auf sandigen und nährstoffreichen Böden.

Verwendung in der Küche

Blätter und Stängel: Die schönen, runden Blätter und langen, zarten Stängel erntet man kurz vor der Blüte im April und Mai. Die auch nach der Blüte noch zarten und saftigen Blätter erge-

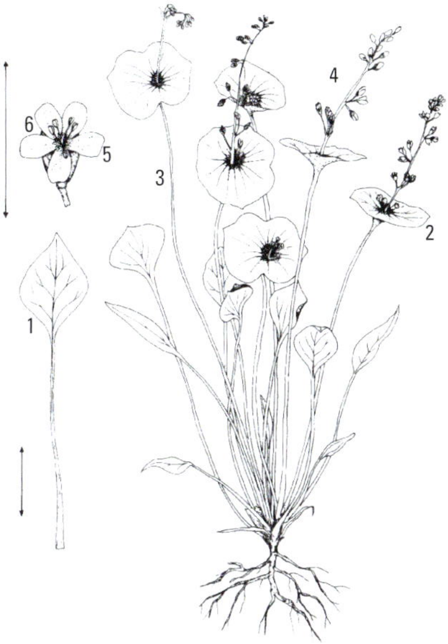

1 Die Blätter, die vor der Blüte erscheinen, sind rautenförmig.
2 Später wachsen tellerförmige Blätter, in deren Mitte der Blütenstand entspringt.
3 Alle Blätter sind lang gestielt und ganzrandig.
4 Der Blütenstand ist langgestreckt.
5 Die Blüte hat 5 Blütenblätter.
6 Die Blüte hat 5 Staubbeutel.

ben einen besonders feinen Salat. Gekocht ergeben Stängel und Blätter einen zarten Spinat.
Wurzeln: Die feinen Wurzeln kann man als Gemüse kochen.
Blüten: Von April bis Juli kann man die Blüten als essbare Dekoration auf viele Gerichte oder in Salate geben.
Geschmack: Die Pflanze schmeckt wie eine Mischung aus Portulak und saftigem Feldsalat. Die Wurzel hat einen süßlichen, maronenartigen Geschmack.

Inhaltsstoffe

Vitamin C, Magnesium, Calcium und Eisen.

Heilwirkungen

Breiumschläge bei Rheuma und Augenschmerzen.

Kleine Wasserlinse

Lemna minor L.
Lemnaceae, Wasserlinsengewächse

mehrjährig	3 mm	April bis Mai	grün

In windgeschützten, stehenden und langsam fließenden Gewässern.

Verwendung in der Küche

Die Kleine Wasserlinse ist komplett verwendbar, samt ihren schwimmenden Wurzeln. Die ganze Pflanze lässt sich über die frostfreie Zeit, am besten jedoch vom Frühjahr bis in den Sommer als spinatartiges Gemüse oder zarter Salat zubereiten. Mit einem Schaumsieb ist die Kleine Wasserlinse von der Wasseroberfläche abzuschöpfen. Man sollte das Erntegewässer jedoch gut kennen, denn sie wächst auch gern in verschmutzten Gewässern.

Geschmack: Die Pflanze schmeckt sehr mild, wie ein fein geschnittener Kopfsalat.

Inhaltsstoffe

Flavonoide, Schleimstoffe, Zucker, Protein, Fettsäuren. Die Pflanze enthält ein weites Spektrum von Mineralien (darunter Kalium, Calcium und Phosphor). Außerdem Provitamin A.

Heilwirkungen

Die Kleine Wasserlinse wurde früher in der Volksmedizin als harntreibendes Mittel und bei Augenleiden verwendet. Schulmedizinisch spielt die Wasserlinse keine Rolle. Homöopathisch bei Schwellungen in der Nase und Schleimhautpolypen.

Huflattich

Tussilago farfara L.
Asteraceae, Korbblütengewächse

mehrjährig	0,2 m	Febr. bis April	gelb

An Wegrändern, Ufern und im nährstoffreichen Steinschutt bis über 2000 m Höhe. Bodenfestiger.

Verwendung in der Küche

Blätter und Blütenknospen: Klein gehackt eignen sich sowohl die jungen Blätter (von Mai bis Juli) als auch die Blütenknospen (von März bis Juni), um Butterbrote, Salate oder Spinat damit zu bestreuen. Die größeren Blätter werden von Mai bis September für Blattrouladen oder geschnitten und getrocknet zur Teebereitung und für Rauchtabakmischungen verwendet. Die Blattstängel lassen sich fein geschnitten für Pfannengemüse nutzen. Aus der Pflanzenasche, die man zum Beispiel durch sehr heißes Trocknen und »Verbrennen« der Blätter im Backofen gewinnt, kann man nahezu die ganze Vegetationsperiode über ein leicht salzartiges Gewürz gewinnen.

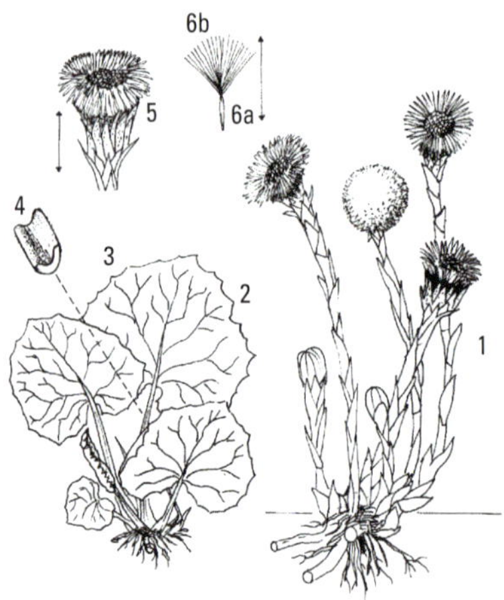

Blüten: Von März bis April eignen sich die Blüten als Aroma für Spirituosen und Tees und als Zutat für Bratlinge. Vor und während der Blüte, von März bis Juni, kann man die Blütenstängel roh zu Salaten oder gegart zu Spinat, Pfannengemüse und Gemüsecrêpes verwenden.
Wurzeln: Von September bis in den Winter und im Frühjahr erntet man die Wurzeln und verarbeitet sie klein geschnitten und gegart zu Bratlingen und Kochgemüse oder legt sie süß ein.
Geschmack: Die Pflanze schmeckt ähnlich wie der grüne Spargel. Bis auf die etwas würzigeren Wurzeln ist der Huflattich sehr mild und weich.
Hinweis! Der Huflattich ist aufgrund des Gehalts an möglicherweise leberbeeinträchtigenden Pyrrolizidinalkaloiden in Misskredit geraten. Andererseits wurde er als Heil- und Nahrungspflanze jahrhundertelang hoch geschätzt und in größeren Mengen konsumiert, ohne dass derartige Wirkungen beim Menschen beschrieben wurden. Wir schätzen den gelegentlichen Verzehr kleiner Mengen als unbedenklich ein, können jedoch niemandem die Entscheidung zur Verwendung abnehmen. Lesen Sie dazu Seite 238.

1 Zur Blütezeit erkennt man den Huflattich an den bräunlichen Blattschuppen.
2 Die bis über 20 cm großen Laubblätter erscheinen erst nach der Blüte. Im jungen Zustand fühlen sich die Blätter filzig an.
3 Der Blattrand ist gezähnt.
4 Die Blattstiele sind rinnig.
5 Die Hülle der Blüte ist flaumig behaart.
6 Die Früchte werden bis 0,5 cm lang (6a) und haben an der Spitze einen mächtigen Haarkranz (6b).

Inhaltsstoffe

6–10 % saure Schleimstoffe und Inulin, Gerbstoffe (bis 5 %), geringe Mengen Flavonoide. Es gibt Hinweise darauf, dass die Pflanze Pyrrolizidinalkaloide nur dann bildet, wenn sie infolge Wassermangels oder Insektenfraßes schlechten Wachstumsbedingungen ausgesetzt ist.

Heilwirkungen

Arzneilich werden die getrockneten Blätter verwendet. Der heilkräftig wirkende Huflattich wird schon seit Urzeiten bei trockenem Reizhusten und akuten und chronischen Reizzuständen im Mund- und Rachenraum angewendet. In vielen Hustensäften auf natürlicher Basis war er bis vor einiger Zeit enthalten und leistete wertvolle Dienste. Die zerriebenen Blätter werden äußerlich gegen Entzündungen und Abszesse der Brust empfohlen.

Gewöhnlicher Frauenmantel

Alchemilla vulgaris agg.
Rosaceae, Rosengewächse

mehrjährig	0,5 m	Mai bis Okt.	cremefarben

Auf feuchten und lehmigen Wiesen, in Gräben und an Waldwegen. Zahlreiche Unterarten, die sich in ihren Standortansprüchen etwas unterscheiden.

Verwendung in der Küche

Blätter: Von April bis Juli werden die kleinen, weichen, hellgrünen Blätter des Frauenmantels fein geschnitten und in Salate gemischt. Größere

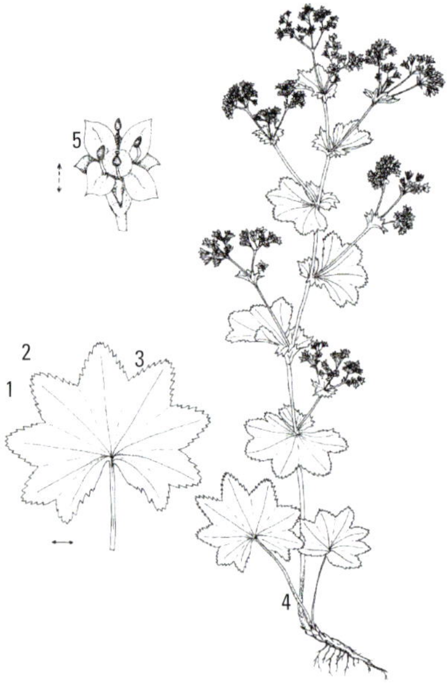

1 Die Blätter sind rundlich bis nierenförmig.
2 Außen sind sie fünf- bis elflappig, gezähnt, auf der Blattoberseite bläulich grün und kahl, auf der Unterseite gelblich grün und locker behaart.
3 An den Blattzähnen befinden sich Wasserspalten, aus denen bei feuchter Witterung Wasser ausgeschieden wird, das sich dann im trichterförmigen Blatt sammelt.
4 Auch die Blatt- und Blütenstiele sind behaart.
5 Die Einzelblüte ist kleiner als 1 cm und cremefarben bis gelb.

Blätter lassen sich zu Gemüsefüllungen, Aufläufen, zu Bratlingen und zu Kochgemüse verarbeiten, aber auch zur Teebereitung eignen sie sich. Zur Bevorratung kann man die Blätter gut gelüftet und sonnenlichtgeschützt trocknen und als Vitaminspender im Winter verwenden.
Blüten: Die sanft aromatischen, gelben Blüten verwendet man im Mai und Juni als essbare Dekoration.
Geschmack: Die Pflanze schmeckt mild kohlrabiartig.

Inhaltsstoffe

Im getrockneten Kraut: 6–8 % Gerbstoffe (vorwiegend Ellagitannine), 2 % Flavonoide (Quercetinderivate), Bitterstoffe, Phytosterin, Glykoside und Saponine.

Heilwirkungen

In der Volksmedizin wird der Frauenmantel nach der Signaturenlehre hoch geschätzt und seit dem Mittelalter in den Kräuterbüchern erwähnt. Traditionell wird die Pflanze hauptsächlich in der Frauenheilkunde verwendet, was wahrscheinlich an den enthaltenen hormonähnlichen Inhaltsstoffen liegt, die dem weiblichen Sexualhormon Progesteron ähneln. Als Tee getrunken kann der Frauenmantel Mangelzustände, die zu prämenstruellen Störungen und zu Wechseljahresbeschwerden führen können, ausgleichen.
Zudem wirkt er entkrampfend auf die Gebärmutter und fördert nach der Geburt die Milchbildung. Als Sitzbad wirkt der Tee äußerlich bei Weißfluss. Frauenmanteltee ist außerdem hilfreich bei Beschwerden der Atemorgane, wie Husten und Erkältungskrankheiten, fördert die Verdauung, wirkt herzstärkend und hat einen positiven Einfluss auf die Elastizität der Blutgefäße. Durch seine Wirkung auf das Nervensystem können Kopfschmerzen und Schlaflosigkeit gelindert werden. Äußerlich angewendet hilft der Tee gegen Geschwüre, Ekzeme und eitrige Furunkel.

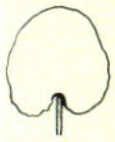

Gewöhnliches Scharbockskraut

Ranunculus ficaria L.
Ranunculaceae, Hahnenfußgewächse

mehrjährig	0,15 m	März bis Mai	gelb

An nährstoffreichen und feuchten Standorten im Wald oder Gebüsch auf Lehm- und Tonböden bis in eine Höhe von etwa 1500 m. Nährstoffzeiger.

Verwendung in der Küche

Blätter: Das Scharbockskraut bietet von März bis April junge, glänzende Blätter, die gehackt in Kräutermischungen, Kräuterkäse, Salate und Salatsaucen, aber auch in Kräuterpüree und scharf gewürzt zu Bratgerichten verwendet werden. Zur Bevorratung lässt man sie mit Salz zwei bis drei Tage ziehen und legt sie in Öl. Wegen des steigenden Alkaloidgehalts sollte man sie nur vor der Blütezeit ernten.
Blütenknospen und Wurzeln: Im April können die Blütenknospen, im Mai und Juni die Wurzelknöllchen und die Blattachsel-Brutknöllchen genau wie die Blätter in Öl oder Essigwasser eingelegt werden, nachdem sie in Salz gezogen haben.
Geschmack: Die Blätter haben einen leicht sauerscharfen Geschmack. Die Wurzeln und Brutknöllchen schmecken hingegen roh nussig, stärkereich.
Hinweis! Man sollte die Pflanze wegen des enthaltenen Protoanemonins nicht in großen Mengen konsumieren. Im Verhältnis zu anderen Pflanzenteilen enthalten die Blätter nur sehr wenig Protoanemonin (3% der gesamthaft enthaltenen Menge); nach der Blüte nimmt der Gehalt des Stoffes in den Blättern zu. Sie sollten dann nicht mehr verzehrt werden, da es sonst zu Reizungen der Schleimhäute kommen kann.

Inhaltsstoffe

In den Blättern: Vitamin C, Ranunculin, Saponine und Gerbstoffe. In der Wurzel: Gerbstoffe, Asparagin und das Ferment Urease.

Heilwirkungen

In früheren Zeiten wurde das Scharbockskraut wegen des hohen Vitamin-C-Gehalts bei Skorbut und Frühjahrsmüdigkeit gegessen. Die Pflanze reinigt das Blut und wird bei Hautunreinheiten und Hämorrhoiden angewendet. Der aus den Wurzelknöllchen gepresste Saft soll bei den durch Viren (HPV) verursachten Feigwarzen helfen.

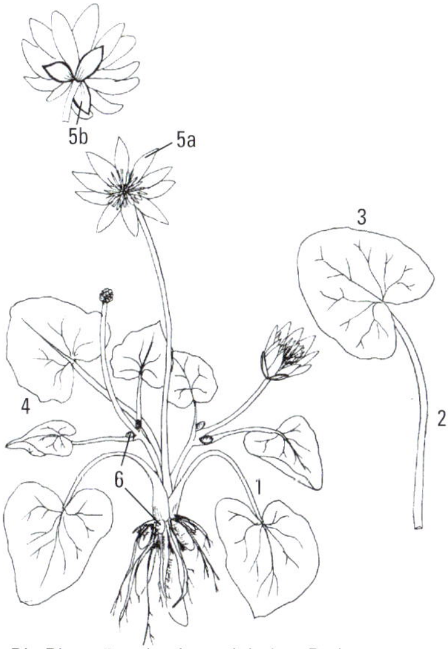

1 Die Blattstängel neigen sich dem Boden zu.
2 Die Blätter sind lang gestielt.
3 Die Form der Blätter ist annähernd herzförmig.
4 Der Blattrand ist ganzrandig, zuweilen schwach gezähnt.
5 Die Blüte hat 8 bis 11 Blütenblätter (5a) und 3 Kelchblätter (5b).
6 Nach der Blüte erscheinen in Bodennähe sogenannte Brutknöllchen. Aus diesen Knöllchen entwickeln sich neue, wurzelnde Triebe.

Gewöhnlicher Gundermann

Glechoma hederaceae L.
Lamiaceae, Lippenblütengewächse

mehrjährig	0,15 m	März bis Mai	blau- oder rotviolett

Auf nährstoffreichen Wiesen, Weiden und an Heckenrändern auf Lehmböden bis in eine Höhe von etwa 1400 m.

Verwendung in der Küche

Blätter und Triebspitzen: Von März bis Juni benutzt man die Blätter des Gundermanns als Aromaspender. Sie können roh zur Erfrischung des Atems gegessen oder zum Würzen von Tee, Kräuterlikör, Kräuterwein, Schnaps und Bier verwendet werden oder als Aroma für Würzöle. Zarte Blätter und zarte Triebspitzen sind von März bis Mai eine gute Zutat für Salate, Suppen, Eierspeisen (Omelett, Rührei), Quiche, Eintöpfe, Kräuterkäse, Kräuterbutter oder Kräuterquark.

Blüten: Von April bis Ende Juni können die Blüten als essbare Dekoration zu Salaten, Aufstrichen oder als Aroma für Gemüse und Speiseöl verwendet werden.

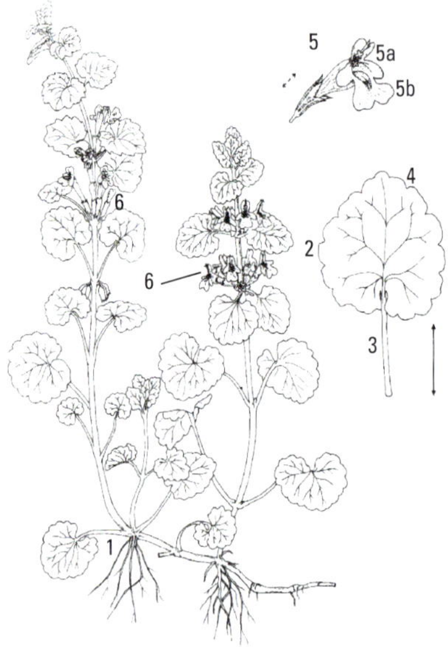

1 An den Verzweigungen der oberirdischen Ausläufer bilden sich neue Wurzeln.
2 Das Blatt ist nierenförmig und wird im Durchmesser bis 5 cm groß.
3 Der Blattstiel ist etwa genauso lang oder ein wenig länger als die Blattfläche.
4 Am Rand ist das Blatt leicht eingekerbt.
5 Der Gundermann gehört zu den Lippenblütlern, die Blüte besteht also aus Ober- (5a) und Unterlippe (5b).
6 In den Blattwinkeln erscheinen mehrere Blüten.

Geschmack: Der Geschmack der beim Zerreiben sehr wohlaromatisch und appetitanregend duftenden Pflanze ist herb-aromatisch. Die Blüten schmecken zart süßlich.

Inhaltsstoffe

Bitterstoffe, Gerbstoffe, ätherisches Öl, Saponine, Cholin, Vitamin C und Kalium.

Heilwirkungen

Volksmedizinisch bei Magen- und Darmkatarrhen, Blasenleiden, Leberbeschwerden und grippalen Infekten. Dem Gundermann werden ferner ausgleichende Wirkungen auf den Stoffwechsel nachgesagt. Vorzugsweise sollte die frische Pflanze genutzt werden. Man kann sie auch in Pflanzenöl einlegen und das so hergestellte Öl zur Behandlung von Wunden oder zur Hautpflege verwenden. In der Traditionellen Chinesischen Medizin wird die Pflanze zur Behandlung bei Störungen im Dickdarm, in der Blase und in den Lungen eingesetzt.

Wilde Malve

Malva sylvestris L.
Malvaceae, Malvengewächse

einjährig	1 m	Mai bis Sept.	purpurrot

An sonnigen, trockenen und nährstoffreichen Standorten, zum Beispiel an Wegen und Mauern auf unterschiedlichen Böden, bis in eine Höhe von etwa 800 m. Stickstoffzeiger.

Verwendung in der Küche

Blätter: Von April bis Juli eignen sich die noch weichen, hellgrünen Blätter der Wilden Malve in feine Streifen geschnitten als Zutat für Salate. Sie eignen sich außerdem wegen ihrer andickenden Wirkung als Grundlage für Kochgemüse und Suppen.

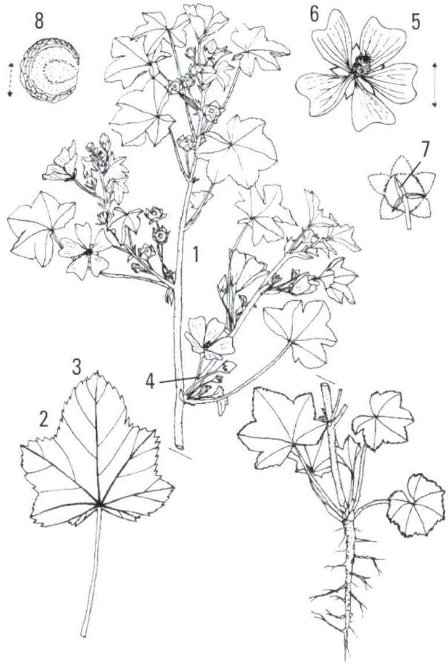

1 Die Stängel wachsen aufrecht.
2 Die Blätter sind meist fünflappig.
3 Der Blattrand ist gezähnt.
4 Die Blüten wachsen zu mehreren in den Blattwinkeln.
5 Die 5 Blütenblätter sind meist dunkel gestreift.
6 Das Blütenblatt hat am Rand eine Einbuchtung.
7 Die Blätter, die den Blütenkelch umgeben, sind etwa fünfmal so lang wie breit.
8 Der Samen ist annähernd rund, an einer Seite ist er abgeflacht.

Blüten: Von Juni bis November verarbeitet man die Blüten als Zutat und Dekoration zu süßen Desserts, zur Herstellung aromatisch-fruchtiger Getränke, püriert in Kaltschalen und zusammen mit Blättern auch zu Tees. Man streut die Blüten auch über Salate.
Blütenknospen und Früchte: Sowohl die Blütenknospen (von Mai bis August) als auch die noch weichen, grünen Früchte (im August und September) legt man in Essigwasser oder Öl würzig ein, zum Beispiel pikant mit scharfen Gewürzen, mit Senfkörnern, mit Dill oder auch nur mit Salz. Man kann sie auch roh essen, über Salate streuen oder Mischgemüsegerichten beimengen.
Wurzeln: Auch die Wurzeln wirken andickend, wenn man sie in Eintöpfen oder Suppen als ess-

bare Gemüseeinlage mitkocht. Man erntet sie von September bis ins kommende Frühjahr hinein.
Geschmack: Die Wilde Malve hat einen angenehmen, zarten und milden Geschmack.

Inhaltsstoffe
5–12 % Schleimstoffe, Kalium, Flavonoide, Kaffeesäure und Clorogensäure.

Heilwirkungen
Die Malve wirkt als Tee (2 TL pro Tasse) reizmildernd und kann aufgrund der Schleimstoffe bei Erkältungskrankheiten, Husten, Rachenentzündungen und Entzündungen im Verdauungstrakt erfolgreich verabreicht werden. Außerdem ist sie wirksam bei Gebärmutterleiden, Rheumatismus und Durchfall. Die Pflanze zeichnet sich durch eine gute Verträglichkeit aus. Äußerlich wird sie zur Wundbehandlung in Form von Breiumschlägen oder Bädern angewendet und lindert auch die Beschwerden durch Hämorrhoiden. Die grünen, unreifen Samen stehen im Ruf, ein Aphrodisiakum zu sein. Die Traditionelle Chinesische Medizin ordnet die Malve dem Dickdarm, dem Magen und der Lunge zu und nutzt sie bei diesbezüglichen Beschwerden.

Guter Heinrich

Chenopodium bonus-henricus L.
Chenopodiaceae, Gänsefußgewächse

mehrjährig	0,6 m	Juni bis Sept.	grün

Im Umkreis bäuerlicher Siedlungen, insbesondere an Zäunen und Wegrändern auf nährstoffreichen und sandigen Böden, in den Alpen bis in eine Höhe von etwa 2200 m.

Verwendung in der Küche
Samen: Von September bis Oktober erntet man die Samen. Man kocht sie in viel Wasser auf, schüttet das Wasser ab und verrührt dann die weich gekochten Samen zu Brei, den man gesüßt serviert oder als gewürzte Füllung für Tomaten und Paprika verwendet. Getrocknete Samen lässt man im Winter auf der Fensterbank keimen. Die Keime gibt man in Salate.
Blätter, Triebe und Stängel: Von April bis Juni nutzt man die jungen Blätter und Triebe roh als Salat, gedämpft zu Spinat und gekocht zu Gemüsesuppen, zu Gemüsefüllungen (zum Beispiel von Strudel) oder auch roh eingesäuert als Sauer-

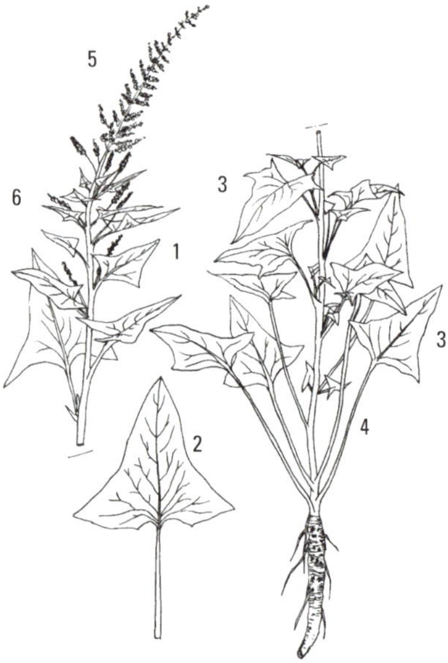

1. Die ganze Pflanze wirkt leicht mehlig bestäubt und ist etwas klebrig.
2. Die Blätter sind dreieckig bis spießförmig.
3. Die Blätter sind ganzrandig, am Rand gelegentlich leicht wellig.
4. Die Blätter sind lang gestielt.
5. Kerzenförmiger Blütenstand an der Triebspitze.
6. Nur am unteren Ende des Blütenstandes befinden sich Laubblätter.

kraut. Zarte Stängel eignen sich auch noch während der Blütezeit zu gedünstetem Gemüse oder zu Backgemüse.
Blüten: Die knospigen, jungen Blütenstände ergeben von April bis Oktober eine Delikatesse als gedämpftes Gemüse etwa in einer Sahnesauce.
Geschmack: Die Pflanze schmeckt ähnlich wie der Kulturspinat, jedoch ist sie etwas bissfester und herber.
Hinweis! Da der Wilde Heinrich im norddeutschen Raum nur selten vorkommt, sollte man ihn dort nicht wild sammeln.
Alle anderen mitteleuropäischen Gänsefußarten *(Chenopodium)* sind in gleicher Weise verwendbar.

Inhaltsstoffe

Saponine, Oxalsäure, reich an Mineralstoffen (vor allem Eisen), Vitamin C (schon 50 g der Pflanze deckt den Tagesbedarf).

Heilwirkungen

Der Gute Heinrich sollte nicht getrocknet werden, da nur die frische Pflanze wirksam ist. Zur Nutzung der Inhaltsstoffe kann man auch einen Saft pressen. Die heute noch relativ häufige Verbreitung in der Nähe dörflicher Siedlungen zeigt, dass er früher oft und gern genutzt wurde. Die Pflanze wirkt leicht abführend und beruhigt entzündete Schleimhäute. Außerdem ist sie bei Blutarmut hilfreich. Bei Gicht oder Nierenerkrankungen sollte man den Verzehr wegen der Oxalsäure einschränken. Äußerlich kann man die frischen Blätter als Umschläge bei Abszessen und entzündlichen Hauterkrankungen anwenden.

Weißer Gänsefuß

Chenopodium album agg.
Chenopodiaceae, Gänsefußgewächse

einjährig	1,5 m	Juli bis Okt.	weißlich grün

An nährstoffreichen, trockenen Standorten wie Äckern, Gärten, Schuttplätzen und Wegen. Bis 1 m tief wurzelnder Erstbesiedler.

Verwendung in der Küche

Blätter und Triebe: Von April bis Juli nutzt man die jungen Blätter und Triebe des Weißen Gänsefußes wie Mangold, Rübenblätter und Spinat zu Gemüsesuppen, Gemüsefüllungen oder zu gedämpftem Gemüse. Vor der Blüte, etwa im April und Mai, kann man die dann noch zarten Pflanzen komplett sammeln. Die zarten Blätter und Triebspitzen ergeben bis in den August einen festen, nussigen, aber doch saftigen Salat.
Blütenknospen und Blüten: Von Juli bis Oktober kann man die frischen Blütenknospen und Blüten ähnlich wie kleine Nüsse verwenden und zu Salaten reichen oder sie in Frischkäse als Brotbelag mischen.

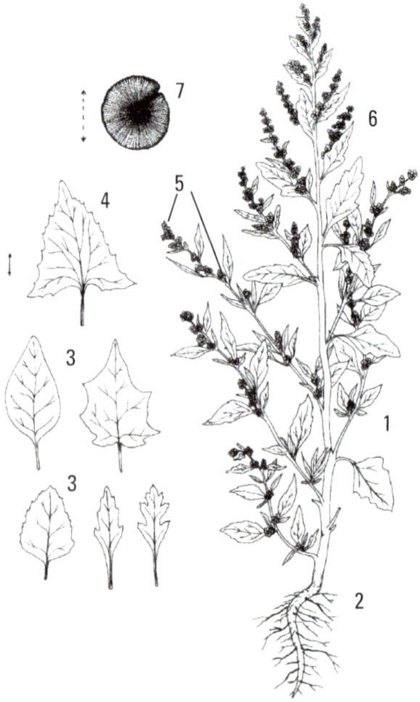

1 Die gesamte Pflanze ist mit Mehlstaub belegt – ihre Farbe schwankt zwischen blau-, weiß- und graugrün.
2 Die Stängel sind gelegentlich rot überlaufen und wachsen meist aufrecht.
3 Die Blätter sind sehr formenreich: von oval über rhombisch bis annähernd dreieckig.
4 Der Blattrand ist gezähnt.
5 Die Blütenstände entspringen den Blattwinkeln oder stehen an der Triebspitze.
6 Die Blüten werden nur bis 0,5 cm groß und sehen durch ihre Anordnung wie kleine Knäuel aus.
7 Der Samen wird wenig mehr als 1 mm groß.

Samen: Ab September sind am Weißen Gänsefuß die stärkereichen Samen zu finden. Im Winter ergeben sie eine frische Vitaminquelle als Keimsaat. Aus getrockneten Gänsefußsamen gewinnt man ein Mehl, das mit Getreidemehl zum Brotbacken geeignet ist oder zum Anreichern von Eintöpfen und Grützen genutzt werden kann.
Geschmack: Der Bitterstoffgehalt in der Pflanze schwankt beträchtlich. Daher ist der Grundgeschmack auch sehr unterschiedlich, von nussig-mild bis bitter.
Alle anderen mitteleuropäischen Gänsefußarten *(Chenopodium)* sind ebenso verwendbar.

Inhaltsstoffe

Saponine, Campesterol, Phenylalanin, Stigmasterol, Betain, Oleanolsäure, Oxalsäure, Sitosterol, Tryptophan, Tyrosin und Xanthotoxin, außerdem reich an Kalium, Eisen, Zink und Phosphor und Spurenelementen, beispielsweise etwa 18-mal so viel an Vitamin C und 7-mal so viel Eisen wie im Kopfsalat. In den Samen: Viele Mineralstoffe und Vitamin B_3.

Heilwirkungen

Der Gänsefuß wird nur selten als Heilpflanze eingesetzt, dabei hat er durchaus nennenswerte Heilwirkungen. Zur Teebereitung übergießt man das getrocknete Kraut (2 TL pro Tasse) mit kochendem Wasser und lässt es etwa 10 Minuten ziehen. Der Tee wirkt leicht abführend und entzündungshemmend. Er enthält östrogenähnliche Substanzen, was auf eine mögliche Wirkung gegen Wechseljahresbeschwerden hindeutet. Die Samen können zur Linderung von Blasenproblemen gekaut werden. Die Naturheilkunde nutzt die enthaltenen Saponine zur Behandlung von Atemwegserkrankungen. Äußerlich soll ein Aufguss aus der Pflanze bei Insektenstichen, Ekzemen, Sonnenbrand, Gelenkentzündungen und geschwollenen Füssen helfen.

Spreizende Melde

Atriplex patula L.
Chenopodiaceae, Gänsefußgewächse

einjährig	0,8 m	Juli bis Okt.	grünlich

In Wildkrautgesellschaften in Gärten, auf Äckern und an Wegen, auf nährstoffreichen und lockeren Lehmböden. In den Alpen bis in 1100 m Höhe. Lehmzeiger.

Verwendung in der Küche

Blätter und Triebe: Die jungen Blätter und zarten Triebe der Melde nutzt man von April bis Juni als Salatgrundlage oder wie Mangold und Spinat

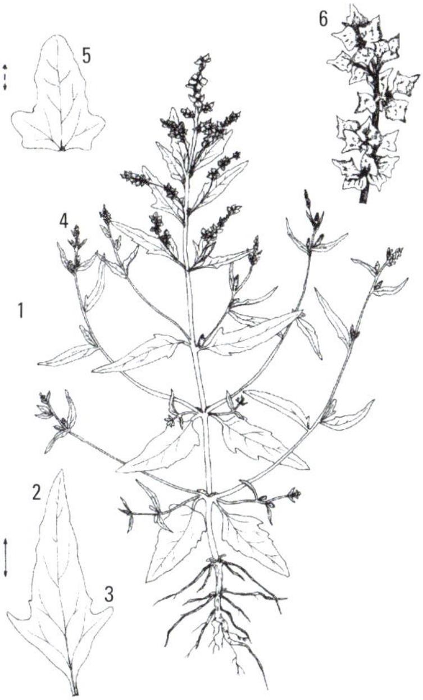

zu Gemüsesuppen und -füllungen oder zu gedämpftem Gemüse.
Blütenknospen und Blüten: Von Juli bis August kann man die Blütenknospen und Blüten roh naschen, reicht sie zu Salaten oder rührt sie in Saucen oder Frischkäse.

1 Die Pflanze ist reich verzweigt, die unteren Äste sind abstehend.
2 Die Blätter sind lanzettlich bis spießförmig.
3 Die unteren Blätter haben auf beiden Seiten je einen deutlich erkennbaren Zahn.
4 Die Blütenstände sind am Ende der Triebe oder in den Blattachseln angeordnet.
5 In diesen 3–4 mm großen Taschen liegen die Samen.
6 Die Samentaschen sitzen an den Triebenden.

Samen: Ab September bis Oktober schüttelt man die ausgereiften stärkereichen Samen aus der Pflanze. Das aus ihnen gemahlene Mehl eignet sich zum Anreichern von Eintöpfen und Grützen oder gemischt mit Getreidemehl zum Brotbacken. Im Winter ergeben sie auch eine frische Vitaminquelle als Keimsaat.
Geschmack: Die Melde schmeckt spinatartig bis nussig. In Mischgemüsezubereitungen gibt man die Melde gern als mildernden Akzent zu strengen und sauren Aromen.

Inhaltsstoffe und Heilwirkungen

Wie beim Weißen Gänsefuß, siehe Seite 127.

Wiesen-Storchschnabel

Geranium pratense L.
Chenopodiaceae Gänsefußgewächse

mehrjährig	0,8 m	Mai bis Aug.	blau- oder rotviolett

Auf nährstoffreichen, nicht zu trockenen Wiesen auf lehmigen oder tonigen Böden bis in 900 m Höhe.

Verwendung in der Küche

Blätter: Von April bis Juli werden die Blätter des Wiesen-Storchschnabels roh für Salate und Kräuterquark verwendet. Erwärmt nutzt man sie für Gemüsefüllungen, Aufläufe und Suppen sowie für weitere Gemüsegerichte, wie etwa Kräuterpüree (Spinat), Eintöpfe, Bratlinge, aber auch für Krautgemüsebrote, Quiche und Eierspeisen (Omelett, Rührei).

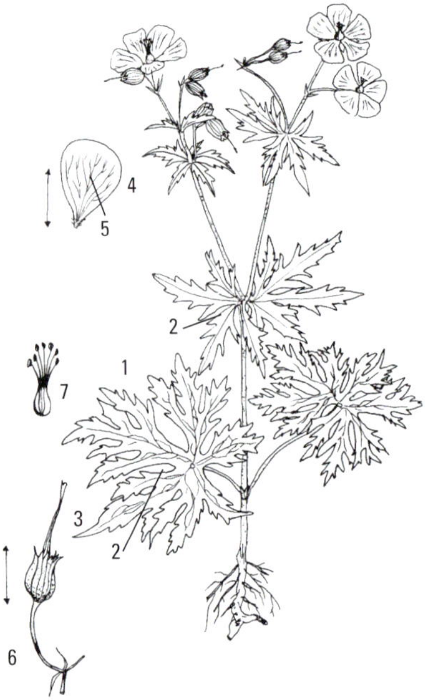

1 Die Blätter sind fünf- bis siebenteilig.
2 Die Einschnitte zwischen den Blattabschnitten gehen annähernd bis an den Blattstängel.
3 Die Zähne am Blattrand sind länger als breit.
4 Der Rand der Blütenblätter ist im Gegensatz zu einigen anderen Geraniumarten glatt, ohne Einbuchtung.
5 Das Blütenblatt ist von mehreren sichtbaren Blattnerven durchzogen.
6 Die Fruchtstiele sind gewinkelt.
7 Die Staubfäden sind an der Basis verbreitert.

Blüten: Die schönen, großen Blüten sind neutral im Geschmack und können von Juni bis August frisch, später auch getrocknet als essbare Dekoration benutzt werden. Unser Tipp: Salate mit den Blüten bestreuen oder Frischkäse mit ihnen ummanteln. Die getrockneten Blüten werden auch als dekorative Beigabe in Trockenteemischungen verwendet.
Samen: Aus von August bis September geernteten und getrockneten Samen lassen sich in einem Keimgefäß auf der Fensterbank junge Keimlinge ziehen, die man roh aufs Brot legt oder über Salate streut.

Geschmack: Die Pflanze schmeckt sehr mild, roh genossen spürt man den zarten Haarflaum.
Hinweis! Die Blätter ähneln jenen des giftigen Gelben Eisenhuts *(Aconitum lycoctonum)*, siehe Seite 204.

Inhaltsstoffe

Gerbstoffe (Ellagitannine), Bitterstoffe, Flavonoide, ätherisches Öl.

Heilwirkungen

Früher volksmedizinisch bei leichten Durchfällen, zur Stimmungsaufhellung und bei Magen-Darm-Entzündungen. Darüber hinaus bei Leber- und Gallenerkrankungen und zur Entschlackung. Der Pflanze werden auch hormonartige Wirkungen nachgesagt. Man setzt sie deshalb bei zu starker Regelblutung ein. Äußerlich und innerlich bei Geschwüren, Hautausschlägen, schlecht heilenden Wunden und als Gurgelmittel bei Entzündungen im Mund- und Rachenraum. In früheren Zeiten behandelte man mit dem Storchschnabel Milzbranderkrankungen.

Stachelbeere

Ribes uva-crispa L.
Grossulariaceae, Stachelbeergewächse

Strauch	1,2 m	April bis Mai	grünlich gelb

An Waldsäumen, in Gebüschen und Auenwäldern.

Verwendung in der Küche

Früchte: Die Früchte der Stachelbeere erntet man im August. Man isst sie roh oder verarbeitet sie zu Kompott, Fruchtmarmeladen oder Wein und anderen Spirituosen, auch in Torten und Kuchen werden sie verarbeitet. Die getrockneten Früchte brüht man als Tee auf.
Blätter: Ganz junge, gerade aus den Knospen sprießende, zarte Blätter lassen sich im April fein gehackt in Salaten und Salatsaucen verwenden.
Geschmack: Die jungen Blätter besitzen einen pilzaromatischen Geschmack. Die Früchte schmecken säuerlich-saftig nach Kiwi.

Inhaltsstoffe

In der Frucht: Zucker, Gerbstoffe, Eiweiß, Pektin, organische Säuren, Gummi, Betacarotin, hoher Gehalt an Vitamin C und Kalium.

Heilwirkungen

Die Stachelbeere ist erst seit dem 16. Jahrhundert bei uns heimisch. Stachelbeeren sind appetitanregend, blutreinigend, wirken bei Verstopfung und fördern die Verdauung. Eine Gesichtsmaske aus dem Fruchtfleisch kann bei fettiger Haut Anwendung finden. Die Blätter enthalten Gerbstoffe (Tannine) und wurden zur Behandlung von Ruhr und inneren Blutungen eingesetzt.

Spitz-Ahorn

Acer platanoides L.
Aceraceae, Ahorngewächse

Baum	20 m	April bis Mai	grüngelblich

In Schlucht- und Hangwäldern sowie in Eichen-Hainbuchen-Wäldern.

Verwendung in der Küche

Blätter: Die jungen, zarten Blätter des Spitz-Ahorns samt ihren noch weichen Blattstielen ergeben von März bis April eine Grundlage verschiedener Salate. Man kann sie auch zu Gemüsegerichten oder Suppen verarbeiten. Getrocknet werden sie im Winter in Suppen gegeben.
Stamm: Von März bis April lässt sich der Saft des angeritzten Stammes nutzen (nur sehr maßvoll nutzen, da Rindenverletzungen dem Baum erheblich schaden können). Man kann den Saft frisch trinken, oder ihn zu Wein, Essig und Sirup weiterverarbeiten. In Notzeiten wurde die weiche innere Rinde hinter der harten Borke im Frühjahr von gefällten Bäumen abgeschabt, getrocknet und zu Mehl gemahlen und zum Strecken von Getreidemehl verwendet.
Blüten: Im April kann man die Blütenbüschel roh essen oder aus ihnen Salate zubereiten.
Früchte: Die unreifen, zartgrünen Flügelfrüchte kann man unmittelbar nach der Blütezeit in Salzlake oder Gewürzessig zu »Pickles« einlegen.
Samen: Von Juni bis September kann man aus den ausgereiften Flügelfrüchten die Samen herausschälen und diese mit Gemüse kochen oder auch zu »Pickles« einlegen.

Keimlinge: Im März findet man unter dem Baum die Keimlinge. Auch sie kann man einlegen.
Geschmack: Keimlinge und Früchte haben einen herben bis bitteren Geschmack, der Saft des Stammes ist wässrig-süß, die zarten Blätter und Blüten schmecken mild säuerlich bis süß.

Inhaltsstoffe

In den frischen Blüten und Blättern: Kalium, Calcium, Magnesium, Mangan und Eisen, Zucker und etwa 5 % Eiweiß.

Heilwirkungen

Volksmedizinisch wird der Saft oder ein Sud aus frischen Blättern bei Insektenstichen, Gicht, Geschwüren, Entzündungen, Fieber und geschwollenen Augen äußerlich angewendet.

Weinrebe

Vitis vinifera L.
Vitaceae, Weinrebengewächse

Strauch	15 m	Juni bis Juli	gelbgrün

An warmen Standorten auf nährstoffreichen Böden bis in etwa 600 m Höhe.

Verwendung in der Küche

Blätter: Von April bis Juni nutzt man die frischen, zarten Blätter der Weinrebe, später auch getrocknet als Küchengewürz zum Einlegen zum Beispiel von Oliven, Gurken, Kichererbsen oder verschiedenen Blütenknospen. Die zarten Blätter verwendet man auch als Mantel für Gemüserouladen oder legt sie in Streifen geschnitten als Sauerkraut ein. Die zarten, jungen Ranken eignen sich von März bis Mai für Salate, Pfannengemüse- oder Backgemüsegerichte.
Blüten: Von Juni bis Juli werden die Blüten als Aroma für Kaltschalen oder Bowlen, für süße Desserts und Limonaden oder als kandierte Nascherei verwendet.
Früchte: Im September isst man die Früchte von der Pflanze oder gibt sie in Fruchtsalate, auf Torten und Käseplatten oder verarbeitet sie zu Trockenobst. Fruchtstängel und Früchte werden zu Saft ausgepresst und dieser sofort getrunken oder zu Wein vergoren. Aus den Fruchtkernen presst man ein wertvolles Speiseöl, oder man röstet sie und verwendet sie als Kaffee-Ersatz.
Geschmack: Blüten und Blätter schmecken erfrischend säuerlich, reife Früchte saftig-süß.

Inhaltsstoffe

In den Blättern: Flavonoide, Gerbstoffe, Weinsäure, Apfelsäure, Bernsteinsäure, Wachs, Zucker und Mineralstoffe. In den Trauben: 15–25 % Zucker, Weinsäure (5 %) und andere Fruchtsäuren, biogene Amine, B-Vitamine und Vitamin E, Kalium, Mangan, Eisen, Cobalt und Selen sowie Flavonoide mit antioxidativer Wirkung.

Heilwirkungen

Extrakte aus den Blättern wirken gegen Venenerkrankungen und Durchblutungsstörungen der Beine. Volksmedizinisch nutzt man die Blüten als Tee bei leichten Lähmungserscheinungen. Eine Traubenkur soll für die Verdauung förderlich sein und den Stoffwechsel anregen.

Gewöhnlicher Hopfen

Humulus lupulus L.
Cannabaceae, Hanfgewächse

mehrjährig	6 m	Juli bis Aug.	grün

In Auenwäldern oder sonstigen grundfeuchten Standorten auf Lehm- und Tonböden bis in 800 m Höhe.

Verwendung in der Küche

Triebe: Die jungen, etwas kratzig wirkenden Triebspitzen des Hopfens bereitet man von April bis Juli als eine Art Spargelgemüse zu. Man kann sie auch als Spinat kochen oder roh ausgepresst zu frischem Gemüsesaft verarbeiten.

Blüten: Die weiblichen Blüten und späteren Fruchtzapfen ergeben von Juli bis August die bekannte Bierwürze. Man kann sie aber auch zur Bereitung von Tee und Spirituosen nutzen.
Die männlichen Blüten verwendet man von Juli bis August gedünstet als zartes Gemüse.

Blätter, Pflanzenstängel und Triebe: Die reiferen Blätter und Pflanzenstängel mischte man von April bis Juli unter Rauchtabak. Klein geschnitten kann man aus zarten Blättern und weichen Trieben von April bis Juli diverse Gemüsegerichte und Gemüsefüllungen zubereiten oder sie Salaten und Eierspeisen wie zum Beispiel Omelett beifügen.

Wurzeln: Ab September kann man die jungen Wurzeln als Back-, Pfannen- oder Kochgemüse verwenden.

Geschmack: Die Triebe des Hopfens schmecken spinatartig. Die weiblichen Blüten haben das typische Bieraroma.

Inhaltsstoffe

Hopfenbitterstoffe = »Hopfenharz« mit den Wirkstoffen Humulon und Lupulon, ätherisches Öl (etwa 1 %), Polysaccharide, Gerbstoffe, Flavonoide (Xanthohumol) und Phytoöstrogene.

Heilwirkungen

Die seit langer Zeit bekannte beruhigende Wirkung des Hopfens ist inzwischen auch wissenschaftlich bewiesen. Die Blüten werden heute noch arzneilich verwendet. Ihre Inhaltsstoffe wirken antibakteriell und steigern die Magensaftsekretion. Der Hopfen ist der geschmacksgebende Bestandteil des Bieres und verleiht diesem auch die beruhigende und verdauungsfördernde Wirkung. Zur Erhöhung der Haltbarkeit des Gerstensaftes machte man sich auch die keimtötenden Eigenschaften des Hopfens zunutze. Neuere Untersuchungen lassen außerdem auf eine krebshemmende Wirkung schließen. Volksmedizinisch erfolgt die Anwendung auch äußerlich bei Geschwüren und Verletzungen. Die enthaltenen Phytoöstrogene sind dem weiblichen Sexualhormon Östrogen ähnlich und können bei Wechseljahresbeschwerden hilfreich sein.

Alpen-Johannisbeere

Ribes alpinum L.
Grossulariaceae, Stachelbeergewächse

Strauch	1,5 m	April bis Juni	grünlich gelb

In Bergmischwäldern und Schluchtwäldern. Sehr häufig in Hecken gepflanzt.

Verwendung in der Küche

Früchte: Im Juli lassen sich die Früchte zu Limonaden und Fruchtsäften, zu Gelees und Marmeladen, als Beigabe zu Kompott und Chutneys oder auch in Salaten verwenden. Man kann die Früchte auch als Trockenobst aufbewahren und daraus Tee bereiten. Noch grüne Beeren können im Juni würzig eingelegt werden.
Blätter, Blütenknospen, Blüten: Die jüngsten Blätter, die Blütenknospen und die sich gerade öffnenden Blüten nutzt man von März bis April als Grundlage verschiedener Salate und fein geschnitten auch in Suppen oder als Gemüsefüllung in Teigtaschen.
Geschmack: Die Früchte schmecken mild, ein wenig säuerlich. Die Blätter und Blüten erinnern im Aroma an Champignons.

Inhaltsstoffe

In den Beeren: Ballaststoffe (ca. 10 %), Glucose, Fructose, Pektin, Eiweiß, Calcium, Kalium, Magnesium, Phosphor und Eisen, Apfel-, Zitronen- und Weinsäure, Schleim, Vitamin E und Flavonoide. Die Samen in den Beeren: ungesättigte Fettsäuren (Alpha- und Gamma-Linolensäure, Ölsäure). Die Blätter sind eiweißreich.

Heilwirkungen

Die Beeren, die auch von Diabetikern gegessen werden dürfen, wirken leicht abführend, harntreibend, blutreinigend und verdauungsfördernd. Die adstringierende Wirkung führt zu einem Schutz der Schleimhäute und des Zahnfleisches. Der hohe Gehalt an Mineralsalzen und Vitamin C aktiviert den Stoffwechsel und stärkt das Immunsystem. Der Saft frischer Beeren soll als erste Hilfe bei Verbrennungen gute Dienste leisten. Im Backofen getrocknet sind die Beeren gut haltbar und können dann auch im Winter zu einem verdauungsfördernden, gut schmeckenden Tee aufgegossen werden. Ein Tee aus den Blättern (2 TL pro Tasse) wirkt sich günstig auf alle inneren Organe (Magen, Leber, Lunge, Blase und Nieren) aus und kann auch bei Arterienverkalkung und zur Blutreinigung eingesetzt werden.

Echte Brombeere

Rubus fruticosus agg.
Rosaceae, Rosengewächse

Strauch	5 m	Mai bis Aug.	weiß bis rosa

An Waldrändern und auf Lichtungen sowie an Böschungen und Dämmen.

Verwendung in der Küche

Blätter: Die jungen Blattaustriebe der Echten Brombeere eignen sich im April, solange ihre Stacheln noch weich und wenig störend sind, gehackt für Salatsaucen oder Kräutermischungen, für Spinatzubereitungen mit anderen Blattgemüsen (zum Beispiel Taubnessel) und anderen Gemüsegerichten, zum Beispiel Gemüsefüllungen

von Frühlingsrollen. Ausgereifte Blätter können bis in den September hinein gesammelt und frisch oder getrocknet als Tee verwendet werden. ***Früchte:*** Von August bis September kann man die Früchte der Brombeere frisch genießen oder zu Fruchtessig, Fruchtsirup, Gebäck, Fruchtaufstrich, Kompott, Fruchtsaft, Fruchtwein und anderen Spirituosen verarbeiten. Aufbewahrt werden die Früchte meistens getrocknet. Aus ihnen kann man dann einen Tee aufbrühen.
Blüten: Von Juni bis Juli eignen sich auch die Blüten für einen guten Tee.
Geschmack: Die Beeren schmecken süß, sie sind aromatisch und fruchtig. Die Blätter schmecken stumpf nach Äpfeln, fermentiert erinnern sie an Schwarztee.

Inhaltsstoffe

Hoher Gerbstoffgehalt (bis 14 %, vor allem Gallotannine und Ellagitannine), Flavonoide und Fruchtsäuren (Zitronensäure).

Heilwirkungen

Aufgrund des Gerbstoffgehalts werden die Blätter arzneilich als Tee bei Durchfällen verwendet. Als Gurgelwasser zubereitet leisten sie wertvolle Dienste bei Entzündungen im Mund- und Rachenraum. Fermentierte Blätter dienen als Schwarztee-Ersatz (2 TL pro Tasse). Früchte und Tee sollen beruhigend wirken. Die Brombeeren besitzen einen hohen ernährungsphysiologischen Wert. Im Vergleich zu anderen Beerenfrüchten enthalten sie viel Provitamin A und Vitamin E. Aber auch die wichtigen B-Vitamine sind in nennenswerten Mengen enthalten. An Mineralstoffen sind sie durch den hohen Magnesium- und Eisengehalt anderen Obstarten überlegen. Sie enthalten außerdem wichtige Spurenelemente wie Zink, Mangan und Kupfer. Kupfermangel trägt nach neuesten Untersuchungen zum Ausbruch der Alzheimerschen Krankheit bei. Die dunkle Farbe der Brombeere weist auf einen hohen Gehalt an antioxidativen Pflanzenfarbstoffen hin. Antioxidantien schützen den Organismus vor schädlichen freien Radikalen, die bei vielen degenerativen Erkrankungen, aber auch beim Alterungsprozess eine große Rolle spielen.

Kriechendes Fingerkraut

Potentilla reptans L.
Rosaceae, Rosengewächse

mehrjährig	0,2 m	Juni bis Aug.	gelb

An feuchten und nährstoffreichen Standorten auf Lehm- und Tonböden bis in etwa 1000 m Höhe.

Verwendung in der Küche

Triebe: Von April bis Juni werden die ganz jungen Triebe des Kriechenden Fingerkrauts, wenn sie noch kaum störende Blattfasern entwickelt haben, für Salate und fein gewiegt für Salatsaucen verwendet. Man kann sie auch gesalzen in Öl einlegen oder gehackt in Kräutermischungen und Kräuterkäse mischen. Gegart kann man aus ihnen Kräuterpüree oder Gemüsefüllungen bereiten.
Blüten: Wie alle Fingerkrautarten hat auch das Kriechende Fingerkraut die charakteristischen gelben Blüten. Von Juni bis August kann man sie als essbare Dekoration auf Brote oder in Salate geben.

Geschmack: Die kaum duftende Pflanze schmeckt mild, salatartig, ist jedoch weniger knackig, eher fester.

Inhaltsstoffe und Heilwirkungen

Siehe Gänse-Fingerkraut, Seite 173.

Fünfblättriger Wilder Wein

Parthenocissus inserta (Kern.) Fritsch
Vitaceae, Weinrebengewächse

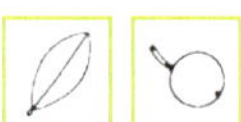

mehrjährig	15 m	Juni bis Aug.	gelbgrün

Verwildert in Auenwäldern, Herkunft Nordamerika.

Verwendung in der Küche

Blätter und Triebspitzen: Von April bis Juli findet man am Fünfblättrigen Wilden Wein weiche Blätter und Triebspitzen. Solange die Spitzen noch zarte Stängel haben, nutzt man sie roh und in kleinen Mengen als Zutat für Salate. Mit anderem Gemüse und anderen Kräutern gemischt sind die Blätter und Triebspitzen eine schmackhafte Füllung für Rouladen oder Aufläufe. Natürlich kann man sie auch in einer Kartoffelsuppe pürieren oder einfach als Spinat zubereiten.
Früchte: In kleinen Mengen lassen sich die im September und Oktober geernteten Früchte als Sauergewürz nutzen, zum Beispiel zum Einlegen von Gurken und verschiedenen Blütenknospen oder für Weiß- und Rotkohlgerichte sowie für saure Saucen.
Geschmack: Die Pflanze schmeckt säuerlich mit einem stumpfen Beigeschmack.
Hinweis! Die Pflanze und besonders die Frucht ist oxalsäurehaltig, jedoch kaum mehr als Rhabarber. Oxalsäure kann über einen langen Zeitraum regelmäßig eingenommen (mehrere Monate) zu einer Schädigung der Nieren führen. Oxalsäure ist wasserlöslich und könnte durch Abkochen und Abgießen des Kochwassers entfernt werden.

Inhaltsstoffe

Weiteres über Inhaltsstoffe ist uns nicht bekannt.

Heilwirkungen

Die Pflanze wird zusammen mit Rosskastanien in einem alkoholischen Auszug bei Venenbeschwerden verwendet. Die Homöopathie bereitet aus der Pflanze ein Heilmittel gegen Gallenbeschwerden.

Wald-Erdbeere

Fragaria vesca L.
Rosaceae, Rosengewächse

mehrjährig	0,2 m	April bis Juni	weiß

Auf Waldlichtungen mit nährstoffreichen Lehmböden.

Verwendung in der Küche

Blätter: Die noch weichen, jungen Blätter der Erdbeere können von März bis April als Zutat in verschiedene Salate, Gemüsegerichte und Gemüsefüllungen gegeben werden. Auch in Kräuterquark und Pesto lassen sie sich mischen. Die etwas festeren Blätter gebraucht man von April bis Juli eher zur Teebereitung, fermentiert können sie als koffeinfreier Ersatz für schwarzen Tee genommen werden.
Früchte: Von Juni bis Juli entwickelt die Pflanze die aromatischen Erdbeeren. Diese können zu Gelee und Fruchtaufstrichen, in Speiseeis, Obstquark und ähnlichen süßen Desserts verarbeitet werden. Werden sie ausgepresst, gewinnt man einen wohlschmeckenden Fruchtsaft, der auch zu Wein und Spirituosen weiterverarbeitet werden kann. Getrocknete Früchte eignen sich zur Teebereitung.
Blüten: Von April bis Mai lässt sich auch aus den Blüten ein Tee bereiten. Mit Zuckerwasser besprüht und im Backofen langsam bei geringer Temperatur getrocknet können sie auch als Süßigkeit gereicht werden.
Geschmack: Die Blätter und Blüten der Wald-Erdbeere haben einen leicht säuerlich, grüntee-artigen Geschmack. Die Beeren sind aromatischer als die handelsüblichen Erdbeeren.
Alle anderen mitteleuropäischen Erdbeerarten *(Fragaria)* sind in gleicher Weise verwendbar.

Inhaltsstoffe

Blätter: 5–10 % Gerbstoffe (Ellagitannine), Flavonoide, ätherisches Öl und Salicylsäure.
Früchte: Folsäure, Vitamin C, E, K und B-Vitamine, Eisen, Kalium, Calcium, Cobalt, Kupfer, Magnesium, Mangan, Phosphor und Zink, außerdem Fruchtsäuren, Flavonoide, Phytosterine und Zuckeralkohole. Sie sind sehr kalorienarm.

Heilwirkungen

Blätter: Wegen ihres hohen Gerbstoffgehalts werden die Blätter arzneilich verwendet. Zubereitet als Tee (1 TL pro Tasse) zeichnen sie sich durch eine milde Wirkung bei Durchfall und als Gurgelmittel bei Entzündungen im Hals- und Rachenraum aus. Außerdem wirken sie harntreibend und adstringierend. Die Wurzeln haben ein ähnliches Wirkungsspektrum. Volksmedizinisch bei Nervosität, Blutarmut, Erkältungskrankheiten und Erkrankungen der Leber und der Harnwege.
Früchte: Die Früchte der Erdbeere sind in ihrer Heilwirkung den Blättern überlegen, und sie schmecken besser. Sie wirken harntreibend und erfrischend und werden diätetisch bei Gicht, Lungentuberkulose und Arthritis empfohlen. Volksmedizinisch werden sie bei Leber- und Gallenleiden, Herzbeschwerden, Nierensteinen, zur Blutbildung und bei Hautunreinheiten angewendet. Sie wecken die Lebensgeister und helfen bei Fieber und Verstopfung. Die positive Wirkung auf Leber und Galle wurde inzwischen wissenschaftlich untermauert.

Elsbeere

Sorbus torminalis (L.) Crantz
Rosaceae, Rosengewächse

Baum	20 m	Mai bis Juni	weiß

In sonnigen Waldlagen auf kalkreichen Böden.

Verwendung in der Küche

Früchte: Von September bis Oktober kann man die reifen, weichen Früchte der Elsbeere ernten. Besser sollte man jedoch den ersten Frost abwarten, ehe man sie pflückt. Sie können roh gegessen oder als Zusatz in Fruchtmarmeladen oder Kompott verarbeitet werden. Hierzu kocht man sie und dreht sie durch ein Passiergerät. Getrocknet sind die Früchte eine Nascherei und eignen sich als Tee.

Blätter: Aus ganz jungen, gerade aus den Knospen sprießenden, zarten Blättern lassen sich, im April geerntet, Süßwaren und Spirituosen aromatisieren. Ausgereifte Blätter nutzt man im Sommer als Beigabe zur Teebereitung.
Geschmack: Die Früchte wirken zunächst adstringierend (zusammenziehend), bekommen aber ausgereift ein süßes Birnenaroma. Die Blätter schmecken nach Bittermandel.

Inhaltsstoffe

Beeren: Gerbstoffe und weitere ähnliche Stoffe wie bei der Eberesche *(Sorbus aucuparia)*, siehe Seite 171.

Heilwirkungen

Die reifen Früchte werden volksmedizinisch aufgrund ihres hohen Gerbstoffgehalts gegen Ruhr und Durchfall verwendet.

Weg-Rauke

Sisymbrium officinale (L.) Scop.
Brassicaceae, Kreuzblütengewächse

einjährig	0,6 m	Mai bis Aug.	gelb

An steinigen und sandigen Standorten wie Wegen und Schuttplätzen bis in eine Höhe von etwa 900 m. Pionierpflanze.

Verwendung in der Küche

Blätter und Triebe: Die feinen Blätter und jungen Erdtriebe der Weg-Rauke erntet man von April bis Juni, bis in die Blütezeit hinein. Wegen ihrer Schärfe eignen sie sich nicht als Salatgrundlage, wohl aber als besondere Zutat. Gekocht ergeben Triebe und Blätter gemischt mit anderem Blattgemüse auch einen guten Spinat. Ebenso lässt sich das würzige Kraut als Zutat in Gemüsepürees oder in einer Mischung mit anderen Hackkräutern verwenden oder roh auf Butterbrote schneiden.
Samen: Von September bis Oktober sollte man die feinen Samen als Gewürz zum Einlegen oder in Eintöpfen und Aufläufen nutzen. Reif und ausgepresst sind sie eine Grundlage für Senf.
Geschmack: Der Geschmack der Pflanze erinnert an Kresse und herben, bissfesten Blattsalat.

Inhaltsstoffe

Glucosinolate, Gerbstoffe, Glykoside.

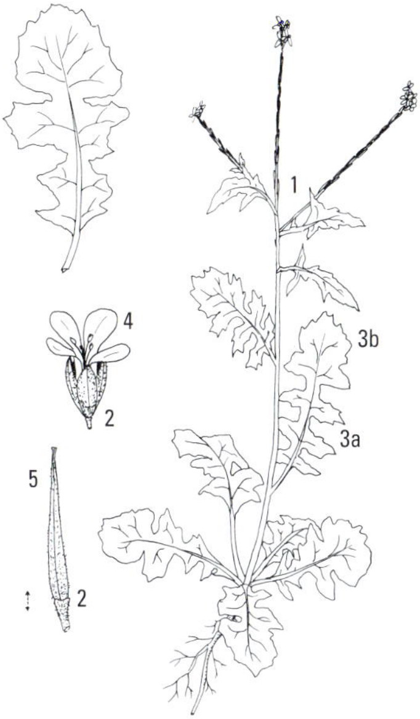

1 Die Zweige der Weg-Rauke entspringen den Blattachseln und sind sehr starr.
2 Stängel, Frucht und Blütenkelch sind behaart.
3 Das Blatt besteht aus mehreren paarigen Blattlappen (3a) und einem großen Endlappen (3b).
4 Die blassgelben Blütenblätter werden bis 3 mm lang.
5 Die schmale Frucht ist oben zugespitzt.

Heilwirkungen

Seit je bei Entzündungen von Rachen, Hals und Atmungsorganen verwendet. Diese Wirkung beruht wahrscheinlich auf ihrem Gehalt an Senfölglykosiden (Glucosinolate). Die Pflanze sollte frisch angewendet werden, doch ist sie auch getrocknet wirksam. In der Homöopathie genutzt bei Heiserkeit.

Eingriffliger Weißdorn

Crataegus monogyna L.
Rosaceae, Rosengewächse

Strauch	5 m	Juni	weiß

An besonnten Waldrändern und Gebüschen sowie in vorzugsweise kalkhaltigen Laubwäldern.

Verwendung in der Küche

Früchte: Von August bis September erntet man die Früchte des Weißdorns und löst sie vom Kern. Man isst sie roh oder nutzt sie als Zusatz zu Kompott, Fruchtmarmeladen oder Weinen. Frisch, mit Mehl gemischt und erwärmt bereitete man aus ihnen auch einen Brei. Die getrockneten Früchte brüht man als Tee auf oder mahlt sie zum Strecken von Getreidemehl.
Samen: geschrotet und geröstet können die Samen der Früchte wie Kaffee aufgebrüht werden.
Blätter: Mit den ganz jungen, im April aus den Knospen sprießenden, zarten Blättern lassen sich Spirituosen aromatisieren. Man kann sie aber auch roh essen oder in Salate geben. Ausgereifte Blätter nutzt man im Sommer zur Teebereitung oder zum Herstellen von Kräuterwein (herzwirksam!).
Blüten und Blütenknospen: Die stark duftenden Blüten verarbeitet man von Mai bis Juni zu süßen Desserts oder mischt sie in Zucker, um diesen zu aromatisieren. Man kann sie aber auch über Salate streuen oder ihr Aroma in Speiseeis und Likören nutzen. Anfang April nutzt man die Blütenknospen als Gemüsebeigabe oder legt sie ähnlich wie Kapern ein.

Geschmack: Die jungen Blätter und Blüten haben einen nuss-mandelartigen Geschmack. Die Früchte schmecken mehlig, fruchtig und süß. Alle anderen mitteleuropäischen Weißdornarten *(Crataegus)* sind ebenso verwendbar.

Inhaltsstoffe

Flavonoide (hauptsächlich Procyanidine, Hyperosid und Rutosid), vor allem in den Blättern und in der Rinde. Auch die Früchte enthalten diese Stoffe, allerdings in deutlich niedrigeren Konzentrationen. Außerdem biogene Amine. In den Blüten: bis zu 0,15 % ätherisches Öl.

Heilwirkungen

Arzneilich werden Blätter, Blüten und Früchte verwendet. Die medizinische Wirkung des Weißdorns wurde erst in der Neuzeit entdeckt. Klinisch bewiesen ist die verbesserte Durchblutung der Herzkranzgefäße und eine Blutdrucksenkung. Auch bei nicht organisch bedingten Herzbeschwerden wird der Weißdorn genutzt. Die Pflanze eignet sich ebenfalls zur Nachbehandlung von Herzinfarkten. Die positive Wirkung tritt jedoch erst nach längerfristigem Gebrauch ein. Der Weißdorn zeichnet sich dabei durch eine sehr gute Verträglichkeit und das Fehlen von Nebenwirkungen aus.

Stieleiche

Quercus robur L.

Fagaceae, Buchengewächse

Baum	50 m	April bis Mai	gelblich grün

In Laubwäldern tieferer Lagen.

Verwendung in der Küche

Samen: Im September bereitet man aus den reifen Samen ein nach Nuss schmeckendes Mus zu. Man überbrüht die Samen, schält sie und püriert sie in einem Mixer. Das entstandene Mus gibt man in ein Baumwolltuch und durchspült das Mus im Tuch mit Wasser, um die Bitterstoffe etwas herauszulösen. Das Nussmus eignet sich zum Verfeinern von Desserts und Saucen, als Grundlage für Bratlinge und Gebäck. Geröstet kann man aus den Samen den bekannten Eichelkaffee aufbrühen. Seltener vorkommende, weniger bittere Eicheln kann man auf ein Butterbrot hobeln. Die Fruchtschalen noch grüner, unreifer Eicheln wurden früher getrocknet und zum Strecken von Getreidemehl pulverisiert. Legt man die ausgereiften Früchte für drei bis vier Tage in Wasser, erhält man ein erfrischendes, leicht bitteres Getränk.

Blätter: Von März bis April lässt sich aus den Blättern eine gewürzartige Zutat für Salatsaucen bereiten. Getrocknete Blätter aus dieser Jahreszeit eignen sich auch zum Beimischen in Rauchtabak oder pulverisiert zum Strecken von Getreidemehl.

Geschmack: Der Grundgeschmack verarbeiteter Eicheln ist herb, nussig und stumpf. Die Blätter und Schalen sind recht bitter.

Alle mitteleuropäischen Eichenarten *(Quercus)* sind in gleicher Weise zu verwenden.

Inhaltsstoffe

In den Blättern 8–20 % Gerbstoffe, Triterpene, in den Eicheln darüber hinaus fettes Öl.

Heilwirkungen

Die Rinde wird arzneilich zum Gurgeln verwendet. Bei juckenden und entzündlichen Hauterkrankungen erfolgt die Anwendung in Form

von Waschungen oder Bädern. Hierfür 3 Esslöffel auf 250 ml Wasser verwenden, und das Ganze etwa 15 Minuten kochen. Solche Bäder sind auch bei Hämorrhoiden, Gebärmutterentzündung, übermäßigem Fußschweiß und zur Schlafförderung hilfreich. Innerlich kann ein Tee aus der Rinde bei Durchfall eingesetzt werden. Geröstete Eicheln enthalten vermutlich Vitamin A, was die früher angewendete Verabreichung eines daraus bereiteten Kaffees bei rachitischen Kindern erklären würde. Er soll aber auch bei Melancholie, Gicht und schwacher Verdauung hilfreich sein.

Gewöhnlicher Rainkohl

Lapsana communis L.
Asteraceae, Korbblütengewächse

einjährig	1 m	Juli bis Sept.	blassgelb

Wärmeliebende Halbschattenpflanze, auf lehmigen Böden bis in eine Höhe von etwa 1200 m.

Verwendung in der Küche

Blüten: Von Juni bis August eignen sich die kleinen gelben Blüten des Rainkohls als essbare Dekoration, man kann sie aber auch im frisch aufgeblühten oder im knospigen Zustand unter einen Salat mischen.
Blätter: Zarte, weiche Blätter nutzt man von April bis Juni als milde Grundlage für Salate und in Streifen geschnitten auch für Suppen und Spinat. Auch in Quiche, Omeletts und Kräutermischungen können sie verwendet werden.
Triebe: Von April bis Mai lassen sich die jungen, Triebspitzen und Sprosse zu einem zarten Stängelgemüse oder auch als Salat verarbeiten.
Geschmack: Der Rainkohl schmeckt herb und erinnert an Chicorée und Kohl.

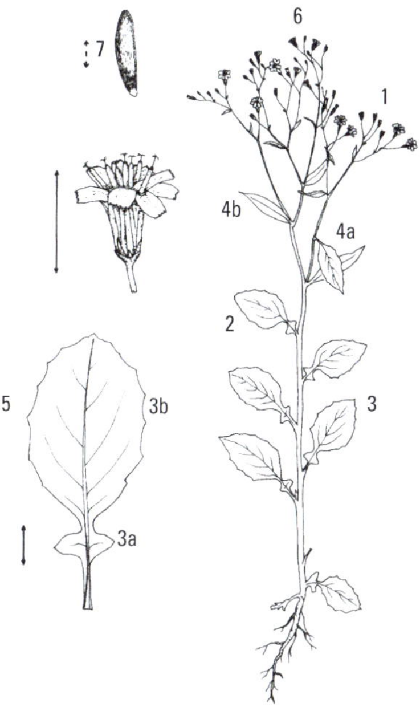

1 Der Rainkohl ist vor allem in der oberen Hälfte verzweigt.
2 Blatt und Stängel enthalten Milchsaft und sind meist spärlich behaart.
3 Die tiefersitzenden Blätter sind mehrteilig und bestehen aus kleinen paarigen Blattlappen (3a) und einem großen Endabschnitt (3b).
4 Die höher liegenden Blätter sind eiförmig (4a) bis lanzettlich (4b).
5 Der Blattrand ist leicht gezähnt.
6 Die gelben Blüten wachsen in zahlreichen Köpfen.
7 Die Früchte werden etwa 4 mm lang.

Inhaltsstoffe

Mineralstoffe, Schleim und Bitterstoffe, Inulin in der Wurzel.

Heilwirkungen

Der Milchsaft der Stängel und die Blätter als Salat oder äußerlich als Breiumschlag wirken beruhigend auf die Haut und die Schleimhäute. Der Milchsaft beschleunigt die Wundheilung. Aus den in Öl eingelegten Blüten kann ein Wunden heilendes Mittel hergestellt werden. Der Flüssigextrakt aus der ganzen Pflanze eignet sich zur Blutzuckersenkung. Als Tee hilft der Rainkohl gegen Lymphknotenschwellungen und Verstopfung.

Rübsen, Stoppelrübe

Brassica rapa L.

Brassicaceae, Kreuzblütengewächse

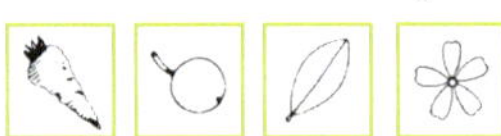

einjährig	0,8 m	April bis Sept.	gelb

Auf nährstoffreichen und humosen Lehmböden, in gemäßigtem Klima weltweit. Bienen-, Öl- und Kulturpflanze.

Verwendung in der Küche

Wurzel: Von noch nicht blühenden Pflanzen der Stoppelrübe verarbeitet man die geschälte Wurzel zu Koch- und Backgemüse.

Samen: Von August bis September gewinnt man durch Auspressen des Samenschrots ein Speiseöl.

Blüten, Blätter, Triebe: Die dezent würzigen Blüten eignen sich von April bis September als essbare Dekoration. Die noch knospigen Blütenstände wie auch die zarten Blätter und Triebe ergeben im April bis Mai ein gutes Gemüse oder sind eine würzige Zutat für Salate.

Geschmack: Der Grundgeschmack der Stoppelrübe ist dem Raps ähnlich. Er schmeckt wie Kohl, mild und senfartig.

Inhaltsstoffe

Ähnlich wie bei den anderen Kreuzblütengewächsen (Kohl, Senf, Kresse): Kalium, Calcium, Magnesium und Eisen, Vitamine, insbesondere B_6 und C, Senfölglykoside.

Heilwirkungen

Die Pflanze wirkt blutreinigend, hilft bei Magen- und Zwölffingerdarmgeschwüren und regt den Stoffwechsel an. Außerdem kann sie bei Gicht und Verstopfung eingesetzt werden.

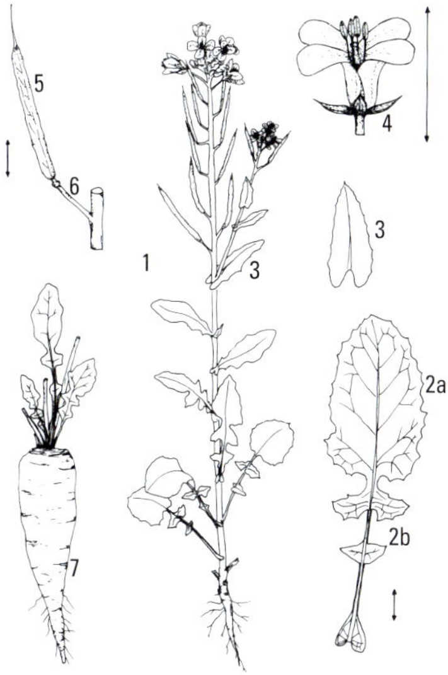

1 Der Stängel wächst aufrecht.
2 Die Blätter an der unteren Hälfte des Stängels teilen sich in ein großes Endblatt (2a) und 2 bis 3 angedeutete Blattpaare (2b).
3 Die oberen Blätter (Kelchblätter) umfassen den Stängel.
4 Diese Blätter stehen fast rechtwinklig vom Stängel ab.
5 Die Frucht ist eine Schote, die mehrere Zentimeter lang werden kann.
6 Die Schoten sind gestielt und abstehend vom Zweig angeordnet.
7 Die Wurzel verdickt sich bei manchen Unterarten zu einer Rübe.

Verwendung in der Küche

Blätter, Triebe, Stängel: Von April bis Juni nutzt man die scharf schmeckenden Blätter, jungen Triebe und Stängel des Acker-Senfes als Küchengewürz oder als Zutat für Salate, Gemüsegerichte, Gemüsefüllungen, Aufläufe und Suppen, für Kräuterquark, Kräuterbutter oder Pesto.

Blüten: Die knospigen Blütenstände kann man kurz dünsten und als Gemüse oder Zutat für Salate nutzen. Die Blütenstände eignen sich von April bis Mai als würzige Speisendekoration.

Samen: Die jungen, grünen, noch zarten Samenhülsen verwertet man von Juni bis in den August als scharfes, frisches Gewürz für viele Speisen, wie zum Beispiel eingelegte Gurken, Bratlinge, Käsezubereitungen oder scharfe Saucen. Die ausgereiften Samen kann man von September bis

Acker-Senf

Sinapis arvensis L.
Brassicaceae, Kreuzblütengewächse

einjährig	0,6 m	Mai bis Aug.	gelb

An nährstoffreichen und kalkhaltigen Standorten in Wildkrautgesellschaften auf Lehmböden bis in eine Höhe von etwa 1300 m. Lehmzeiger.

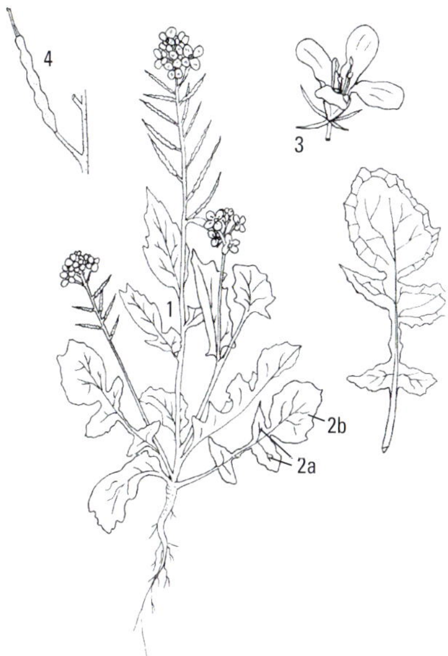

1 Die Blätter in der oberen Stängelhälfte sind länglich und sitzend angeordnet.
2 Die bodennahen Blätter setzen sich aus 1 bis 3 angedeuteten Teilblattpaaren (2a) und einem großen Endabschnitt (2b) zusammen.
3 Die 4 Blätter, die den Blütenkelch bilden, sind zur Blütezeit aufgeklappt.
4 Die Frucht ist am Rand gewellt.

Oktober mit etwas Essig und Salz zu Senf mahlen oder zu einem Würzöl auspressen.
Geschmack: Der Acker-Senf schmeckt natürlich senfartig und scharf.

Inhaltsstoffe

Fettes Öl, Senfölglykoside, Sinalbin und Schleimstoffe.

Heilwirkungen

Der Acker-Senf ist eine verwandte Form des Weißen Senfes *(Sinapis albus)*. Er ist in seiner Wirkung milder als dieser. Breiumschläge aus den zerstampften Samen sollen die Haut reizen und dadurch die Durchblutung fördern. Bei Gelenkerkrankungen und Rheuma wirken sie schmerzlindernd. Breiumschläge senken Fieber und werden bei Husten und Bronchitis angewendet. Um die Hautreizung in Grenzen zu halten, sollte man vor dem Auftragen der Senfmasse unbedingt eine fetthaltige Salbe auftragen. Das Senfpflaster darf nicht länger als 30 Minuten auf der Haut bleiben. Als Gewürz dient der Senf bei Verdauungsschwäche und regt den Stoffwechsel an. Die Traditionelle Chinesische Medizin ordnet die Pflanze der Lunge zu und setzt sie bei allen Erkrankungen der Lunge ein.

Raue Gänsedistel

Sonchus asper (L.) Hill
Asteraceae, Korbblütengewächse

einjährig	0,8 m	Juni bis Okt.	gelb

An nährstoffreichen Standorten in Gärten und auf Äckern auf Lehm- und Tonböden bis in eine Höhe von etwa 1000 m.

Verwendung in der Küche

Stängel: Von April bis zum ersten Frost kann man die Stängel der Rauen Gänsedistel ernten. Sie sind ein sehr gutes Wildgemüse. Klein geschnitten spült man mit Wasser den weißlichen Saft aus ihnen heraus. Sie sind dann eine knackige Zutat für Salate, aber auch ein gutes Pfannengemüse.

Blätter: Von April bis Dezember erntet man die zarten Blätter, befreit sie mit der Schere von ihren Stacheln und verwendet sie als Grundlage von Salaten. Gut eignen sich die Blätter aber auch für die Zubereitung von Saucen, Suppen, Backgemüse, Eintöpfen, Kräuterhackmischungen oder Kräuterquark.

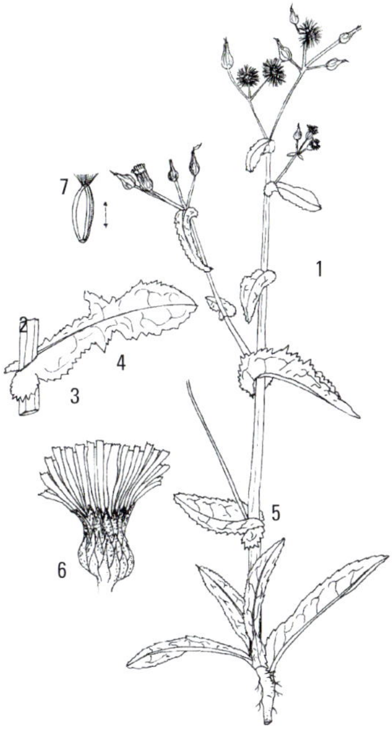

1 Der Wuchs ist aufrecht und verzweigt.
2 Der Stängel ist kantig.
3 Die Blätter sind glänzend dunkelgrün.
4 Der Blattrand ist dornig gezähnt.
5 Am Blattgrund ist das Blatt eingerollt.
6 Der Blütenkorb ist bauchig verdickt.
7 An der Spitze hat der Samen einen kurzen und büscheligen Haarkranz.

Die Pflanze enthält Milchsaft.

Blüten: Von Juni bis Oktober kann man den von seinen haarigen Blüten befreiten kleinen Blütenboden roh essen. Für eine Verwendung in der Küche ist die Ernte allerdings zu gering.
Wurzeln: Weiche Wurzelabschnitte können im Laufe der ganzen Vegetationsperiode klein geschnitten gegart werden. Sie sind jedoch recht faserig.
Geschmack: Die Raue Gänsedistel schmeckt ähnlich wie Kopfsalat und bleibt auch spät im Jahr oft noch weich.

Inhaltsstoffe

Bitterstoff, Kautschuk, Taraxasterol, Eisen, Vitamin C.

Heilwirkungen

Früher genoss die scharfe Gänsedistel als wertvolle Heilpflanze Wertschätzung. Der Milchsaft der Stängel und Blattadern ist der heilkräftigste Teil der Pflanze. Man kann ihn verdünnt einnehmen. Er soll gegen Kurzatmigkeit, Leberschwäche und Sodbrennen helfen. Auch gegen Fieber wurde er früher eingesetzt. Darüber hinaus zur Förderung der Menstruation. Äußerlich kann der Milchsaft unverdünnt bei Warzen angewendet werden. Verdünnt als Umschlag soll er gegen Entzündungen, Ausschläge und Hämorrhoiden helfen. Zusammen mit Pflanzenöl und etwas Salz wurde der Milchsaft der Gänsedistel früher gegen Ohrenentzündungen und sogar gegen Taubheit verwendet. Dazu wurde die Mischung auf einen Wattebausch geträufelt und ins Ohr gesteckt.

Gewöhnliches Eisenkraut

Verbena officinalis L.
Verbenaceae, Eisenkrautgewächse

einjährig	0,9 m	Juli bis Sept.	blasslila

An nährstoffreichen Standorten wie Mauersäumen oder Wegrändern auf unterschiedlichen Böden bis in eine Höhe von über 1000 m. Stickstoffzeiger.

Verwendung in der Küche

Blätter: Vor der Blüte, von April bis Juli, werden zarte junge Blätter und weiche Pflanzenteile des Eisenkrauts zur Teebereitung benutzt. Um den bitteren Geschmack der Blätter zu mildern, werden sie in Streifen geschnitten etwa 1 Stunde in warmes Wasser gelegt oder blanchiert. Dann kann man sie gut als Zutat in Salaten, Kräutersuppen und Eintöpfen verwenden. Ausgereifte Blätter werden ab Juni zu bitter.
Blüten: Von Juli bis September nutzt man die Blüten vor allem als essbare, herbwürzige Dekoration.
Geschmack: Das Gewöhnliche Eisenkraut schmeckt bitter.

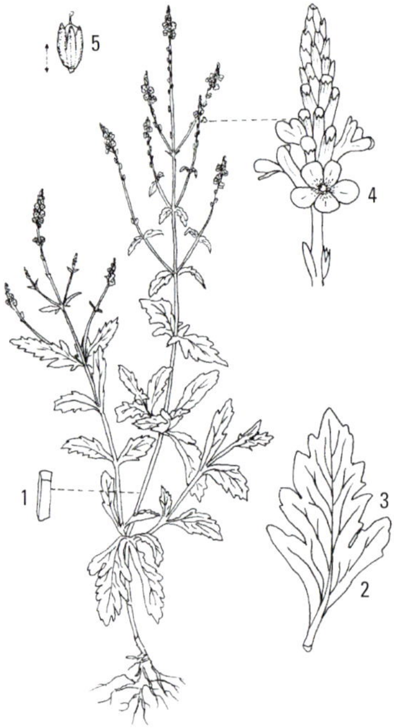

1 Der Stängel ist vierkantig und im unteren Bereich verholzt.
2 Die Grundform der unteren Blätter ist annähernd rautenförmig.
3 Der Blattrand ist stark eingeschnitten.
4 Die unscheinbare Blüte hat 5 Blütenblätter.
5 Die Frucht wird nur etwa 2 mm groß.

Inhaltsstoffe

Ätherisches Öl, Glykoside, Verbenalin, Verbenin, Alkaloide, Iridoide (Aucubin, Catalpol), Bitterstoffe, Phytosterole (Alpha-Sitosterol), Gerbstoffe, Kieselsäure, Schleimstoffe und Flavonoide.

Heilwirkungen

Früher war das Eisenkraut eine wichtige Heilpflanze, die innerlich gegen Erkältungskrankheiten und zur Stärkung des Immunsystems (Immunmodulation) angewendet wurde. Heute wird es vor allem volksmedizinisch zur Stärkung der Verdauungsorgane, zur Regulierung des Stoffwechsels, als harntreibendes Mittel, gegen Rheuma und zur Blutreinigung empfohlen. Die Pflanze kann Migräne lindern, auch sagt man ihr eine nervenstärkende Wirkung nach. Weiterhin wird das Eisenkraut in der Volksmedizin zur Regulierung des Monatszyklus genutzt und soll zudem Beschwerden während der Menstruation und in den Wechseljahren lindern. Zur Bereitung des wohlschmeckenden und heilkräftigen Tees übergießt man 2 Teelöffel des frischen oder getrockneten Krautes mit 1 Tasse kochendem Wasser und lässt den Tee 5 Minuten ziehen. Äußerlich wird das Eisenkraut zur Wundbehandlung und zur Behandlung von Ekzemen und Geschwüren eingesetzt.

Kohl-Kratzdistel

Cirsium oleraceum (L.) Scop.
Asteraceae, Korbblütengewächse

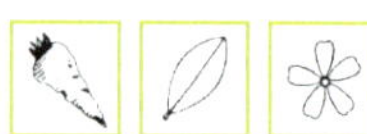

mehrjährig	1,5 m	Juli bis Sept.	gelblich weiß

In Nasswiesen und Hochstaudenfluren an Bächen und Gräben, in den Alpen bis in 2000 m Höhe.

Verwendung in der Küche

Wurzeln: Im ersten Jahr erntet man von September bis in den Winter die ergiebigen zarten Wurzeln der Pflanzen. Getrocknet und zu einem

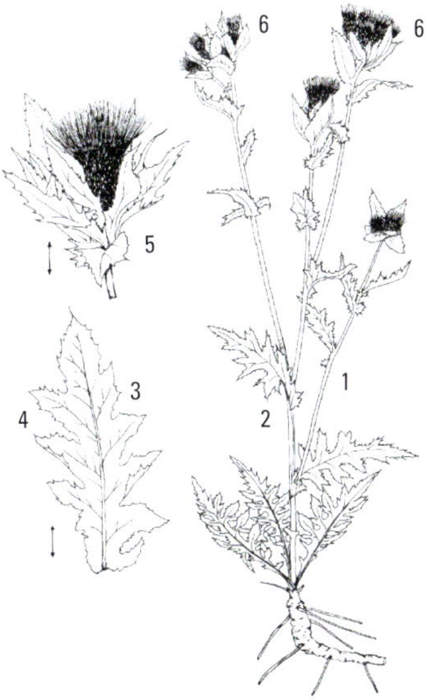

1 Die ganze Pflanze ist weichdornig und wenig stechend.
2 Die Pflanze wächst sehr aufrecht.
3 Die Mehrzahl der Blätter ist tief eingeschnitten.
4 Ihr Blattrand ist gezähnt.
5 In Blütennähe befinden sich ungeteilte, eiförmige und bleiche Blätter, deren Blattrand sehr scharf gesägt ist.
6 Die Blüten wachsen in Büscheln an der Spitze der Pflanze.

Gemüsemehl gemahlen, werden sie für Breie oder zum Strecken von Getreidemehl genutzt. Die geschälten frischen Wurzeln verwendet man als Koch- und Backgemüse.
Stängel, Blätter, Triebe: Von April bis Juni, also noch vor der Blüte, kann man die geschälten, weichen Stängel, die zarten Blätter und jungen Triebe roh essen oder zu Kochgemüse oder Spinat verarbeiten.

Blüten: Auch der Blütenboden am Grund der Blütenköpfe lässt sich von Juni bis September als Kochgemüse zubereiten, jedoch ist es recht aufwendig, ihn zu schälen.
Geschmack: Der Grundgeschmack der Pflanze erinnert an Kopfsalat, der der Blütenböden an Artischocke.
Alle anderen mitteleuropäischen Kratzdistelarten *(Cirsium)* sind ebenso verwendbar.

Inhaltsstoffe

Gerbstoffe, Alkaloide, ätherisches Öl, Fette, Flavonoide und Inulin in der Wurzel.

Heilwirkungen

Volksmedizinisch nur selten verwendet. Offenbar gab es für die Anwendungsgebiete besser wirkende Pflanzen. Als heißer Aufguss kann die Kohl-Kratzdistel innerlich bei Verdauungsschwäche, Kopfschmerzen, Gicht und Rheuma eingesetzt werden. Darüber hinaus wird auch eine beruhigende Wirkung bei Krämpfen der Muskulatur und bei Zahnschmerzen beschrieben.

Krause Distel

Carduus crispus L.
Asteraceae, Korbblütengewächse

mehrjährig	1,4 m	Juli bis Sept.	purpurrot

In stauden- und nährstoffreichen Wildkrautgesellschaften an Wegen und Ufern bis in eine Höhe von 1000 m.

1 Der Stängel ist durchgehend kraus und stachelig geflügelt.
2 Die Stacheln werden bis 5 mm lang.
3 Die Blätter sind grob gezähnt. An der Unterseite sind sie etwas filzig.
4 Das Blatt ist bis über die Mitte eingeschnitten.
5 Die Blüten sind zu 3 bis 5 an der Spitze der Stängel angeordnet.
6 Die Samen werden bis 4 mm lang.
7 Der Haarkranz, der der Verbreitung des Samens dient, wird bis 1,5 cm lang.

Verwendung in der Küche

Blätter und Triebspitzen: Die zarten Blätter und Triebspitzen lassen sich von April bis Juni roh in Salaten verwenden oder auch zu Spinat und anderen Gemüsegerichten, Gemüsefüllungen, Aufläufen, Suppen und Eintöpfen verarbeiten. Die Stacheln der Blattränder zuvor – am besten mit einer Schere – abschneiden.

Blütenstängel: Die oberen 20 cm der jungen Blütenstängel kann man von April bis Juni abzwicken und vorsichtig schälen. Dann lassen sie sich roh essen, man kann sie aber auch in Salate geben oder zu Koch-, Pfannen- und Backgemüse verarbeiten.
Wurzeln: Im Herbst und Winter des ersten Lebensjahrs der Pflanze kann man die weiche, noch nicht verholzte Wurzel ernten. Gewaschen und abgeschabt kann man sie roh in einen Salat raspeln oder als Koch- und Backgemüse zubereiten. Getrocknet kann man aus ihr ein Mehl gewinnen.
Samen: Im September lässt sich aus den Distelsamen ein wertvolles Öl pressen.
Geschmack: Die Krause Distel schmeckt wie harter Blumenkohl. Der Geschmack zarter Blätter und der geschälten Stängel erinnert ein wenig an Weißkohlgemüse.
Alle anderen mitteleuropäischen Distelarten *(Carduus)* sind gleicherweise verwendbar.

Inhaltsstoffe

Isoquinolinalkaloide (Crispine), Flavonoide, Cumarine, Beta-Sitosterol.

Heilwirkungen

In Europa wird die Krause Distel nicht medizinisch verwendet. Die enthaltenen Crispine zeigten sich in Kulturen wirksam gegen Krebszellen. Die Wurzel wird in der Traditionellen Chinesischen Medizin zum Schmerzstillen und zur Beruhigung verwendet. Aus China stammen auch zahlreiche wissenschaftliche Publikationen, die sich mit der Pflanze befassen.

Wiesen-Witwenblume

Knautia arvensis (L.) Coult.
Dipsaceae, Kardengewächse

mehrjährig	0,8 m	Juli bis Aug.	violett bis braunrot

Auf Wiesen und Äckern auf nährstoffreichen und tiefgründigen Lehmböden, bis in eine Höhe von 1100 m.

Verwendung in der Küche

Blätter: Vor der Blüte, von April bis Juli, können die jungen Blätter der Wiesen-Witwenblume in kleinen Mengen Salaten zugegeben werden. Zum Mildern des bitteren Geschmacks legt man sie klein geschnitten etwa 2 Stunden in handwarmes Wasser. Als herbe Zutat eignen sie sich für Suppen, Fonds und Gemüsegerichte. In feine Streifen geschnitten können sie als Würze in Kräuterquark, Bratlingen und Krautgemüsebroten verarbeitet werden.
Blüten: Von Juli bis August können die Blüten als essbare Dekoration über Gemüsegerichte, Salate, Butterbrote und Süßspeisen gestreut werden.
Geschmack: Die Wiesen-Witwenblume schmeckt bitterlich-würzig, die Blüten hingegen mild.

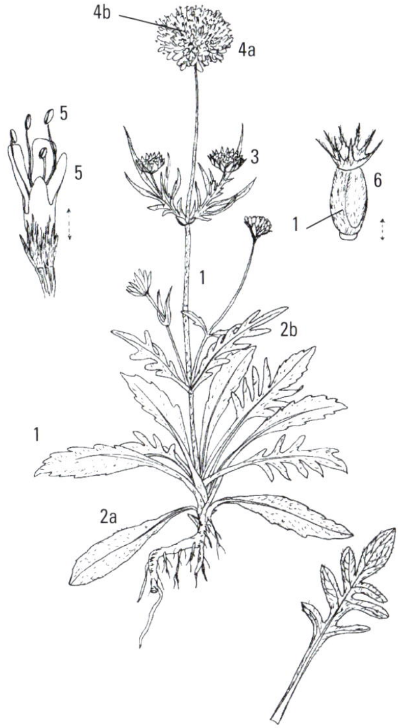

1 Die ganze Pflanze ist behaart.
2 Die unteren Blätter sind oft ungeteilt (2a), nach oben hin werden sie immer stärker eingeschnitten (2b).
3 Der Blütenkopf ist flach.
4 Die Randblüten (4a) sind größer als die inneren Blüten (4b).
5 Die Einzelblüten (4a) sind vierteilig und enthalten 4 Staubbeutel.
6 Die Früchte werden etwa 0,5 cm groß.

Inhaltsstoffe

Ätherisches Öl, Flavonoide, Bitterstoffe, Gerbstoffe und Glykoside.

Heilwirkungen

Die Wiesen-Witwenblume wird in Kräuterbüchern heute nur noch selten erwähnt. Früher war sie eine angesehene Heilpflanze, deren Einsatz man sogar bei Pest und Epilepsie versuchte. Das frische Kraut kann zu einer alkoholischen Tinktur verarbeitet und als Tee zur Blutreinigung oder als harntreibendes Mittel verwendet werden. Ferner wirkt die Pflanze lindernd bei Halsentzündungen, Husten und anderen Infektionen. Äußerlich wurde sie zur Wundheilung und zur Behandlung von Flechten und Furunkeln verwendet. Die homöopathische Urtinktur soll die Redelust wecken.

Gewöhnliche Wegwarte

Cichorium intybus L.

Asteraceae, Korbblütengewächse

indifferent	1,5 m	Juli bis Sept.	blau

An trockenen und nährstoffreichen Wegrändern bis in eine Höhe von 900 m.

Verwendung in der Küche

Blätter: Die zarten Blätter der Wegwarte eignen sich im April als Grundlage für Salate. Von April bis Juli können die Blätter gut zu Spinat, Gemüsegerichten, Suppen und Saucen verwendet werden. Während der Blütezeit von Juli bis September sind die Blätter bitter. Insbesondere für Salate sollte man sie nun vor der Zubereitung

1 Der Stängel verzweigt sich in der oberen Hälfte.
2 Die Blätter sind tief eingeschnitten.
3 Die Pflanze bildet eine Vielzahl von Blüten, die in den Blattachseln der oberen Stängelhälfte erscheinen.
4 Der Durchmesser des blauen Blütenkopfs beträgt bis zu 5 cm.
5 Die Samen werden bis 2,5 mm lang.
6 Die Samen bilden an ihrer Spitze kleine Schuppen aus.

wässern oder blanchieren. Getrocknete Blätter verwendete man von April bis September auch als Tabakersatz.

Wurzeln: Von September bis ins Frühjahr kann man die Wurzeln ernten. Am bekanntesten ist ihre Verwendung als Zichorienkaffee. Die Wurzeln werden getrocknet, geröstet, gemahlen und als Kaffee aufgebrüht. Doch man kann die Wurzel auch als Koch-, Back- oder Pfannengemüse nutzen. Man schält sie, schneidet sie klein und wässert sie vor der Zubereitung etwa 2 Stunden.

Stängel: Von April bis Juli können zarte junge Pflanzenstängel als Pfannengemüse gedünstet oder mit Teig ummantelt gebraten werden.

Blüten: Die abgezupften blauen Blüten verwendet man von Juli bis September als Farbakzent

auf verschiedenen Salaten und Fruchtsalaten, als Zutat für Brotaufstriche und auch als kandierte Leckerei.
Geschmack: Die Pflanze schmeckt chicoréeartig feinbitter und saftig. Das in der Wurzel enthaltene Inulin verleiht ihr einen geschmeidig weichen Geschmack.

Inhaltsstoffe

Bitterstoffe, bis zu 58 % Inulin in der Wurzel, bitter schmeckende Sesquiterpenlactone, Glykoside, Zimtsäurederivate, Cumarine und Kalium.

Heilwirkungen

Volksmedizinisch wird der Tee (1 TL auf 250 ml Wasser) als Kräftigungsmittel, zum Anregen des Stoffwechsels, als Harn und Gallensaft treibendes Mittel und zur Förderung der Verdauung angewendet. Der Pflanze werden hervorragende Eigenschaften bei Beschwerden der Milz zugeschrieben, die mit einer gedrückten Gemütsverfassung einhergehen. Äußerlich helfen Teeumschläge aus der Wurzel bei Hautunreinheiten und erfrischen überlastete und gerötete Augen. Die Homöopathie verwendet die Wegwarte ebenfalls bei Verdauungsschwäche.

Klatsch-Mohn

Papaver rhoeas L.
Papaveraceae, Mohngewächse

einjährig	0,8 m	Mai bis Aug.	rot

Auf Getreidefeldern und anderen sonnigen und trockenen Standorten auf nährstoffreichen und kalkigen Lehmböden bis in eine Höhe von etwa 1000 m. Wurzelt bis in einen Meter Tiefe.

Verwendung in der Küche

Samen: Im August lassen sich die Samen des Klatsch-Mohns als schmackhafter Kuchenbelag verwenden. Man kann sie auch auspressen und gewinnt so ein feines Öl.
Blätter: Die etwas haarigen Blattrosetten nutzt man im Frühjahr (im April und Mai) fein ge-

schnitten als Zutat für Salate, oder man dünstet sie kurz wie Spinat und schmeckt sie dann mit Salz, Pfeffer und einem guten Öl ab.
Blüten: Die leuchtenden Blüten können von Mai bis August jedes Gericht verzieren und eignen sich auch als Zutat für Tee, Bowlen und Limonaden.
Geschmack: Die Blätter und Blüten schmecken süßlich-mild, der Samen nussig.
Hinweis! Der Klatsch-Mohn enthält keine bedenklich narkotisierenden Stoffe. Der Milchsaft kann in großen Mengen verzehrt jedoch zu Bauchschmerzen führen.

Inhaltsstoffe

Anthocyanglykoside, Alkaloide (Rhoeadin) und Schleimstoffe.

Heilwirkungen

Volksmedizinische Anwendung bei Husten und Heiserkeit. Außerdem bei Schmerzen und zur Beruhigung.

Mauerlattich

Mycelis muralis L. Dumort.
Asteraceae, Korbblütengewächse

mehrjährig	0,9 m	Juli bis Aug.	gelb

In krautreichen Wäldern, Schlägen und Gebüschen bis in eine Höhe von etwa 1100 m. Wenig anspruchsvoll an den Standort.

Verwendung in der Küche

Blätter: Von April bis Juli können die jungen Blätter des Mauerlattichs Salaten zugegeben oder aufs Brot gelegt werden. Um ihren bitteren Geschmack zu mildern, lässt man sie klein geschnitten etwa 2 Stunden in handwarmem Wasser ziehen. Fein in Streifen geschnitten verwendet man die rohen Blätter als Würze in Kräuterquark, Bratlingen und Krautgemüsebroten oder auch als herbe Zutat für Suppen, Fonds und herzhafte Gemüsegerichte.

Blütenknospen und Blüten: Im Juni legt man die Blütenknospen wie Kapern ein. Von Juli bis August eignen sich die gelben Blütenzungen als essbare Dekoration, zum Beispiel auf würzigen Aufstrichen.

Geschmack: Die Pflanze schmeckt würzig und leicht bitter.

Inhaltsstoffe

Dazu ist uns nichts bekannt.

Heilwirkungen

Eine günstige Wirkung bei Husten und Erkältungskrankheiten wird unterstellt.

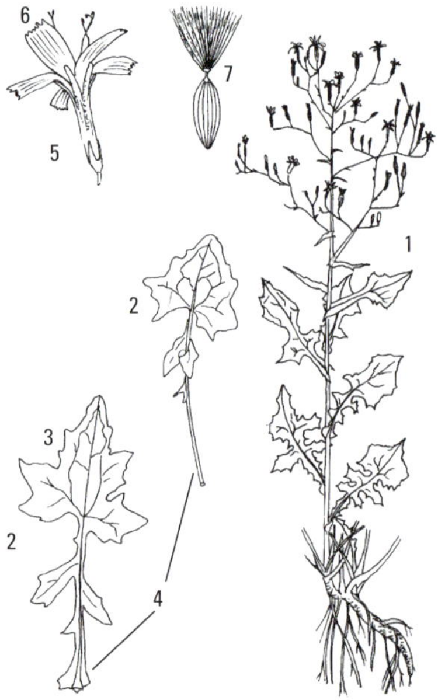

1 Der Mauerlattich verzweigt sich in der oberen Hälfte.
2 Das Blatt teilt sich in mehrere Abschnitte, der oberste Abschnitt ist stets am größten und oftmals drei- bis fünfeckig.
3 Der Blattrand ist grob gezähnt.
4 Die Blätter sind lang gestielt oder haben im unteren Bereich wie Flügel anmutende Verbreiterungen.
5 Die Blütenköpfe erreichen nur eine Größe von etwa 1 cm.
6 Jedes Köpfchen hat 5 gelbe Blütenblätter.
7 Die Samen werden bis 4 mm lang, haben einen kurzen Schnabel und einen weißen Haarkranz.

Gewöhnliche Kratzdistel

Cirsium vulgare (Savi) Ten.
Asteraceae, Korbblütengewächse

einjährig	1,5 m	Juli bis Sept.	purpurrot

An nährstoff- und lichtreichen Standorten auf lehmigen Böden bis in mittlere Gebirgslagen von etwa 1350 m Höhe. Nitratzeiger.

Verwendung in der Küche

Wurzeln: Vom ersten Herbst der Pflanze bis zum folgenden Frühjahr trocknet man die jungen Wurzeln und mahlt sie zu einem Gemüsemehl für Breie und zum Strecken von Getreidemehl. Geschält nutzt man sie als Koch- und Backgemüse. Nach dem Kochen kann man sie auch gut in der Pfanne anbraten.
Stängel und Blätter: Die geschälten, weichen Stängel und ganz junge, zarte, noch kaum gestachelte Blätter lassen sich vor der Blüte, von April bis Juni, sogar roh essen. Sie eignen sich aber auch als Spinat.
Blütenknospen und Blüten: Im Mai lassen sich die Blütenknospen als Gemüse kochen oder einlegen in Salzlake oder in scharfer Marinade. Die feinen Blütenblätter verwendet man von Juni bis September als essbare Dekoration auf Salaten und Fruchtsalaten sowie als Zutat in Brotaufstrichen.

Geschmack: Die Gewöhnliche Kratzdistel schmeckt, wenn sie jung ist, mangoldartig, saftig und mild. Später wird sie sehr faserig. Die Stängelschale ist bitter.
Alle anderen mitteleuropäischen Kratzdistelarten *(Cirsium)* sind ebenso verwendbar.

Inhaltsstoffe

Inulin, ätherisches Öl, Harz, Calcium, Kieselsäure.

Heilwirkungen

Die medizinische Verwendung spielt, wie auch bei den anderen Kratzdistelarten, eine eher untergeordnete Rolle. Anwendungen siehe Kohl-Kratzdistel *(Cirsium oleraceum)*, Seite 146.

Gewöhnliche Sumpfkresse

Rorippa palustris (L.) Besser
Brassicaceae, Kreuzblütengewächse

ein- oder mehrjährig	0,5 m	Juni bis Sept.	blassgelb

Auf nährstoffreichen Schlammböden an See- und Tümpelufern bis in eine Höhe von etwa 900 m. Stickstoffzeiger.

Verwendung in der Küche

Blätter: Von April bis Juni lassen sich die Blätter der Sumpfkresse in Streifen geschnitten als Zutat für Salate, als Grundlage gedämpfter Gemüsegerichte, für Gemüsefüllungen, Aufläufe und Suppen, Kräuterhackmischungen, Kräuterbutter oder Pesto verwenden.
Blütenknospen und Blütenstängel: Besonders fein schmecken die noch knospigen Blütenstände samt dem oberen Teil des Blütenstängels, solange dieser noch zart ist. Blütenknospen und Stängel ergeben im Mai ein zartes Pfannengemüse oder eine würzige Salatbeigabe.
Früchte: Die jungen, grünen, noch zarten Früchte kann man im Juli und August roh essen.

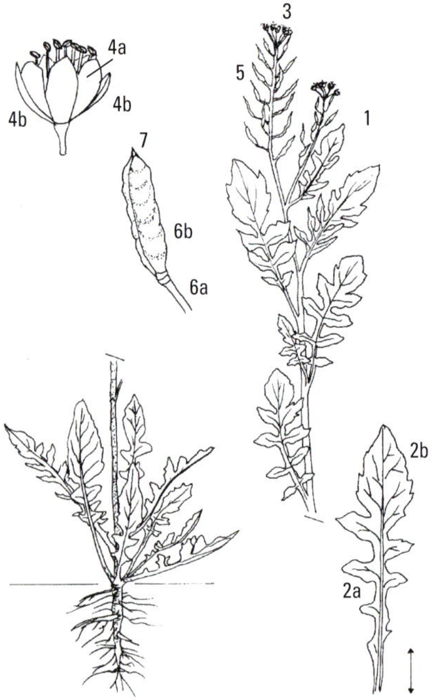

1 Die Pflanze wächst aufrecht.
2 Das Blatt hat paarig angeordnete Blattlappen, die schräg versetzt sein können (2a), und einen größeren Endabschnitt (2b)
3 Die Blüten befinden sich an der Spitze der Zweige.
4 Die Blütenblätter (4a) sind etwa gleich lang wie die Kelchblätter (4b).
5 Die Früchte sind vom Stängel abstehend angeordnet.
6 Der Fruchtstiel (6a) ist ähnlich lang wie die Fruchtschote (6b).
7 An der Spitze hat die Frucht einen kurzen Griffel.

Samen: Von August bis Ende September kann man die ausgereiften Samen mahlen und mit etwas Essig und Salz zu Senf verrühren oder sie auf der Fensterbank als »Kressesaat« keimen lassen.

Geschmack: Die Pflanze schmeckt herb kresse- bis senfartig.

Inhaltsstoffe in den Wurzeln
Senföl, Hirsutin.

Heilwirkungen
Über eine medizinische Anwendung ist uns nichts bekannt.

Kompass-Lattich
Lactuca serriola L.
Asteraceae, Korbblütengewächse

einjährig	1,2 m	Juli bis Sept.	hellgelb

An sonnigen, trockenen und nährstoffreichen Standorten auf Lehm- und Tonböden.

Verwendung in der Küche
Blätter und Stängel: Von April bis Juli können die weichen, jungen Blätter roh als Zutat für Salate und Kräuterhackgerichte oder in Frischkäse als Brotbelag genutzt werden. Vor dem Zubereiten von Salat empfiehlt es sich, den Saft aus fein geschnittenen Blättern und Stängeln herauszuspülen, um so den Geschmack zu mildern. Die Blätter lassen sich auch als Zutat für Spinat, Gemüsesuppen, Gemüsefüllungen oder gedämpf-

tes Gemüse verwenden. Bevor im Juli die Blüte beginnt, kann man die geschälten, zarten Stängelspitzen roh essen oder in Koch- und Pfannengemüse verwenden.
Wurzeln: Die sehr faserreichen Wurzeln kann man aber von September bis ins Frühjahr auspressen. Der weiße Saft kann flach ausgebreitet an der Luft Feuchtigkeit abgeben. Die entstehende zähe Substanz kann dann als herbe und gesunde Nascherei verwendet werden.
Geschmack: Die Pflanze schmeckt streng wie der Strunk eines Kopfsalats und wird im Laufe des Jahres bitterer.

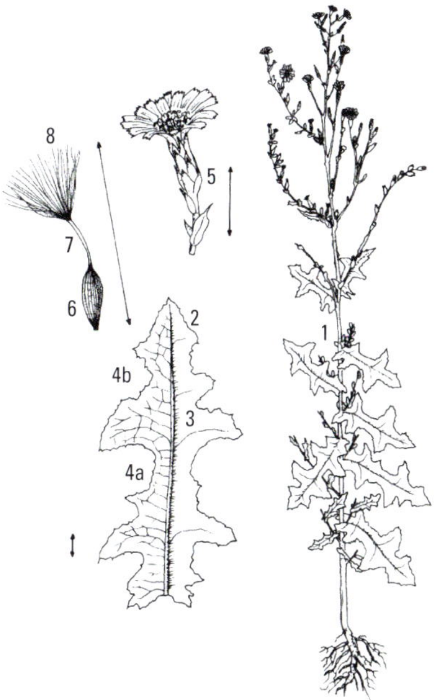

1 Blätter und Stängel enthalten einen dickflüssigen weißen Saft, den sogenannten Milchsaft.
2 Die Blätter sind blaugrün und steif.
3 Der Blattmittelnerv ist stark borstig.
4 Der Blattrand ist stark eingebuchtet (4a) und gezähnt (4b).
5 Ziegelartig angeordnete Blätter umrahmen die Hülle.
6 Die Samen sind graubraun und behaart.
7 Ein Schnabel verbindet Samen und Haarkranz.
8 Haarkranz und Schnabel (7) sind weiß.

Inhaltsstoffe

Eisen und Vitamine.

Heilwirkungen

Früher wurde der eingedickte Milchsaft als beruhigendes und Hustenreiz stillendes Mittel verwendet.

Acker-Hederich

Raphanus raphanistrum L.
Brassicaceae, Kreuzblütengewächse

einjährig	0,6 m	Mai bis Juni	weiß oder blassgelb

Auf nährstoffreichen, aber kalkarmen Lehmböden in Getreidefeldern bis etwa 1600 Meter Höhe. Versauerungszeiger.

Verwendung in der Küche

Blätter und Triebspitzen: Die aromatischen, jungen Blätter und Triebspitzen des Hederichs können von April bis Juni roh in Salate geschnitten oder gehackt in Kräutermischungen, Kräuterkäse, Saucen, Spinat, Gemüsesuppen und Eintöpfe gegeben werden.

Fruchtschoten: Von Juni bis Juli kann man die grünen, noch zarten Fruchtschoten roh essen.
Blüten: Die knospigen Blütenstände mit ihren noch zarten Stängeln ergeben im Juni ein würziges Gemüse oder eine knackige Salatzutat. Von Juni bis August steht der Hederich in Blüte. Die Blüten eignen sich als leicht würzende essbare Dekoration.
Samen: Die reifen Samen sammelt man von September bis Oktober. Aus dem Samenschrot gewinnt man Senf oder durch Pressung Speiseöl. Die Samen kann man auf der Fensterbank keimen lassen und im Winter wie Kresse verwenden.
Geschmack: Die Pflanze schmeckt kresse-senfartig.

Inhaltsstoffe

Scharf schmeckende Senfölglykoside mit antibakteriellen Eigenschaften, Vitamin C, Kalium und Eisen.

Heilwirkungen

Die antibakteriellen Inhaltsstoffe sind hilfreich gegen Erkältungen. Außerdem wirkt die Pflanze anregend auf die Tätigkeit von Magen, Darm, Leber und Nieren.

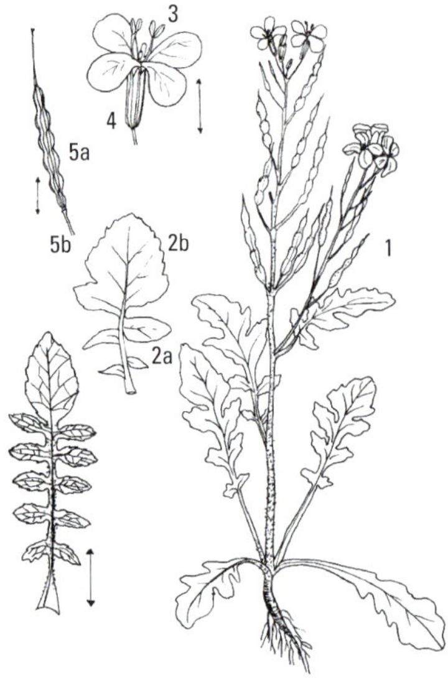

1 Der Hederich zeichnet sich durch aufrechten Wuchs aus.
2 Die Blätter setzen sich zuweilen aus schräg versetzten Blattlappen (2a) und einem größeren Endabschnitt (2b) zusammen.
3 Die Blüte hat 4 weiße oder blassgelbe Blütenblätter.
4 Der Blütenkelch ist schmal, lang und aufrecht.
5 Die Frucht ist gegliedert (5a) und gestielt (5b).

Löwenzahn, Wiesen-Kuhblume

Taraxacum officinale F. H. Wigg.
Asteraceae, Korbblütengewächse

mehrjährig	0,4 m	April bis Juli	gelb

Auf Wiesen, Äckern und Weiden in gemäßigtem Klima weltweit verbreitet. Blüte nur bei Sonne geöffnet. Wurzelt bis in 2 Meter Tiefe!

Verwendung in der Küche

Blätter: Die jungen, frischen Blätter des Löwenzahns sind von März bis Oktober eine Salat-Delikatesse. Lässt man sie fein geschnitten mit Salz oder in Wasser eine Stunde ziehen, werden sie milder. Durch das Zusammenbinden der

Blattrosetten im Frühjahr bleicht man die Blätter, wodurch ihr Geschmack milder wird. Klein gehackt kann man die Blätter über Suppen und Eintöpfe streuen oder als Spinat, als Brotbelag, zu Kräuterkartoffeln, in Eierspeisen oder in Kräuterkäse verwenden.
Blüten, Blütenknospen, Blütenstängel: Längsgeschnittene Blütenstängel eignen sich von April bis September als Salatzutat und Gemüse, nachdem man sie zuvor wie die Blätter in Salz oder Wasser hat ziehen lassen. Die Blütenblätter nutzt man von April bis Juli zur Herstellung von Gelee, Sirup oder Wein, gibt sie zu Gemüse oder bereitet damit Tee. Aus den Blütenknospen lässt sich ein Chutney herstellen. Sie eignen sich auch eingelegt in Essig als Kapern oder gebraten als Gemüse. Die abgeschnittenen gelben Blütenspitzen eignen sich für die Dekoration auf Salaten und Desserts.
Wurzeln: Von September bis März kann man die Wurzeln geschnitten als Salat anrichten oder als Gemüse verwenden. Aus den getrockneten Wurzeln gewinnt man durch Rösten einen Kaffee-Ersatz.
Geschmack: Die Pflanze schmeckt chicoréeartig. Die Blüten schmecken süß und honigartig.

Inhaltsstoffe

Bitterstoffe, Flavonoide, Cumarine, Phytosterole, etwa 1,1 % Schleimstoffe, im Frühjahr etwa 18 % Zucker (Fructose), ungefähr 2 % Inulin im Herbst bis auf 40 % ansteigend, hoher Kaliumgehalt von etwa 4,5 % im Kraut und 2,5 % in der Wurzel, fünfmal so viel Eiweiß, achtmal so viel Vitamin C und doppelt so viel Kalium, Magnesium und Phosphor wie Kopfsalat.

Heilwirkungen

Der Löwenzahn ist eine alte und gern genutzte Pflanze der Volksmedizin. Sie ist ein mildes Mittel zur Steigerung der Gallensekretion. Die ganze Pflanze einschließlich der Wurzel wirkt harntreibend und ist außerdem hilfreich bei Leberbeschwerden, Gicht und rheumatischen Erkrankungen. Volksmedizinisch auch als Blutreinigungsmittel, bei Verdauungsbeschwerden und als mildes Abführmittel. Äußerlich wird sie bei Ekzemen und anderen Hauterkrankungen angewendet. Der milchige Saft kann gegen Warzen eingesetzt werden, sollte aber nicht in die Augen gelangen. In der Homöopathie bei Magenentzündungen und Erkrankungen der Leber.

Hainsalat

Aposeris foetida (L.) Less.
Asteraceae, Korbblütengewächse

mehrjährig	0,2 m	Juni bis Aug.	gelb

In gut mit Nährstoffen versorgten Mischwäldern auf Lehm- und Tonböden bis in eine Höhe von 2000 Meter.

Verwendung in der Küche

Blätter: Die jungen, zarten Blätter des Hainsalats eignen sich von April bis Juni als kräftige Salatgrundlage. Ältere, etwas bittere Blätter sollten vor ihrer Verwendung 1–2 Stunden gewässert werden.
Wurzeln: Ab September bis ins Frühjahr kann man, solange der Boden nicht gefroren ist, die Wurzeln des Hainsalats ernten. Weiche, nicht ver-

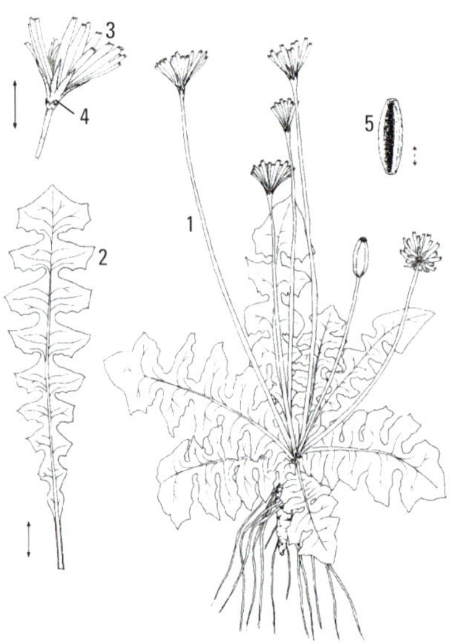

1 Die Stängel sind einköpfig, unverzweigt, nicht beblättert und enthalten Milchsaft.
2 Die Blätter erkennt man an ihren drei- bis fünfeckigen Abschnitten.
3 Die Blütenblätter sind gelb.
4 Diese Blätter nennt man Hüllblätter, sie kommen beim Hainsalat zweireihig vor.
5 Die Früchte sind etwa 0,5 cm lang.

holzte Wurzeln reinigt man am besten im Wasser mit einer Bürste und kocht oder backt sie als Gemüse oder schneidet sie in Suppen. Man kann die Wurzel aber auch trocknen und dann fein schroten. Der Schrot wird im Backofen oder in der Pfanne leicht geröstet und als Kaffee aufgebrüht. ***Geschmack:*** Die Pflanze hat einen herben Geschmack und erinnert im Geruch deutlich an Bratkartoffeln.

Inhaltsstoffe und Heilwirkungen

Über Inhaltsstoffe und Heilwirkungen ist uns bisher nichts bekannt.

Herbst-Schuppenlöwenzahn

Scorzoneroides autumnalis
Asteraceae, Korbblütengewächse

mehrjährig	0,4 m	Juli bis Sept.	gelb

In Wiesen- und Rasengesellschaften auf stickstoffreichen Lehm- und Tonböden bis in eine Höhe von etwa 1900 Meter.

Verwendung in der Küche

Blätter: Von April bis Juni eignen sich die jungen Blätter der Pflanze für Salate. Die recht bitteren Blätter können im Frühjahr zwei Wochen vor der Ernte als Strauss zum Bleichen hochgebunden werden, um so den herben Geschmack zu mindern. Dies erreicht man aber auch, indem man sie klein geschnitten etwa 2 Stunden in handwarmem Wasser ziehen lässt. Die Blätter eignen sich als herbe Beigabe zu Suppen, Fonds oder Gemüsegerichten. In feine Streifen geschnitten können sie als Würze für Kräuterquark, Bratlinge und Krautgemüsebrote verwendet werden.
Blütenknospen und Blüten: Von Juni bis Juli lässt man die Blütenknospen mit Wasser benetzt und mit Salz bestreut etwa eine Stunde ziehen und gibt sie dann in Salate und Gemüsegerichte oder legt sie wie Kapern ein. Die gelben Blüten, von Juli bis September sind milder im Geschmack. Die ausgezupften Blütenstrahlen streut

1 Der gefurchte und ästige Stängel enthält Milchsaft.
2 Die schmalen Blätter haben seitliche Ausbuchtungen.
3 Die Blätter wachsen bodennah in einem Blattkranz.
4 Die gelben Blütenblätter sind auf ihrer Unterseite teilweise rot gestreift.
5 Die Blätter, die die Blüte einrahmen, sind ziegelartig angeordnet.
6 Der Samen trägt an seiner Spitze einen Haarkranz, mit dessen Hilfe er durch den Wind verbreitet wird.

man als essbare Dekoration über Salate, würzige Aufstriche, Gemüsegerichte oder Suppen.
Wurzeln: Von September bis in den Winter verwendet man die geschälten Wurzeln zu Koch- und Backgemüse. Getrocknet, klein gehackt und geröstet lässt sich aus ihnen ein Kaffee aufbrühen.

Geschmack: Die Pflanze hat einen bitterlich-würzigen Geschmack.
Alle anderen mitteleuropäischen Leontodonarten sind ebenso verwendbar.

Inhaltsstoffe
Inulin in der Wurzel.

Heilwirkungen
Über Heilwirkungen ist uns bisher nichts bekannt.

Gewöhnliches Ferkelkraut
Hypochaeris radicata L.
Asteraceae, Korbblütengewächse

mehrjährig	0,5 m	Juni bis Okt.	gelb

Auf Wiesen und Rasen nährstoffreicher Lehm- und Tonböden bis in eine Höhe von 1400 m.

Verwendung in der Küche
Blätter: Bevor sich der Blütenstängel entwickelt, können die jungen Blätter des Ferkelkrauts von April bis Mai für Salate verwendet werden. Auch Suppen, Gemüsegerichten, Bratlingen und Krautgemüsebroten können die Blätter zugegeben werden.
Blütenknospen und Blüten: Im Mai findet man die ersten Blütenknospen. Diese werden in Salate

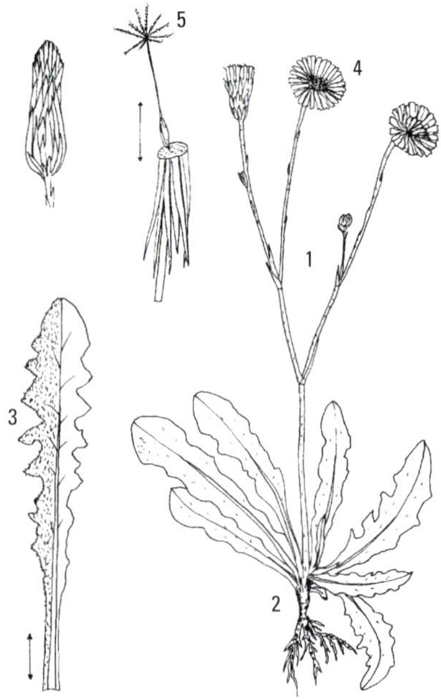

1 Der Stängel ist blaugrün und meist kahl oder fein behaart.
2 Die Blätter sitzen rosettenartig auf dem Erdboden.
3 Die länglichen, leicht fleischigen Blätter sind rauhhaarig und am Rand oft eingeschnitten.
4 Die Blütenköpfe stehen einzeln am Ende eines Stängels.
5 Der Haarkranz der Samen ist schirmförmig.

und Gemüsegerichte gegeben oder wie Kapern eingelegt. Die Blütenstrahlen der schönen, mild schmeckenden Blüten eignen sich von Juni bis Oktober als Dekoration von Desserts, Salaten, Gemüsegerichten, würzigen Aufstrichen und Suppen.
Wurzeln: Die Wurzeln nutzt man im März und April zu Koch- und Backgemüse oder getrocknet und geröstet als Kaffee-Ersatz.
Geschmack: Die Pflanze schmeckt salatartig, knackig, mild.

Inhaltsstoffe

Dazu ist uns nichts bekannt.

Heilwirkungen

Die Pflanze kann bei Beschwerden der Leber und der Galle und zur Verdauungsförderung genutzt werden. Man verwendet das Ferkelkraut ähnlich wie den Löwenzahn.

Feld-Kresse

Lepidium campestre (L.) R. Br.
Brassicaceae, Kreuzblütengewächse

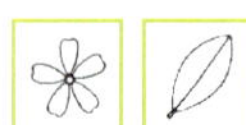

einjährig	0,4 m	April bis Juni	weiß

Auf kalkhaltigen Äckern und Wildkrautfluren auf Lehmböden bis in eine Höhe von etwa 1000 m.

Verwendung in der Küche

Blüten: Von April bis Mai eignen sich die noch knospigen Blütenstände der Feld-Kresse samt dem oberen Teil des Blütenstängels als eine würzige Zutat für Salate oder als ein in Butter erhitztes zartes Pfannengemüse.
Blätter: Von März bis Mai sind die Blätter, in Streifen geschnitten, eine Grundlage für verschiedene Salate, gedämpfte Gemüsegerichte, Gemüsefüllungen, Aufläufe und Suppen, auch können

sie in Kräuterquark, Kräuterbutter oder Pesto gemischt werden.
Samen: Die jungen, grünen, noch zarten Samenhülsen verwertet man von Ende Juni bis Anfang August als Gewürz zu vielen Speisen. Die ausgereiften Samen kann man von Juli bis August mahlen und mit etwas Essig und Salz zu Senf verrühren.
Geschmack: Die Pflanze hat einen herben kresse- bis senfartigen Geschmack.
Alle anderen mitteleuropäischen Kressearten *(Lepidium)* sind in gleicher Weise verwendbar.

Inhaltsstoffe

Scharf schmeckende Senfölglykoside, ätherisches Öl, antibiotisch wirksames Benzylsenföl, Vitamin B_1, B_2, B_3, B_6, Folsäure, E, K und reichlich Vitamin C.

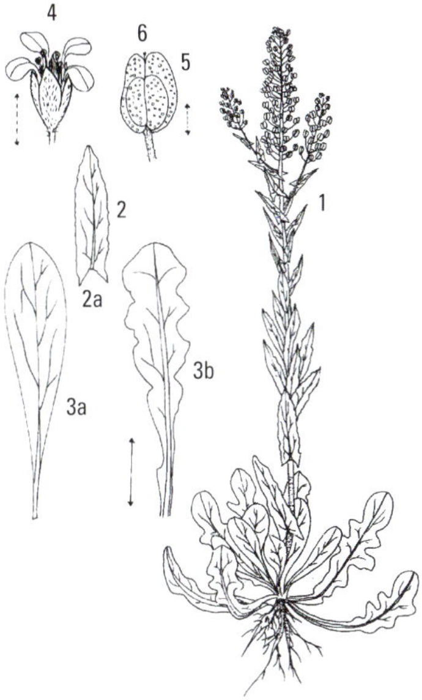

1 Der Stängel ist aufrecht und oben verzweigt.
2 Die Form der Blätter der oberen Stängelhälfte ist länglich mit einer pfeilförmigen Basis (2a).
3 Die Blätter sind am Grund gestielt, in der Form länglich und am Rand glatt (3a) oder tief eingeschnitten (3b).
4 Die Blüte hat 4 Blütenblätter.
5 Die Frucht ist dicht mit Bläschen bedeckt.
6 An der Spitze der Frucht befindet sich ein kurzer Griffel.

Heilwirkungen

In der Volksmedizin wird die Feld-Kresse ähnlich wie die Brunnenkresse zur Blutreinigung, bei Zahnfleischerkrankungen und zur Verdauungsförderung angewendet. Die Pflanze hat eine antibakterielle Wirkung. Alle Kressen wirken harndesinfizierend.

Gewöhnliches Hirtentäschel

Capsella bursa-pastoris (L.) Med
Brassicaceae, Kreuzblütengewächse

einjährig	0,5 m	Jan. bis Dez.	weiß

An nährstoffreichen Standorten in Siedlungsnähe. Zumeist auf Lehmböden bis in eine Höhe von 2000 m. Bis 90 cm tief wurzelnde Pionierpflanze.

Verwendung in der Küche

Wurzeln: Beim Hirtentäschel kann man von noch nicht blühenden Pflanzen die Wurzel ernten, solange diese noch zart ist. Sie wird als Trockengewürz genutzt.

Samen: Von Juni bis September kann man die Samen schroten, pressen und mit Essig und Salz zu einem Senf bereiten.
Blüten und Samentaschen: Blüten und Samentaschen eignen sich als dezent würzige essbare Dekoration. Die noch knospigen Blütenstände samt dem oberen Teil des Blütenstängels ergeben von März bis Juni ein zartes Pfannengemüse oder eine würzige Salatbeigabe. Man kann sie auch in Nussöl und Salz marinieren.
Blätter und Triebe: Zarte Blätter und weiche Triebe lassen sich von März bis Juni als Gemüse dämpfen oder als Spinat zubereiten. Man kann sie jedoch auch in Salate schneiden oder roh auf Broten und Pizzen servieren. Zur Bevorratung und zur Teebereitung werden die Blätter getrocknet.
Geschmack: Der Grundgeschmack der Pflanze ist kresseartig und erinnert an Rucola. Die Wurzel schmeckt ingwerähnlich.

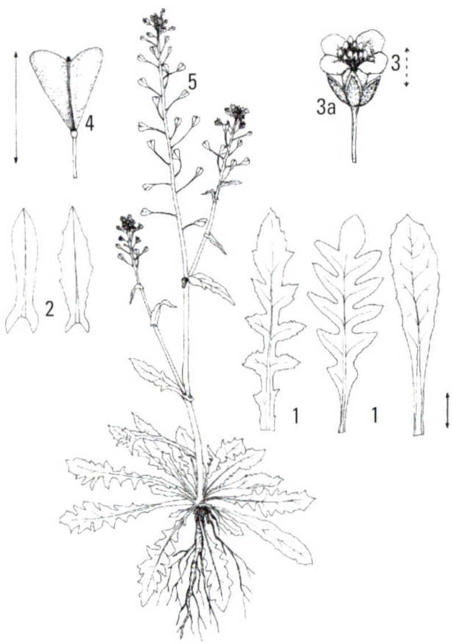

1 Die bodennahen Blätter sind gestielt.
2 Die Stängelblätter umfassen den Stängel.
3 Die Blüte wird nur ca. 3 mm lang und ist behaart (3a).
4 Die Frucht ist ein dreieckiges Schötchen und misst ca. 8 mm.
5 Die Fruchtstiele stehen vom Stängel ab.

Inhaltsstoffe

Aminosäuren, vor allem Prolin, Saponine, geringe Mengen an Flavonoiden wie Rutin und Luteolin, organische Säuren, Senfölglykoside und Kaffeesäurederivate. Die Pflanze ist reich an Calcium und Kalium; 100 g Blätter enthalten bis zu 177 mg Vitamin C.

Heilwirkungen

Volksmedizinisch zur Blutstillung bei oberflächlichen Wunden, Nasen- und Monatsblutungen. Früher wurde die Pflanze als Ersatz für das Mutterkorn bei Blutungen der Gebärmutter eingesetzt. Homöopathisch bei Blutungen, Gallen- und Nierenerkrankungen.

Wiesen-Platterbse

Lathyrus pratensis L.
Fabaceae, Schmetterlingsblütengewächse

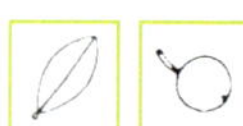

mehrjährig	0,7 m	Juni bis Juli	gelb

An feuchten und stickstoffreichen Standorten auf Wiesen und im Wald auf Lehm- und Tonböden bis in etwa 1300 m Höhe.

Verwendung in der Küche

Blätter und Triebspitzen: Die mit den Erbsen verwandte Wiesen-Platterbse bietet im Frühjahr ein wohlschmeckendes Gemüse. Die jungen Triebspitzen und die zarten Blätter können von März bis April zu Kochgemüse oder Gemüsefüllungen verarbeitet werden. Auch gedünstet als Spinat eignen sie sich. Roh sollte man sie nicht essen.

Samen: Ab Juli findet man junge Samenschoten, die wie grüne Bohnen zubereitet werden können. Ab August sind die Schoten zu zäh, man kann dann aber die inneren Samen wie Erbsengemüse verwenden oder sie trocknen und mahlen. Aus dem Mehl, gemischt mit Getreidemehl, lassen sich Bratlinge und Gebäck herstellen.

1 Der Stängel ist weichhaarig.
2 Die rankenden Blätter bestehen aus einem Blattpaar und einer verzweigten Ranke.
3 Die Teilblätter sind etwa dreimal so lang wie breit.
4 Am Stängel wachsen pfeilförmige Blätter ohne Ranke.
5 Die Blüten erscheinen in mehrblütigen Trauben.
6 Die gelbe Blüte gehört zu den Schmetterlingsblüten.
7 Der Blütenkelch hat 5 spitze, ungleich lange Zipfel.
8 Die Frucht ist behaart und enthält bis zu 12 Samen.

Geschmack: Die Pflanze schmeckt erbsenartig.

Inhaltsstoffe

Mineralstoffe, Vitamine, Stärke und Zucker.

Heilwirkungen

Uns sind keine erwähnenswerten medizinischen Anwendungen bekannt.

Himbeere

Rubus idaeus L.
Rosaceae, Rosengewächse

Strauch	1,5 m	Mai bis Juni	weiß

Auf Lichtungen im Wald, an Wegen oder Schlägen.

Verwendung in der Küche

Blätter: Im April können die Blätter der Himbeere wie die der Brombeere verwertet werden, siehe Seite 134. Auch später im Jahr erhält man nach ihrer Trocknung fermentiert einen guten Tee.

Bodentriebe: Von März bis April können die zarten einjährigen Bodentriebe geschält als aromatisches Pfannengemüse zubereitet werden.
Früchte: Die Himbeeren kann man von August bis September roh essen oder zu Fruchtsaft, Fruchtessig, Fruchtsirup, zu Fruchtaufstrichen, zu Kompott, zu Wein und zu Spirituosen verarbeiten. Beliebt sind sie als wohlschmeckender Tortenbelag. Aufbewahrt werden sie meistens getrocknet und dann als Tee aufgebrüht oder in Obstsalat oder Müsli gegessen. Man kann sie auch gut einfrieren.
Blüten: Die Blüten eignen sich von Mai bis Juni als essbare Dekoration.
Geschmack: Die weichen Beeren sind süß. Die Blätter haben einen stumpfen, aromatisch apfelartigen Geschmack. Fermentiert erinnern sie auch an schwarzen Tee.

Inhaltsstoffe der Blätter

Gerbstoffe, Flavonoide, Kalium, Magnesium, Mangan, Eisen, Vitamin C und E und Aromastoffe.

Heilwirkungen

Die Verwendung der Blätter ist ähnlich wie bei der Brombeere zum Gurgeln bei Entzündungen

des Mund- und Rachenraums und bei leichten Durchfallerkrankungen. Neu ist der Einsatz in der ganzheitlichen Medizin zur Erleichterung der Geburt. Die Inhaltsstoffe sollen die Gebärmutter stärken und Verkrampfungen lösen. Auch nach der Geburt ist der Tee hilfreich und regt die Milchbildung an. Dank ihrer Fruchtsäuren (hauptsächlich Zitronensäure) wirken Himbeeren harntreibend. Himbeeren enthalten auch sekundäre Pflanzenstoffe aus der Gruppe der Flavonoide, insbesondere antioxidativ wirkende Anthocyane. Der hohe Ballaststoffgehalt wirkt anregend auf die Verdauung. Der Saft der Beeren ist verdünnt ein ausgezeichnetes Getränk bei fieberhaften Erkrankungen. Er wird auch gern arzneilichen Zubereitungen als Korrigens zugesetzt.

Pastinak

Pastinaca sativa L.
Apiaceae, Doldengewächse

einjährig	1 m	Juli bis Sept.	gelb

Auf trockenen, zumeist kalkigen Wiesen oder entsprechenden Standorten wie zum Beispiel Grünstreifen auf Ton- oder Lehmböden bis in eine Höhe von 1000 m.

Verwendung in der Küche

Der Pastinak ist mit der Möhre verwandt und wird dementsprechend verwendet.
Samen: Von August bis September verwendet man die Samen als kümmelähnliches Trockengewürz für Salate, Würzmuse, Sauerkraut und Backkartoffeln, aber auch als Aroma für Spirituosen.
Blätter, Triebspitzen, Stiele: Von April bis Juli eignen sich die weichen Blätter, Triebspitzen und weichen Stiele als Zutat für verschiedene Salate oder viele Gemüsegerichte. Als Gewürz kann man sie auch in Kräuterbutter und Kräuterquark geben oder einfach aufs Butterbrot legen.
Wurzeln: Im ersten Herbst der Pflanze lagern die Wurzeln wichtige Inhaltsstoffe ein. Von Septem-

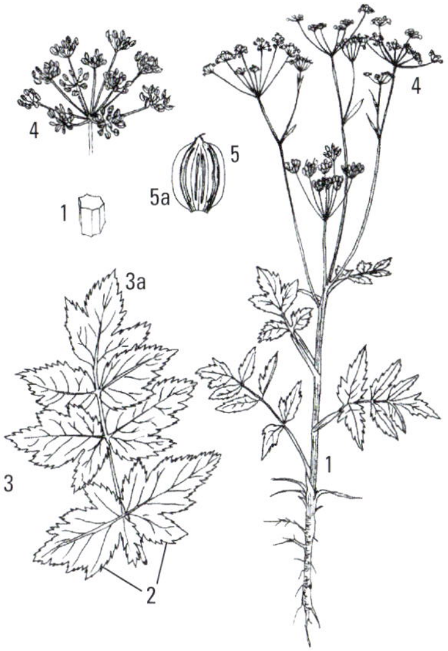

1 Der Stängel ist kantig gefurcht und leicht behaart.
2 Jeweils 2 Blättchen sitzen sich gegenüber und bilden ein Teilblattpaar.
3 Insgesamt besteht das Blatt aus bis zu 7 Teilblattpaaren und einem einzelnen endständigen Teilblatt an der Spitze (3a).
4 Der Blüten- und Fruchtstand setzt sich aus 7 bis 20 Strahlen zusammen.
5 Die Frucht ist 5–7 mm lang, oval, flach und am Rand zu beiden Seiten durch flache Flügel (5a) gekennzeichnet.

ber bis in das Frühjahr des zweiten Jahres kann man sie am besten ernten. Sie eignen sich fein geschnitten für Salate. Nach der ersten Frosteinwirkung sind sie weicher. Man kann sie gut als Koch-, Back- und Pfannengemüse nutzen. Auch gekocht lassen sie sich zu einem schmackhaften Salat verwenden.

Blüten und Blütenknospen: Von Juli bis August sind die Blüten und Blütenknospen eine intensiv aromatische Gemüseeinlage oder essbare Dekoration.

Geschmack: Der Grundgeschmack ähnelt dem der Wilden Möhre, ist jedoch etwas schärfer. Die Wurzeln schmecken süßlich. Der Geschmack von Kraut und Samen erinnert an Möhren und Anis, ist süß und scharf.

Inhaltsstoffe

Ätherisches Öl, Inulin, Alkaloide, Furocumarine (photosensibilisierende Wirkung), Vitamin A, B und C, fettes Öl und Mineralstoffe, insbesondere Kalium.

Heilwirkungen

Alle Teile des Pastinaks werden in der Volksmedizin in Form eines Tees (1 TL pro Tasse) als harntreibendes und verdauungsförderndes Mittel eingesetzt. Der Tee wirkt auch schmerzlindernd und fördert den Schlaf. Die Pastinakwurzel ist ein wertvolles Nahrungsmittel und wegen des enthaltenen Inulins auch für Diabetiker geeignet. Sie liefert reichlich Eiweiß, Vitamine und Mineralstoffe und stärkt den Organismus.

Echte Walnuss

Juglans regia L.
Juglandaceae, Walnussbäume

Baum	25 m	Mai	grün

Verwildert vor allem in Weinbaugebieten, in Auen- und Hangwäldern und Feldhecken.

Verwendung in der Küche

Blätter: Von April bis August wurden die großen Blätter der Walnuss früher als Beigabe zu Rauchtabak verarbeitet. Man nutzte sie auch getrocknet in Teemischungen.
Stamm: Im April lässt sich auch der Saft des angeritzten Stammes als Sirup nutzen (nur sehr maßvoll nutzen, da Rindenverletzungen dem Baum erheblich schaden können). Man kann den Saft durch langes Köcheln eindicken. Der Sirup hat eine herbe Süße.
Samen: Aus den Samen presst man im September ein hochwertiges, nussaromatisches Speiseöl, das sich hervorragend für Salate eignet. Weiterhin verwendet man die Samen auch als Zutat für Desserts, Saucen, als rohe Nascherei oder für kräftige Salate. Geröstet entfalten die Samen ein besonderes Aroma. Sie finden deshalb beim Backen von Brot, Kuchen und Gebäck Verwendung. Die noch grünen, runden Samenschalen gebrauchte man von Juli bis August zur Herstellung von Bitterlikören. Zu dieser Jahreszeit kann man auch die in Scheiben geschnittenen weichen, unreifen Walnüsse mit ihrer Schale als »Pickles« in Essig scharf-sauer einlegen.
Geschmack: Die grünen Teile der Pflanzen schmecken gerbstoffhaltig-scharf-bitter, die Samen nussig.

Inhaltsstoffe

Getrocknete Blätter: Etwa 10 % Gerbstoffe (hauptsächlich Ellagitannine), 3,4 % Flavonoide (Hyperosid und Quercetin), färbende Glykoside (Juglon), besonders erwähnenswert der hohe Vitamin-C-Gehalt von etwa 1 %.
Nüsse: Sehr mineralstoffreich, insbesondere Magnesium, Kalium, Calcium und Kupfer, viele Vitamine in weit höherer Konzentration als bei vielen Obst- und Gemüsearten, besonders viel Vitamin E, hoher Gehalt an wertvollen ungesättigten Fettsäuren, das Hormon Melatonin.

Heilwirkungen

Getrocknete Blätter:Die Anwendung erfolgt vor allem äußerlich mit Bädern, Spülungen und Umschlägen bei Hautleiden. Die Inhaltsstoffe sind wirksam gegen Pilze und Bakterien und hemmen die Schweißsekretion. Volksmedizinisch auch innerliche Anwendung bei Hautleiden, als Wurmmittel und bei Magen- und Darmkatarrhen.
Nüsse: Die Walnuss ist ein wertvolles Nahrungsmittel für Gicht- und Nierenkranke und wirkt cholesterinsenkend. Nach neueren Erkenntnissen hat die Walnuss krebshemmende Wirkung.

Schwarzer Holunder

Sambucus nigra L.
Caprifoliaceae, Geißblattgewächse

Strauch	7 m	Mai bis Juni	cremig weiß

In Auwäldern, am Waldrand und in Siedlungsnähe. Stickstoffzeiger.

Verwendung in der Küche

Blätter: Der Schwarze Holunder hat im April junge Blattaustriebe, die getrocknet in Kräutertabakmischungen gegeben wurden.
Blüten: Von Mai bis Juni lässt sich das intensive Aroma der Blüten in Essig, Wein, Limonaden, Süßspeisen und Tees nutzen. Die Blüten selbst backt man dünn in Stärkemehl aus oder streut

sie über Salate, nachdem man sie mit der Schere von den Stielen abgetrennt hat.
Blütenknospen: Von April bis Mai kann man die abgekochten Blütenknospen sauer und salzig eingelegen wie »Pickles«.
Beeren: Ebenso verwendet werden in geringen Mengen im Juli die noch nicht ausgereiften, grünen Beeren. Reife Holunderbeeren kann man von August bis September in kleinen Mengen roh essen oder in größeren Mengen entsaften. Aus dem Saft wird durch langes Köcheln eine ungesüßte Vorratswürze, als Getränk und Sirup muss er gesüßt werden. Aus dem Beerensaft macht man auch Fruchtaufstriche, Wein und Essig. Getrocknete Beeren eignen sich als Nascherei, aber auch als Sauergewürz.
Hinweis! Unreife Früchte und rohe reife Früchte nur in geringen Mengen verwenden, da sie zuweilen Durchfall und Übelkeit hervorrufen können. Gekochte Früchte und die Blüten sind unbedenklich.
Geschmack: Die Beeren schmecken herb, aromatisch, fruchtig. Die Blüten duften intensiv süßlich, ananasartig.

Inhaltsstoffe

Blüten: Ätherisches Öl, hoher Anteil an freien Fettsäuren, bis 3,5 % Flavonoide (vor allem Rutin), Gerbstoffe und Schleime, bemerkenswert ist der Gehalt an Kaliumsalzen (4–9 %).
Früchte: Ätherisches Öl, Flavonoide, Anthocyane, Zucker (7,5 %), Fruchtsäuren, Vitamine: in 100 g der frischen Beeren etwa 65 mg Vitamin B_2, 18 mg Vitamin C und 17 mg Folsäure.
Blätter, Rinde, Blausäureglykoside.

Heilwirkungen

Blüten: Die Blüten werden arzneilich verwendet. Die Blüten (2 TL pro Tasse) wirken schweißtreibend und werden häufig zusammen mit Lindenblüten bei Erkältungskrankheiten angewendet. Außerdem fördern sie die Bronchialsekretion. Volksmedizinische Verwendung zur Herstellung von Gurgelwasser.
Früchte: Auch die Früchte werden arzneilich verwendet. Die Beeren und der daraus gewonnene Saft wirken insbesondere wegen des Gehalts an Anthocyanen antioxidativ und stärken das Immunsystem. Die Volksmedizin setzt sie bei Ischias und Nervenschmerzen ein. Wegen der intensiven Färbekraft der Inhaltsstoffe dienen die Beeren auch als Quelle für Lebensmittelfarben.

Hunds-Rose

Rosa canina agg.
Rosaceae, Rosengewächse

Strauch	3 m	Juni	rosa

An Waldrändern, in Hecken und in lichten Wäldern.

Verwendung in der Küche

Blüten: Die Hunds-Rose bietet im Juni wunderschöne Blüten, die unmittelbar nach dem Erblühen am aromareichsten sind. Man kann sie kandieren, ausgekocht zu Gelee verarbeiten oder in den Teig für süße Crêpes einkneten. Natürlich eignen sie sich auch als essbare Dekoration oder als Aromalieferant für Wein, Essig und Tee. Getrocknet verwendet man sie in Rauch- und Schnupftabakmischungen.

Früchte: Die Früchte werden im September zu süßen Fruchtaufstrichen oder mit Oregano oder ähnlichen Kräutern gewürzt zu einer Art Tomatensauce passiert. Auch werden sie in Suppen mitgekocht oder in Spirituosen verarbeitet. Getrocknet findet man sie in vielen Trockenteemischungen. Aus den Fruchtkernen wird eine Art Kaffee geröstet oder ein Tee aufgebrüht. In Notzeiten wurden sie auch pulverisiert und unter Getreidemehl gemischt.
Blätter: Im Frühjahr gibt man die jungen Blätter fein gehackt in Eintöpfe.
Geschmack: Die süßlich duftenden Blüten schmecken mild säuerlich. Das Fruchtmus erinnert tatsächlich an Tomatenpüree. Die wenig aromatischen Blätter schmecken apfelartig.
Hinweis! In Teilen Österreichs ist diese Pflanze selten und sollte dort nicht wild gesammelt werden.
Alle mitteleuropäischen Rosenarten *(Rosa)* lassen sich ebenso verwenden.

Inhaltsstoffe

Sehr hoher Vitamin-C-Gehalt (Ascorbinsäure) in den samenlosen Schalen, nur der Sanddorn hat einen ähnlich hohen Gehalt, schon 25 g der Frucht decken den Tagesbedarf, außerdem Vitamine A, K, P und B-Vitamine, bis 15 % Pektine, Zucker, Fruchtsäuren und Gerbstoffe, wenig ätherisches Öl, Carotinoide als rote-gelbe Farbstoffe.

Heilwirkungen

Arzneilich werden die getrockneten Fruchtschalen bei Entzündungen im Rachen empfohlen. Volksmedizinisch zur Steigerung der Abwehrkräfte und zur Vorbeugung bei Erkältungskrankheiten wegen des hohen Vitamin-C-Gehalts. Sie wirken mild abführend und harntreibend. Zusammen mit den Früchten können auch die Blüten verwendet werden. Die äußerliche Anwendung des angenehm duftenden Tees in Form von Umschlägen wirkt belebend und ausgleichend auf die Haut. Die Kerne können als Tee genossen bei der Behandlung von Blasen- und Nierensteinen hilfreich sein.

Echtes Mädesüß

Filipendula ulmaria L.
Rosaceae, Rosengewächse

mehrjährig	1,5 m	Juni bis Aug.	cremefarben

In nassen Gräben und Wiesen sowie an Ufern und Quellen auf nährstoffreichen Lehm- und Tonböden bis in eine Höhe von etwa 1400 m.

Verwendung in der Küche

Früchte, Blüten, Blütenknospen: Die spiralförmigen jungen Früchte des Mädesüß eignen sich im August wie auch die Blüten und Blütenknospen von Juni bis August als Aroma zu süßen Desserts, Spirituosen, Bier, Limonade und Tee.
Blätter: Ganz junge, weiche Blätter kann man im April auch Gemüsegerichten wie dem Spinat hinzufügen oder zum Würzen verschiedener Salate verwenden. Zur Bevorratung kann man sie trocknen und auch als Tee zubereiten.
Wurzeln: Ab Ende März und im April nutzt man die Wurzeln in geringen Mengen als Zutat für Kochgemüse und Suppen.
Geschmack: Der Geschmack ist mandelartig. Der intensive Duft, der sich beim Zerreiben aller Pflanzenteile entwickelt, ist honigartig süß.

Inhaltsstoffe

Bis 5 % Flavonoide, Gaultherin, Heliotropin, ätherisches Öl (Hauptwirkstoff Salicylaldehyd), Vanillin, Salizylsäureverbindungen, Spiraein (Farbstoff), Gerb- und Schleimstoffe, Kieselsäure und Zitronensäure.

Heilwirkungen

Arzneiliche Verwendung finden Blüten und Kraut. Anwendung des heißen Aufgusses (2 TL pro Tasse) als schweißtreibendes Mittel bei Erkältungskrankheiten. In einer russischen Veröffentlichung wird eine Wirkung gegen Tumoren und ein ausgleichender Effekt auf das Immunsystem beschrieben. Volksmedizinisch zur Anregung der Harnfunktion bei Nierenproblemen, Ödemen und Stoffwechselstörungen. Außerdem bei Muskel-, Gelenkrheumatismus und Gicht.

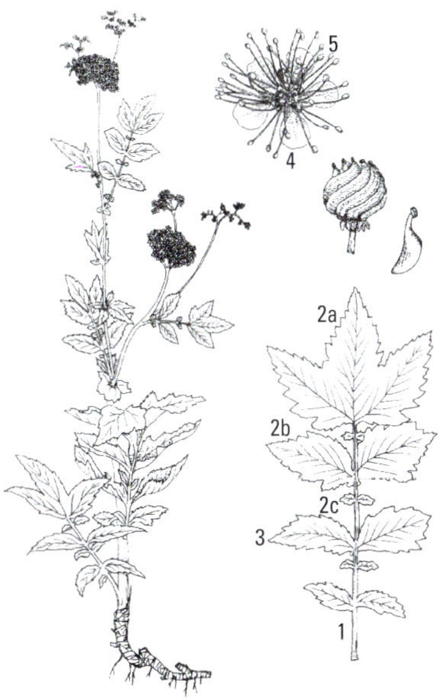

1 Der Blattstängel ist oft rötlich gefärbt.
2 Das Blatt ist aus einem dreilappigen Endteilblatt (2a), 2 bis 5 Paaren größerer Teilblätter (2b) und 2 bis 5 Paaren kleiner Teilblätter (2c) zusammengesetzt.
3 Der Blattrand ist gesägt.
4 Die Blüte hat 5 bis 6 Blütenblätter.
5 Die Blüte hat viele Staubbeutel.

Die Homöopathie verwendet Potenzierungen bei Rheuma, Wasseransammlungen und Akne. Bei grippalen Infekten kann man sich die fiebersenkende und schmerzlindernde Wirkung der Pflanze zunutze machen. Auch aus der Wurzel kann ein wirksamer Tee angesetzt werden. Hierzu lässt man die Wurzelstücke mehrere Stunden in kaltem Wasser weichen, kocht sie kurz auf und trinkt den Tee über den Tag verteilt in kleinen Schlucken.

Echte Nelkenwurz

Geum urbanum L.
Rosaceae, Rosengewächse

mehrjährig	0,7 m	Mai bis Sept.	gelb

In krautreichen, eher feuchten Wäldern, sowie an schattigen Mauern und Zäunen auf nährstoffreichen Lehm- und Tonböden bis in etwa 1000 m Höhe. Nährstoffzeiger.

Verwendung in der Küche

Blätter: Die noch weichen, jungen Blätter der Echten Nelkenwurz können von März bis April

als Zutat für verschiedene Salate, Gemüsegerichte und Gemüsefüllungen genutzt werden. Man kann sie auch in Kräuterquark oder Pesto mischen. Die etwas derberen Blätter nutzt man für Kräutersalze.

Blüten und Blütenknospen: Über Salate und warme Speisen können die von Mai bis Juni geernteten Blüten und Blütenknospen als essbare Dekoration gestreut werden. Gegart eignen sich die Blütenknospen auch als Gemüse.

Wurzeln: Von September bis in den Winter hinein erntet man die Wurzeln der Echten Nelkenwurz. Sie eignen sich gerieben als Trockengewürz, frisch zum Mitkochen in Gemüsesuppen oder als Würze für Biere, Limonaden, Spirituosen und andere Getränke, wie zum Beispiel Gewürztee mit Milch.

Geschmack: Die Wurzeln haben ein dominierendes herb-süßliches Gewürznelkenaroma. Die Blätter und Blüten sind auch im jungen Zustand etwas bitter.

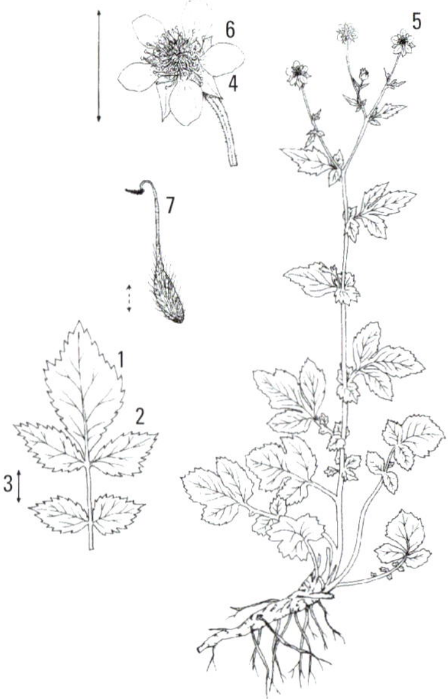

1 Sägeblattartiger Blattrand.
2 Der obere Teil des Blattes ist oft dreiteilig.
3 Das gesamte Blatt wird bis zu 20 cm lang.
4 Die 5 Blütenblätter sind gelb.
5 Die Blüte steht einzeln und aufrecht am Ende des Blütenstängels.
6 Die abstehenden Kelchblätter neigen sich bei der Echten Nelkenwurz nach unten, wenn die Blüte welkt.
7 Die Frucht hat einen gekrümmten Fortsatz.

Inhaltsstoffe

Bis zu 18 % Gerbstoffe vom Gallotannintyp, Zucker, ätherisches Öl (überwiegend Eugenol).

Heilwirkungen

Die Wurzeln werden arzneilich verwendet. Volksmedizinisch als Tee (1 TL auf 250 ml Wasser) gegen Durchfall, Gicht, Blutungen und bei Schleimhaut- und Zahnfleischentzündungen. Außerdem zur Fiebersenkung, Regulation von Leber und Galle und bei nervösen Befindlichkeitsstörungen. Die Pflanze verspricht ferner Linderung bei Verstimmungen im Magen-Darm-Trakt. Das in der Wurzel enthaltene ätherische Öl wirkt antiseptisch. Teezubereitungen können auch äußerlich bei Krampfadern und Hämorrhoiden angewendet werden. Die Homöopathie nutzt die Nelkenwurz bei übermäßiger Schweißabsonderung.

Eberesche, Vogelbeere

Sorbus aucuparia L.
Rosaceae, Rosengewächse

Baum	15 m	Mai bis Juni	weiß

In Mischwäldern und an Waldrändern im Hügel- und Bergland.

Verwendung in der Küche

Blüten und Blätter: Man erntet bei der Eberesche von Mai bis Juni die weichen, weißen Blüten und nutzt sie als Gewürz in Süßspeisen. Blüten und Blätter können im Frühjahr, insbesondere im Mai, als Tee verwendet werden.
Früchte: Nach dem ersten Frost erntet man die dann milder schmeckenden Früchte. Sie werden in Spirituosen eingelegt oder zu Mus passiert. Das Mus verwendet man zum Würzen von Aufstrichen, Kompott, Saucen und Getränken. Das getrocknete Mus wurde früher auch unter Brotteig geknetet. Die getrockneten Früchte eignen sich als bitter-saure Nascherei oder als Beimischung zu Tee.
Samen: Die Samen röstet man und nutzt sie als Kaffee-Ersatz.
Geschmack: Die Früchte haben einen sehr intensiv bitter-sauren Geschmack. Die Blüten sind sauer und mandelartig.
Hinweis! Rohe Früchte können in großen Mengen unbekömmlich sein.

Inhaltsstoffe in den Beeren

(Para-)Sorbinsäure, Zitronen- und Apfelsäure, Gerbstoffe, Sorbit, Pektin, Carotinoide und viel Vitamin C.

Heilwirkungen

Die frischen Beeren sind nur in kleinen Mengen verzehrbar. Größere Mengen führen zu Erbrechen und Durchfall. Die Beeren sollten vor der Verwendung gekocht werden, dabei werden die unbekömmlichen Inhaltsstoffe zerstört. Die gekochten Beeren wirken mild abführend und harntreibend. Sie werden seit alters wegen ihres hohen Vitamin-C-Gehalts gegen Skorbut und Erkältungskrankheiten eingesetzt. Darüber hinaus ist die volksmedizinische Wirkung der Beeren bei Rheuma und Gicht belegt. Früher wurde aus den Beeren der Zuckeraustauschstoff Sorbit gewonnen, der für Diabetiker geeignet ist. Die in den Beeren enthaltene Sorbinsäure hat eine konservierende Wirkung, insbesondere gegen Pilze und Bakterien. Die Blätter können zu einem Tee gebrüht werden, der bei Beschwerden des Magens hilft, blutreinigend wirkt und die Harnwege reinigt.

Kleine Bibernelle

Pimpinella saxifraga agg.
Apiaceae, Doldengewächse

mehrjährig	0,5 m	Juni bis Okt.	gelblich weiß

An sonnigen, trockenen und meist kalkhaltigen Standorten auf unterschiedlichen Böden. Magerkeitszeiger.

Verwendung in der Küche

Ähnlich wie Dill und Fenchel verwendet man die Kleine Bibernelle hauptsächlich als Gewürz.

Stängel und Blätter: Von April bis Juni können die jungen Stängel und Blätter als Erfrischung roh gegessen werden. Die würzigen jungen Blätter eignen sich auch als würzende Zutat für verschiedene Salate und Crème-fraîche-Saucen, gegart werden sie zu besonderen Gemüsegerichten.
Blüten: Die Blütendolden sammelt man von Juni bis Oktober und nutzt sie als Gewürz, als essbare Dekoration oder als Aroma zu Würzölen. Die Blüten aromatisieren auch Süßspeisen, Bonbons und Gebäck.
Früchte: Von August bis September erntet man die Früchte und bereitet aus ihnen Tee oder kandiert sie. Sie eignen sich auch als Gewürz bei der Herstellung von Kräutersalzen, Essig und Spirituosen.

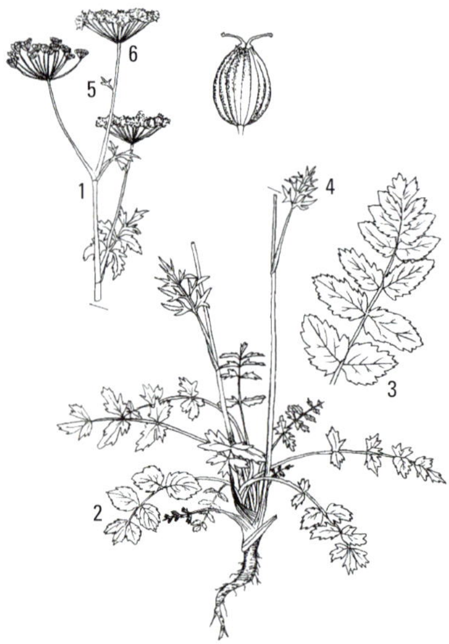

1 Der Stängel ist meist rund.
2 Die bodennahen Blätter bestehen aus mehreren sich gegenüberstehenden Blättchenpaaren und einem Endblättchen.
3 Die Einzelblättchen sind ungestielt, ihr Rand ist gesägt.
4 Am Stängel befinden sich kleinere, zusammengesetzte Blätter.
5 An der oberen Stängelhälfte sind die Blätter oft unvollständig ausgebildet.
6 An der Basis der langen Doldenäste finden sich keine Hüllblätter.

Wurzeln: An noch nicht blühenden Pflanzen sammelt man von September bis ins Frühjahr hinein die Wurzeln und gibt sie in Gemüsesuppen.
Geschmack: Das Aroma und der Duft der Blüten und Samen ist intensiv herbsüß und erfrischend. Stängel und Blätter schmecken gurkenähnlich. Alle anderen mitteleuropäischen Pimpinellaarten sind in gleicher Weise verwendbar.
Hinweis! Es gibt giftige Pflanzen mit einem ähnlichen Blütenstand, deren Blätter jedoch anders geformt sind (vgl. Seite 205ff.).

Inhaltsstoffe

Bis zu 0,6 % ätherisches Öl im getrockneten Kraut, Cumarine, Flavonoide, etwa 1 % Saponine.

Heilwirkungen

Die Wurzel wird arzneilich verwendet. Sie kann als schleimlösendes Mittel bei Husten und Katarrhen gute Dienste leisten. Aufgüsse und Extrakte eignen sich als Gurgelmittel bei entzündlichen Erkrankungen des Mund- und Rachenraums. Die Volksmedizin spricht der ganzen Pflanze einen positiven Einfluss auf Magen und Darm zu. Außerdem steigert sie die Harnproduktion. Homöopathisch bei Kopfschmerzen, Nasenbluten, steifem Nacken und Wirbelsäulenbeschwerden.

Gänse-Fingerkraut

Potentilla anserina L.
Rosaceae, Rosengewächse

mehrjährig	0,3 m	Juni bis Aug.	gelb

Auf nährstoffreichen, oftmals verdichteten Lehm- und Tonböden an Wegen und Ufern bis in etwa 1000 m Höhe. Unempfindlich gegen Streusalz.

Verwendung in der Küche

Blätter: Das Gänse-Fingerkraut bietet von April bis Mai junge, silbrig behaarte, fiedrige Blätter, die gehackt in Kräutermischungen, Kräuterkäse, Salate und Salatsaucen gegeben werden. Man kennt sie aber auch in Öl gedünstet oder als Kräuterpüree. Auch zur Teebereitung lassen sich die Blätter verwenden.
Blüten: Von Juni bis August bilden sich die charakteristischen Blüten. Die Blütenblätter eignen sich als essbare Dekoration auf Brotzeittellern.
Wurzeln: Von September bis ins Frühjahr werden die knollenartigen Wurzeln gesammelt. Man verzehrt sie roh beispielsweise in Salate geraspelt oder gegart zu Gemüseeintöpfen, Backgemüse und auch nach dem Garen sauer eingelegt. Getrocknet kann man sie zu Mehl mahlen und damit Fonds und Gemüsebreie bereiten. Das Mehl lässt sich zusammen mit Getreidemehl für süße Backwaren verwenden.

Geschmack: Die Blätter sind leicht säuerlich-herb und lassen sich schwer kauen. Die Wurzeln schmecken roh leicht nussig, gegart werden sie süßer, fast möhrenähnlich.

Inhaltsstoffe

Gerbstoffe (5–10 %), Bitterstoffe, Phytosterole, Schleimstoffe, Flavonoide (Kämpferol, Myricetin, Quercetin, Quercitrin, sowie die Anthocyanidine Cyanidin und Leucodelphinidin), Cumarine (Scopoletin, Umbelliferon) und Cholin.

Heilwirkungen

Die Fingerkräuter sind seit alters bekannte Heilpflanzen. Das Kraut wirkt adstringierend und hat eine schmerzstillende und durchfallhemmende Wirkung. Wissenschaftlich anerkannt ist die innerliche Anwendung zur unterstützenden Behandlung von unspezifischen Durchfallerkrankungen, Bauch- und Unterleibsbeschwerden, auch bei schmerzhafter Menstruation, insbesondere wenn sie mit Krämpfen einhergehen. Außerdem zum Gurgeln bei Blutungen und Entzündungen der Mundschleimhaut und des Zahnfleisches. Für einen Tee übergießt man 2 Teelöffel getrocknetes Kraut mit 250 ml kochendem Wasser und lässt den Aufguss 10 Minuten ziehen. Volksmedizinisch werden die Wurzeln zum Beispiel bei Zahnfleischentzündung gekaut. Bei Reizmagen-Patienten können sich die Beschwerden durch die innerliche Anwendung von Gänse-Fingerkraut verstärken!

Arznei-Baldrian

Valeriana officinalis agg.
Valerianaceae, Baldriangewächse

mehrjährig	1,5 m	Juli bis Aug.	weiß bis rosa

An feuchten Gräben und Ufern sowie auf Moorwiesen auf unterschiedlichen Böden.

Verwendung in der Küche

Blätter: Bevor sich die Blüten entwickeln, können die jungen Blätter von April bis Mai als Gewürz für Salatsaucen oder in Hackkräutermischungen genutzt werden. Sie sind zum Beispiel auch eine geeignete Zutat für Krautgemüsebrote und Bratlinge.

Blütenknospen und Blüten: Im Mai findet man die ersten Blütenknospen und nutzt sie wie bis Juni die Blüten als Aroma für Spirituosen, Kräuterlimonaden, Tabak- und Teemischungen und auch für Obstgerichte. Vorsichtig mit der Schere abgeschnitten eignen sich die Blüten ebenfalls zur Dekoration von Speisen.

Wurzeln: Von September bis in den Winter werden die Wurzeln getrocknet und gemahlen und sparsam als Küchengewürz für Gemüse und Bratgerichte verwendet.

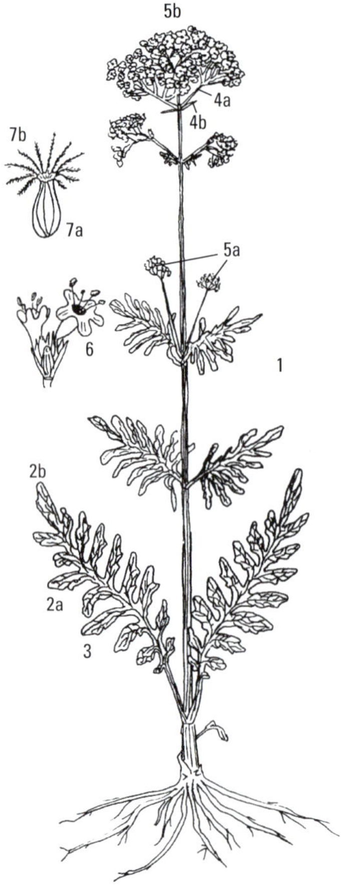

Geschmack: Die aromatisch leicht nach Harz duftende Pflanze schmeckt etwas bitter. Die faserige Wurzel hat einen zunächst süßen und dann ins säuerlich-bittere schwenkenden Geschmack.

Hinweis! In großer Dosis eingenommen kann der Baldrian und insbesondere seine Wurzel zu einer Verlangsamung der Herztätigkeit führen und eine leichte Betäubung hervorrufen.

Inhaltsstoffe

Etwa 0,5 % ätherisches Öl (Hauptkomponenten: Valeranon, Camphen und Bornylacetat), Iridoide und geringe Mengen Alkaloide.

1 Der Wuchs des Baldrians ist hoch und aufrecht.
2 Die Blätter bestehen aus paarig angeordneten Einzelblättern (2a) und einem Endteilblatt (2b).
3 Die Teilblätter haben eine längliche Form und sind am Rand gekerbt.
4 Die Blütenstände sind gestielt (4a) und haben schmale Laubblätter an der Basis (4b).
5 Die Anordnung der Blütenstände ist paarig (5a) mit einem endständigen Blütenstand (5b) als Spitze.
6 Die Einzelblüten haben 5 Blütenblätter.
7 Die Samen werden bis zu 0,5 cm lang (7a) und haben eine büschelige Haarkrone an der Oberseite (7b).

Heilwirkungen

Die Wurzel ist in vielen arzneilichen Präparaten gegen Unruhe, Angstzustände und Einschlafstörungen zu finden. Bei ihrer Nutzung entfallen die bei chemischen Beruhigungsmitteln auftretenden Nebenwirkungen, wie Müdigkeit, Teilnahmslosigkeit und Suchtgefahr. Der Baldrian macht ruhig und gelassen und verhilft gleichzeitig zur Konzentration. In der Traditionellen Chinesischen Medizin wird er ähnlich wie der Ginseng zur allgemeinen Kräftigung angewendet und verhilft zu einem langen Leben. Baldrian wird auch bei Herzbeschwerden und Bluthochdruck eingesetzt, wenn diese Beschwerden ihre Ursache in zentralnervösen Störungen haben. Außerdem hat die Pflanze eine hervorragende Wirkung bei Krämpfen im Magen-Darm-Trakt und bei Menstruationsbeschwerden. Zur Teebereitung verwendet man 1 Teelöffel der Wurzel pro Tasse. Die beruhigende Wirkung des Baldrians ist auch zu beobachten, wenn man mit der Wurzel oder einer daraus hergestellten alkoholischen Tinktur ein Bad bereitet. Bei Muskelschmerzen, Verspannungen und Neuralgien können mit einem starken Teeauszug getränkte Umschläge Linderung bringen. Die Homöopathie nutzt den Baldrian ebenfalls bei Schlafstörungen, aber auch bei Rückenschmerzen.

Gewöhnliche Scheinakazie, Robinie

Robinia pseudoacacia L.
Fabaceae, Schmetterlingsblütengewächse

Baum	25 m	Mai bis Juni	weiß

An nährstoffreichen, warmen und überwiegend trockenen Standorten. Bodenfestiger.

Verwendung in der Küche

Vorsicht! Die unverarbeitet giftige Robinie kann unter Beachtung der folgenden Hinweise dennoch von April bis Juni als Gemüse genutzt werden. Ihre Giftstoffe sind hitzelabil und wasserlöslich. Sie können durch Einweichen über

Nacht mit anschließendem Abgießen des Einweichwassers und ausgedehntem Erhitzen bei 100 °C vermindert oder unwirksam gemacht werden.

Blätter: Man streift die Einzelblättchen gegen die Wuchsrichtung vom Blattstiel ab, weicht sie ein und erhitzt sie mit Gewürzen wie zum Beispiel Bär-Lauch und Muskat zu Spinat. Die Blätter können dann auch als Gemüsefüllung verarbeitet werden.

Samenschoten: Ab Anfang Juli findet man kleine junge Samenschoten, die nach dem Einweichen wie grüne Bohnen erhitzt zubereitet werden können, solange ihre Schale nicht zu faserig ist.

Samen: Ab August werden die Schoten zu zäh, sodass man dann nur die inneren Samen eingeweicht und erhitzt wie Erbsengemüse zubereiten oder sie nach dem Einweichen trocknen kann. Anschließend kann man sie auch rösten und als Kaffee-Ersatz nutzen bzw. mahlen und gemischt mit Getreidemehl erhitzt verwenden.

Blüten und Blütenknospen: Sie brauchen nicht wie oben eingeweicht zu werden. Im Juni nutzt man die Blüten zur Teebereitung, als Grundlage für süße Aufstriche und als Aromasirup für Speiseeis, Gebäck, Spirituosen. Außerdem kann man sie im Teigmantel ausbacken oder in Zucker kandieren. Im Mai werden die Blütenknospen wie Kapern erhitzt und eingelegt.

Geschmack: Die Blätter und Früchte haben gekocht einen erbsenartigen Geschmack.
Die Blüten sind erfrischend fruchtig, würzig.

Inhaltsstoffe

In Blüten und Blättern: Glykoside, ätherisches Öl mit zahlreichen stark duftenden Komponenten,

Flavonoide und Gerbstoffe. In Samen, Wurzel und Rinde: Giftstoffe (Lectine).

Heilwirkungen

Ein aus den Blüten zubereiteter Tee oder Wein soll galletreibend, krampflösend und allgemein kräftigend wirken. Homöopathisch wird die Rinde junger Zweige bei zu viel Magensäure angewendet. Ferner bei Migräne und Gesichtsneuralgien.

Gewöhnliche Esche

Fraxinus excelsior L.
Oleaceae, Ölbaumgewächse

Baum	35 m	April bis Mai	rötlich oder violett

In Auen-, Schlucht- und nähstoffreichen Laubwäldern. Pionierbaum.

Verwendung in der Küche

Früchte: Von Juni bis Juli hat die Esche unreife, grüne, geflügelte Früchte. Solange das grüne Flügelchen noch weich und nicht zu faserreich ist, kann man die gesamten Früchte kochen. Um die Bitterstoffe herauszufiltern, sollte man das Kochwasser mehrfach austauschen. So erhält man ein festes Gemüse, das auch zu Füllungen verwendet oder wie Kapern eingelegt werden kann. Trocknet und mahlt man die jungen Früchte, so kann man das gewonnene Mehl gezielt als Bitterstofflieferant verwenden.
Samen: Im Inneren der ausgereiften, trockenen Früchte findet man im August die Samen. Sie werden getrocknet und gemahlen als Backgewürz verwendet.
Schösslinge und Blätter: Im April können die jungen Schösslinge und die zarten Blätter für verschiedene Salate und Gemüsegerichte genutzt werden. Von Mai bis August verwendet man die reifen Blätter zur Teebereitung.
Geschmack: Die Pflanze schmeckt bitter.
Sie sollte deshalb gezielt da eingesetzt werden, wo man dem Gericht eine strenge Note verleihen will.

Inhaltsstoffe in den Blättern und in der Rinde

Flavonoide, Sterole, Gerbstoffe, Cumarine, Iridoide, ätherisches Öl, Mannitol, Apfelsäure, Schleimstoffe.

Heilwirkungen

Volksmedizinisch wird eine Zubereitung aus Blättern als leicht harntreibendes Mittel bei Rheuma und zur Fiebersenkung eingesetzt. Außerdem wird den Blättern eine leicht abführende Wirkung nachgesagt. Die frische Rinde hat entzündungshemmende und schmerzstillende Eigenschaften. Homöopathisch bei Asthma, Gallenerkrankungen und Schilddrüsenüberfunktion.

Vogel-Wicke

Vicia cracca agg.
Fabaceae, Schmetterlingsblütengewächse

mehrjährig	1,2 m	Juni bis Aug.	blauviolett

An Wald- und Heckensäumen, an Flussufern, auf nicht zu trockenen Wiesen auf Lehm- und Tonböden bis in eine Höhe von über 1000 m.

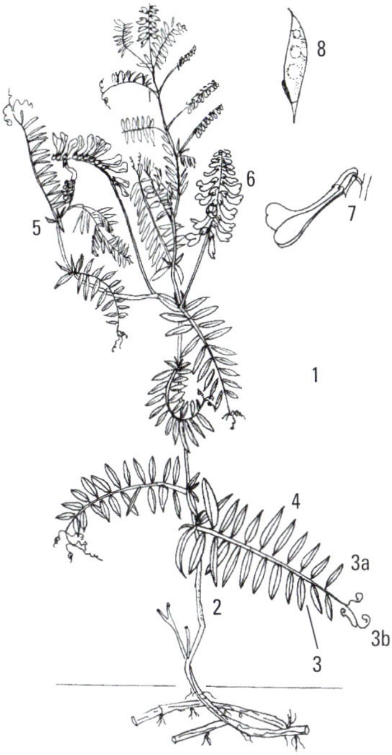

1 Die Vogel-Wicke wächst flach über dem Boden, aufsteigend oder kletternd.
2 Der Stängel ist weichhaarig.
3 5 bis 15 Teilblattpaare (3a) bilden zusammen mit einer Ranke an der Spitze (3b) das Laubblatt.
4 Die Teilblätter sind länglich.
5 Am Blattgrund befinden sich spitze Nebenblätter.
6 Die Blütentrauben bestehen aus 5 bis 40 Blüten.
7 Der Blütenkelch hat spitze Zähne.
8 Die Frucht ist eine mehrsamige, flache Hülse, sie ist wenigstens dreimal so lang wie breit.

Verwendung in der Küche

Triebe und Blätter: Die jungen Triebe und Blätter der Vogel-Wicke können von April bis Juni gegart genutzt werden (etwa 10 Minuten kochen). Sie sind eine herbe Zutat für Suppen, Fonds oder Gemüsegerichte. In feine Streifen geschnitten werden die Blätter als Würze genutzt. Getrocknet wird die Wicke auch in Teemischungen verwendet.
Blüten: Von Juni bis Juli findet man die ersten Blüten. Diese werden zum Beispiel mit Mehl und Ei vermengt als Bratlinge zubereitet.
Samenschoten und Samen: Aus den jungen, noch zarten Samenschoten kann man von Juli bis August in kleinen Mengen ein Pfannengemüse zubereiten (ca. 10 Minuten stark erhitzen). Ab September die zu fest gewordene Schote abschälen und die Samen als Gemüse weich kochen.
Geschmack: Die Pflanze schmeckt würzig, herb-erbsenartig.

Inhaltsstoffe

Gerbstoffe, Aspargin, Vitamine und Spurenelemente.

Heilwirkungen

Die Pflanze hat keine besonderen Heilwirkungen. Sie ist schon seit der Steinzeit als Nahrungsmittel bekannt und regt den Stoffwechsel an.

Großer Wiesenknopf

Sanguisorba officinalis L.
Rosaceae, Rosengewächse

mehrjährig	1,2 m	Mai bis Aug.	rotbraun

Auf nassen nährstoffreichen Wiesen und in Gräben auf unterschiedlichen Böden bis in eine Höhe von etwa 1400 m.

Verwendung in der Küche

Wurzeln: Im Herbst, Winter und Frühjahr des ersten Jahres des Großen Wiesenknopfes trocknet man die Wurzeln und mahlt sie zu einer Art Würzmehl für Gemüsebreie oder Brotteig. Für ihre Gemüseverwendung schält man sie und raspelt sie über Salate oder nutzt sie als Koch- und Backgemüse. Die getrockneten Wurzeln nutzt man zum Aromatisieren von Spirituosen.

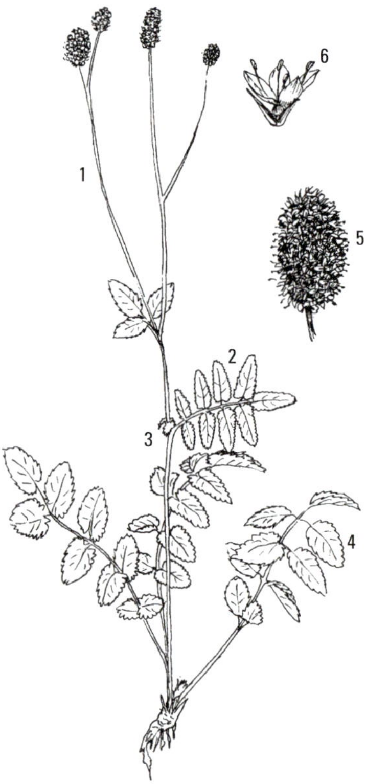

1 Der Wuchs ist aufrecht und im oberen Drittel verzweigt.
2 Das Blatt wird aus bis zu 8 Teilblattpaaren und einem Endteilblatt gebildet.
3 An der Basis der Blätter befinden sich stark gezähnte Nebenblätter.
4 Der Blattrand ist gesägt.
5 Der zylindrisch geformte braunrote Blütenstand wird bis zu 3 cm lang und 1 cm breit.
6 Die Blüte hat 4 Staubblätter.

Blätter, Triebspitzen, Blütenstände: Die Verwendung der Blätter, Triebspitzen und knospigen Blütenstände ist ähnlich wie beim Kleinen Wiesenknopf. Man nutzt sie von April bis Juni roh zu verschiedenen Salaten oder gegart zu Suppen und Gemüsegerichten, Gemüsepürees und Eierspeisen. Man kann sie roh essen oder entsaften. Bis September kann man die Blätter sammeln. Sie werden getrocknet und als Tee verwendet.
Geschmack: Die Pflanze hat einen gurkenartigen Geschmack. Sie ist etwas fester und weniger würzig als der Kleine Wiesenknopf.

Inhaltsstoffe

Saponine, Gerbstoffe, Flavonoide, Tannine und Vitamin C.

Heilwirkungen

In früheren Zeiten war der Große Wiesenknopf ein gern benutztes Hausmittel. Man verwendete das ganze Kraut, die Wurzel, aber auch den frisch gepressten Saft. Zur Teebereitung nimmt man 3 TL der frischen Pflanze pro Tasse. Vom getrockneten Kraut nimmt man etwas weniger. In der roten Farbe der Blüten wurde früher ein Indiz für ihre Wirksamkeit bei Blutungen gesehen (Signaturenlehre), was sich in ihrem lateinischen Namen widerspiegelt: *sanguis* (Blut) und *sorbere* (aufsaugen). Diese Eigenschaft hat sie aufgrund ihres Gerbstoffgehalts tatsächlich. Die Pflanze wirkt darüber hinaus antibakteriell, schmerzlindernd, entzündungshemmend und allgemein kräftigend. Man setzte sie erfolgreich bei Schleimhautentzündungen im Mund, Rachen, Magen und Darm ein. Aus dem Großen Wiesenknopf lässt sich ein ausgezeichneter Verdauungstee brühen, der auch bei Durchfall hilfreich ist. Äußerlich kann man die frische Wurzel oder zerstoßene Blätter bei leichten Verbrennungen anwenden. Sie beschleunigen die Heilung, wirken einer Entzündung entgegen und verhindern Infektionen.

Kleiner Wiesenknopf

Sanguisorba minor Scop.
Rosaceae, Rosengewächse

mehrjährig	0,4 m	Juni bis Sept.	rötlich

Auf trockenen Rasen und Wiesen auf Lehmböden bis in etwa 1200 m Höhe.

Verwendung in der Küche

Triebspitzen: Von April bis Juni werden die jungen, weichen Triebspitzen gern als Zutat für Gemüse und Suppen verwendet oder als Antipasti würzig-sauer eingelegt. Auch für Kräuterbutter, Kräuterkäse, als Beigabe zu Spinat und Eierspeisen verwendet man die Triebspitzen. Um ihr feines Aroma beim Kochen nicht zu zerstören, gibt man sie gegarten Gerichten erst zum Schluss roh dazu.

Blätter und Blüten: Die zarten Blätter des Kleinen Wiesenknopfes und seine knospigen Blütenstände sind von April bis August eine gute Grundlage für bissfeste Salate oder Blattgemüsegerichte, insbesondere auch Gemüsepürees oder als milderndes Gemüse zu anderen strenger schmeckenden. Man kann sie roh essen und auf ein Butterbrot legen. Man kann sie entsaften und aus dem Saft eine Kräuterlimonade herstellen. Die getrockneten Blätter eignen sich zur Teebereitung.

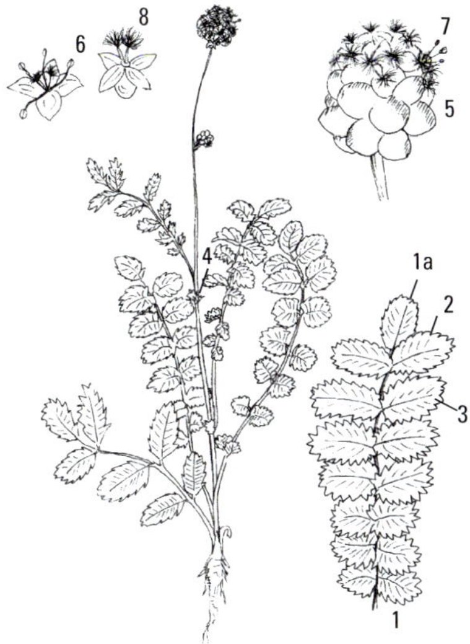

1 Das Blatt ist aus 4 bis 7 Teilblattpaaren und einem Endteilblatt (1a) zusammengesetzt.
2 Die Einzelblättchen werden etwa 1 cm lang.
3 Der Blattrand ist deutlich gezähnt.
4 An den Schnittstellen von Stängel und Blatt bilden sich stark gezähnte Nebenblätter.
5 Die Blütenköpfe sind rundlich bis zylindrisch.
6 Der Blütenstand enthält sowohl weibliche, männliche als auch zwittrige Blüten.
7 Die männlichen Blüten bilden eine Vielzahl von Staubblättern aus.
8 Die Griffel sind büschelig behaart.

Geschmack: Der Kleine Wiesenknopf gleicht in seinem Geschmack einem reifen, nussigen Sommerspinat, ist jedoch würziger.

Inhaltsstoffe

Etwa 10 % Gerbstoffe, Saponine, etwa 3 % Flavonoide (Rutin), Triterpene und Vitamin C.

Heilwirkungen

Wegen des Gerbstoffgehalts volksmedizinisch gegen Durchfall, Weißfluss und innere Blutungen. Daher auch der lateinische Name – eine Zusammensetzung aus *sanguis* (Blut) und *sorbere* (aufsaugen). Homöopathisch bei Stauungen im Venensystem. Die frisch geschälte Wurzel wirkt entzündungshemmend und kann bei leichten

Verbrennungen auf die Brandwunde gebracht die Heilung beschleunigen.

Gewöhnliche Brunnenkresse

Nasturtium officinale agg.
Brassicaceae, Kreuzblütengewächse

mehrjährig	0,8 m	Mai bis Sept.	weiß

In rasch fließendem, klarem Wasser an Bächen, Gräben und Quellen. Die Gewöhnliche Brunnenkresse wird auch als Gemüse und Gewürz kultiviert.

Verwendung in der Küche

Blätter, Triebe, Blütenknospen: Von April bis Oktober sind Blätter, Triebe und knospige Blütenstände der Brunnenkresse eine wohlschmeckende Zutat für Salate. Auch als Dekoration sind die Triebspitzen und Blätter sehr ansehnlich. Erwärmt werden sie für Suppen püriert. Doch auch in Spinat, Brotaufstrichen, Pesto, Kräutersaucen, Kräuterbutter, Kräuterkäse, Quiche und Eierspeisen wie Omelett findet die Brunnenkresse Verwendung. Getrocknete Triebe können Rauchtabak beigemischt werden.

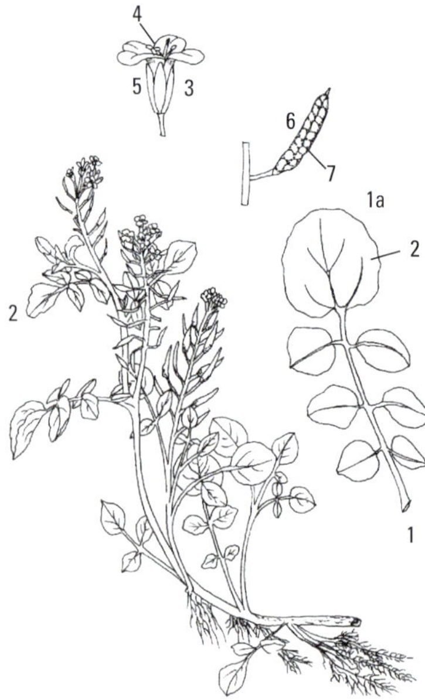

Blüten: Von Mai bis September kann man die weißen, würzigen Blüten roh essen, sie eignen sich deshalb auch für Salate.
Samen: Von September an findet man die kleinen Samen an der Brunnenkresse. Sie wurden beim Brotbacken mitverwendet, als Pfefferersatz genutzt oder auch zu Senf verarbeitet.

1 Das Blatt besteht aus 1 bis 4 Teilblattpaaren und einem größeren Endteilblatt (1a).
2 Der Blattrand ist schwach gekerbt oder gebuchtet.
3 Die Blüte wird bis zu 0,5 cm groß.
4 Die Staubbeutel sind gelb.
5 Die Blätter, die die Blüte umhüllen, stehen nicht ab.
6 Die Frucht ist eine Schote, sie ist mindestens dreimal so lang wie breit.
7 Die Samen sind zweireihig in der Frucht angeordnet.

Geschmack: Die Pflanze ist kresseartig scharf und erinnert an saftigen Rucola.

Inhaltsstoffe

Senfölglykoside (verantwortlich für den scharfen Geschmack), Flavonoide. Das frische Kraut ist reich an Vitamin C (etwa 0,1 %). Gewöhnliche Brunnenkresse enthält je 100 g etwa den Tagesbedarf eines Erwachsenen an Vitamin C; um dies mit Kopfsalat zu erzielen, müsste man die achtfache Menge konsumieren.

Heilwirkungen

Die frische Pflanze wirkt harntreibend und fördert die Verdauung. Die Brunnenkresse wird volksmedizinisch zur Behandlung von Katarrhen, bei Harnwegserkrankungen und zur Förderung der Gallensekretion eingesetzt. Darüber hinaus wirkt sie auch positiv bei Hauterkrankungen und entzündlichen Prozessen im Mund und im Rachen. Es gibt Anhaltspunkte für eine krebshemmende Wirkung.

Echte Winterkresse, Barbarakraut

Barbarea vulgaris R. Br.
Brassicaceae, Kreuzblütengewächse

zweijährig	0,9 m	Mai bis Juli	gelb

An Acker- und Wegrändern, in Kiesgruben und an Uferböschungen.

1 Die bodennahen Blätter sind gestielt.
2 Das Blatt setzt sich aus 2 bis 4 Teilblattpaaren und einem wesentlich größeren Endabschnitt zusammen.
3 Die obersten Stängelblätter sind meist ungeteilt, aber stark gebuchtet.
4 Die Blätter, die den Blütenkelch bilden, sind etwa 3 mm lang.
5 Die Früchte werden bis 2,5 cm lang. Es handelt sich um Schoten, das heißt, sie sind mindestens dreimal so lang wie breit.
6 Die Früchte sind im Gegensatz zu anderen Winterkressearten abstehend vom Stängel angeordnet.
7 Der Fruchtstiel ist etwa halb so dick wie die Frucht.

Verwendung in der Küche

Blätter: Von April bis Mai lassen sich die jungen Blätter des Barbarakrauts zu Salaten und Spinatgerichten verarbeiten. Bei der Salatzubereitung lohnt es sich, den strengen Geschmack der Blätter durch Blanchieren etwas zu mildern. Das Barbarakraut behält bis in den Winter saftig grüne und dann äußerst streng schmeckende Blätter.
Blüten und Blütenknospen: Die Blüten und Blütenknospen mit den noch zarten Stängeln erntet

man kurz vor der Blütezeit und unmittelbar nach dem Erblühen von April bis Juni. Sie lassen sich wie Broccoligemüse zubereiten, können aber auch anderen Gemüsegerichten beigefügt werden.
Samen: Von Juli bis in den Herbst reifen die Samen. Man gewinnt aus ihnen ein Würzöl, indem man sie schrotet und in einer Ölmühle auspresst. Man kann den Schrot aber auch in heißes Wasser legen und das Öl abschöpfen.
Geschmack: Der Pflanzengeschmack ist kresseartig bis bitter.
Alle anderen mitteleuropäischen Barbarakrautarten *(Barbarea)* sind in gleicher Weise verwendbar.

Inhaltsstoffe
Senfölglykoside, hoher Vitamin-C-Gehalt.

Heilwirkungen
Die Blätter sind wegen ihres hohen Vitamin-C-Gehalts medizinisch wertvoll. Unbedingt die frische Pflanze verwenden, da durch das Trocknen die Wirkung nachlässt. Die Samen, zerdrückt und in Wein angesetzt, liefern ein harntreibendes Mittel. Innerlich und äußerlich wirkt sie appetitanregend, blutreinigend und unterstützt die Wundheilung.

Behaartes Schaumkraut
Cardamine hirsuta L.
Brassicaceae, Kreuzblütengewächse

einjährig	0,3 m	März bis Juni	weiß

In Weinbergen und Gärten, auf Äckern und an Gebüschrändern auf sandigen Lehmböden bis in eine Höhe von etwa 1500 m.

Verwendung in der Küche
Blätter: Von März bis Mai werden die Blätter der Grundrosette des Behaarten Schaumkrautes für Salate, als Küchengewürz oder als Zutat für Gemüsegerichte, Gemüsefüllungen, Aufläufe und Suppen, in Kräuterquark, Kräuterbutter oder Pesto verwendet.
Wurzeln: Sollten beim Ernten der kleinen Pflanzen die würzigen Wurzeln mit herausgezogen werden, können diese mitverzehrt werden.
Blüten: Als dezent würzige, essbare Dekoration eignen sich von März bis Mai die Blüten und Blütenknospen mit ihren zarten Blütenstängeln.
Samen: Die Samen lassen sich von Mai bis Juli als Gewürz für Salatsaucen verwenden, können aber auch im Winter als Keimsaat genutzt werden.

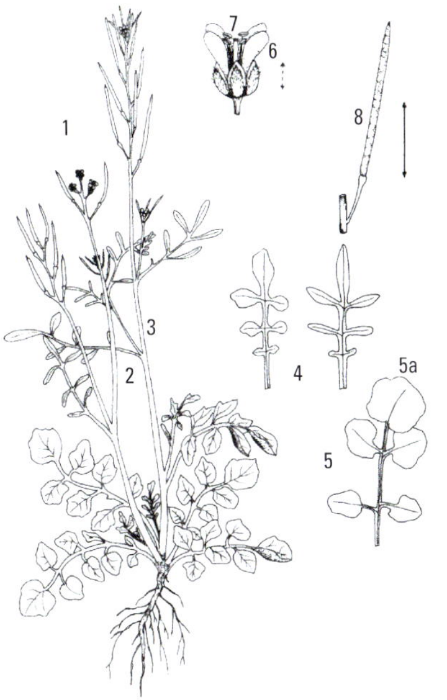

1 Die ganze Pflanze ist manchmal violett überlaufen.
2 Mehrere, an der Basis verzweigte, kantige Stängel.
3 An jedem Stängel wachsen 2 bis 4 Blätter.
4 Die Blätter sind behaart.
5 Das Blatt besteht aus bis zu 4 Teilblattpaaren und einem größeren Endteilblatt (5a).
6 Die Blütenblätter werden bis 4 mm lang.
7 Die Staubbeutel sind gelb.
8 Die Früchte stehen aufrecht und werden bis 2,5 cm lang.

Geschmack: Die Pflanze hat einen ausgeprägten Kressegeschmack.
Alle anderen mitteleuropäischen Schaumkrautarten *(Cardamine)* sind ebenso verwendbar.

Inhaltsstoffe

Scharf schmeckende Senfölglykoside, Mineral- und Bitterstoffe, Vitamin C bis zu 360 mg/100 g (dreifacher Tagesbedarf).

Heilwirkungen

Die Senfölglykoside regen die Leber- und Gallentätigkeit an. Die Pflanze wirkt krampflösend, verdauungsfördernd und kann auch gegen rheumatische Beschwerden genutzt werden. Dem Pflanzenextrakt werden positive Wirkungen bei Husten und Asthma nachgesagt. Volksmedizinische Verwendung als Blutreinigungsmittel. Homöopathisch bei Magenkrämpfen.

Wiesen-Schaumkraut

Cardamine pratensis agg.
Brassicaceae, Kreuzblütengewächse

mehrjährig	0,6 m	April bis Juni	blasslila, fast weiß

Auf nassen bis feuchten Wiesen, gelegentlich auch in Auenwäldern, feuchten Laubwäldern und Flachmooren auf Ton-, Lehm- und torfigen Böden.

Verwendung in der Küche

Blätter: Von April bis Mai, noch vor der Blüte, eignen sich die zarten, jungen Blätter und weichen Pflanzenteile des Wiesen-Schaumkrauts für Salate, Kräutersuppen und Eintöpfe. Ab Juni werden die Blätter bitter. Sie können jedoch bis August mit Blättern anderer raucharomatischer Pflanzen zu Tabak vermischt werden.

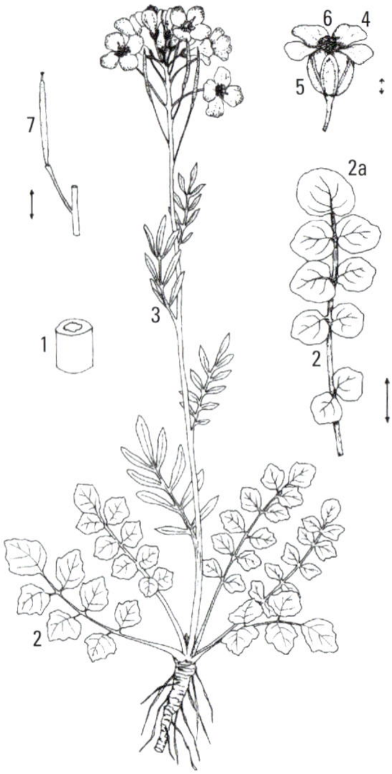

1 Der Stängel ist rund.
2 3 bis 4 Teilblattpaare bilden zusammen mit dem etwas größeren Endteilblatt (2a) das bodennahe Laubblatt.
3 2 bis 6 Stängelblätter, jeweils mit 3 bis 4 Teilblattpaaren und einem ähnlichen großen Endteilblatt.
4 Die Blütenblätter werden etwa 1 cm lang und leuchten in Weiß bis Rosa.
5 Diese Blätter bilden den Blütenkelch. Sie werden nur halb so lang wie die farbigen Blütenblätter.
6 Die Staubbeutel sind gelb.
7 Bei der länglichen Frucht handelt es sich um eine Schote, da sie mindestens dreimal so lang wie breit ist.

Blütenknospen, Blüten, Blütenstängel: Von April bis Juni kann man die Blütenknospen Kräuterquark, Kräuterbutter oder Pesto untermischen. Die Blüten eignen sich als dezent würzige essbare Dekoration. Die Blütenstängel sind von April bis Juni eine würzige Zutat für Gemüsegerichte, Aufläufe und Suppen.

Samen: Von August bis September eignen sich die scharfen Samen als Brotbelag, getrocknet als guter Ersatz für Pfeffer oder geschrotet, gepresst und mit Essig und Salz abgeschmeckt als Senf.
Geschmack: Die Pflanze schmeckt kresseartig bis bitter.

Inhaltsstoffe und Heilwirkungen

Inhaltsstoffe und Heilwirkungen entsprechen denen des Behaarten Schaumkrauts *(Cardamine hirsuta)*, siehe Seite 182.

Wiesen-Bärenklau

Heracleum sphondylium L.
Apiaceae, Doldengewächse

mehrjährig	1,5 m	Juni bis Sept.	weiß

Auf nährstoffreichen Wiesen, an Gräben und in Staudenfluren auf Lehm- und Tonböden. Bis in welche Höhe sie wachsen, variiert stark, je nach Unterart.

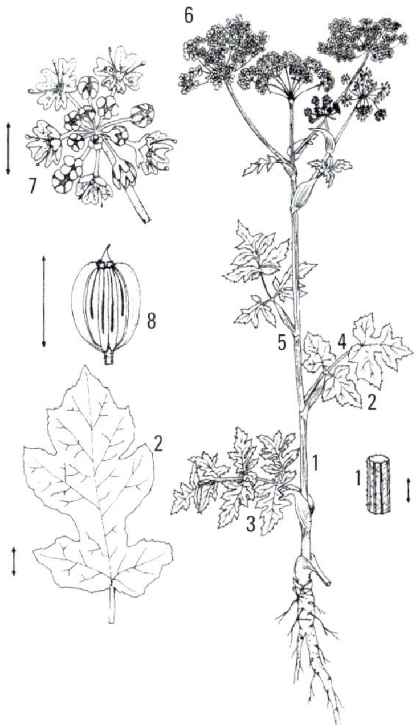

1 Der Stängel ist kantig gefurcht und dicht borstig behaart.
2 Die Blätter sind mattgrün und in ihrer Form vielgestaltig.
3 An der Oberfläche sind die Blätter rauh behaart.
4 Die Blattstiele sind ebenfalls behaart und zum Teil rötlich gefärbt.
5 An den Blattachseln entstehen bauchige Blattscheiden.
6 Bis zu 30 Blütenzweige (Strahlen) bilden die Blüte.
7 Die äußeren Blüten eines Blütenstandes sind größer als die inneren.
8 Die ovale Frucht wird bis 1 cm lang und ist rundum breit geflügelt.

Verwendung in der Küche

Blätter und Blattstängel: Von April bis Mai erntet man die jungen Blätter des Wiesen-Bärenklaus, von Mai bis August die Blattstängel. Die Blätter und von dicken Fasern befreiten Blattstängel kann man roh zu Salaten oder erwärmt zu Spinat, zu Koch-, Back- und Pfannengemüse verwerten. Die Blätter eignen sich auch gut für Eierspeisen, als Würze für Kräuterkäse und, wie Sauerkraut eingelegt oder getrocknet, zur Bevorratung.

Blütenknospen: Die großen, aromatischen Blütenknospen verwendet man von Mai bis August als zarte Gemüsedelikatesse oder schneidet sie roh in Salate. Man kann sie auch würzen und als Antipasti einlegen.

Samen: Die unreifen, grünen Samen dienen von August bis Oktober als Gewürz, besonders für Süßspeisen, aber auch als Aroma zur Herstellung von einer Art Bier.

Wurzel: Die weiße, rettichähnliche Wurzel kann man von September bis März frisch als Gewürz reiben oder auch als Gemüse kochen.

Geschmack: Der Geschmack der Pflanze gleicht ein wenig der süßen Möhre. Die Samen sind stechend kardamomähnlich. Die Stängel sind sehr saftig. Die Wurzel ist leicht scharf.

Hinweis! Beim Umgang mit allen Pflanzenteilen kann empfindliche Haut in der Sonne allergisch reagieren. Es gibt giftige Pflanzen mit einem ähnlichen Blütenstand, die sich jedoch in Blattform und Blütenstängel unterscheiden. Siehe dazu die Beispiele und Erklärungen auf Seite 205ff.

Inhaltsstoffe

Bis zu 10 % Zucker, Linol-, Palmitin- und Ölsäure, Bitterstoffe, Provitamin A (Beta-Carotin), Eiweiß, Eisen, Kalium und mehr als sechsmal so viel Magnesium, achtmal so viel Calcium und etwa 20-mal mehr Vitamin C als Kopfsalat. Außerdem ätherisches Öl mit Furocumarinen (diese können die beschriebene Photosensibilierung der Haut bewirken).

Heilwirkungen

Volksmedizinisch und homöopathisch bei Verdauungsbeschwerden, zur Blutdrucksenkung und bei Husten und Heiserkeit. Die Naturheilkunde verwendet die Pflanze bei Störungen des zentralen Nervensystems, multipler Sklerose und Entzündungen im Rachenraum, aber auch bei Antriebsminderung, Lethargie und Kopfschmerzen. Die Wurzel wurde ähnlich wie der Ginseng als Verjüngungsmittel und Aphrodisiakum benutzt.

Gewöhnlicher Giersch, Geißfuß

Aegopodium podagraria L.
Apiaceae, Doldengewächse

mehrjährig	0,9 m	Mai bis Sept.	weiß

In feuchten und schattigen Lagen, vor allem an Gehölzrändern bis in 1300 m Höhe. Vermehrt sich über starke Wurzelausläufer.

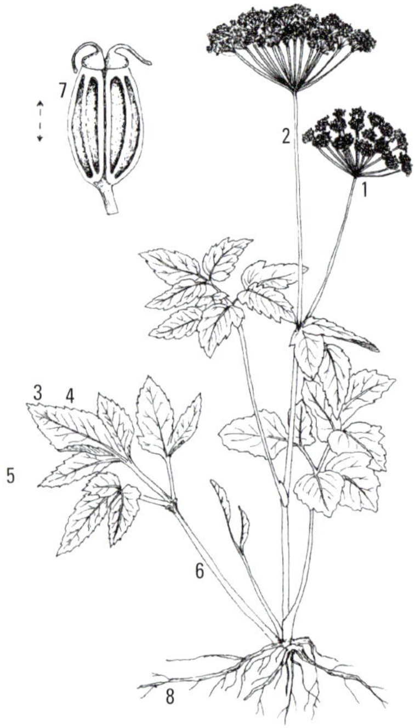

1 Hier entspringen die weißen, 12- bis 18-strahligen Blütenstände. An dieser Stelle der Blütenstände sitzen keine Blättchen.
2 Die Blütenstängel sind etwas kantig bis rund, nicht behaart, nicht gefleckt, im unteren Bereich hohl.
3 Einzelblätter laufen spitz zu.
4 Die Blätter sind leicht behaart und hellgrün, ihr Rand ist gezähnt.
5 Das Gesamtblatt verzweigt sich dreiteilig.
6 Der Blattstiel ist dreikantig und bis zu 20 cm lang.
7 Die Früchte sind etwa 3 mm lang und abgeflacht. Sie erinnern an Kümmel.
8 Der Giersch hat starke Wurzelausläufer.

Verwendung in der Küche

Blätter und Blüten: Die Blattschösslinge des Gierschs kann man von März bis April roh als Salat nutzen, zarte Blätter nahezu das ganze Jahr über roh oder erwärmt zu Gemüsegerichten. Die Blüten verwendet man von Juni bis August als roh essbare Dekoration oder als aromatische Zutat für Suppen und Eintöpfe , die Blattstiele und jungen Blütensprosse und Blütenknospen von Mai bis August roh oder erwärmt zu Gemüsegerichten.

Früchte: Von Juli bis September sind die Früchte frisch oder getrocknet ein gutes Gewürz.
Geschmack: Die zarten Pflanzenteile des Gierschs gleichen im Geschmack einer Mischung aus Möhre und Petersilie. Die Blüten sind süßer, die Früchte schärfer. Auch die Stiele und Knospen haben das Aroma von Möhre und Petersilie und sind dabei sehr saftig.
Hinweis! Es gibt giftige Pflanzen mit einem ähnlichen Blütenstand, jedoch haben ihre Blätter eine andere Form. Siehe dazu die Beispiele und Erklärungen auf Seite 205ff.

Inhaltsstoffe

Reich an Kalium, Magnesium, Calcium, Mangan, Zink und Kupfer und beinhaltet ein mehrfaches an Vitamin A, C und Eiweiß als der Kopfsalat. Außerdem Harz, ätherisches Öl, Flavonoide und Phenolcarbonsäuren.

Heilwirkungen

Volksmedizinisch und in der Homöopathie bei Rheuma- und Gichterkrankungen, wegen seiner mild harntreibenden, krampflösenden, entzündungshemmenden und entsäuernden Wirkung. Äußerlich wird das zum Beispiel mittels Mörser gequetschte Kraut für Umschläge bei Verbrennungen, Insektenstichen und zur Bereitung eines Bades bei Hämorrhoiden angewendet.

Wald-Engelwurz

Angelica sylvestris L.

Apiaceae, Doldengewächse

mehrjährig	2 m	Juli bis Sept.	weiß oder rötlich

In Staudenfluren der Ufer, auf Nasswiesen und in Auenwäldern auf nährstoffreichen, humosen und tiefgründigen Lehm- und Tonböden bis in eine Höhe von 1700 m. Nährstoffzeiger.

Verwendung in der Küche

Triebe und Blätter: Die Engelwurz hat stark würzige Jungtriebe. Die Jungtriebe, junge Blätter und geschälte Blattstängel nutzt man vor der Blüte von März bis Juni roh als Zutat für verschiedene Salate, sogar Obstsalate, für ein würziges, gesüßtes Kompott, als kandierte Leckereien, gekocht auch zu Gemüsegerichten und Suppen. Zur Bevorratung werden die Pflanzenteile klein geschnitten und als Gewürz getrocknet, gesalzen oder mariniert.

Blütenknospen und Blüten: Die im Juni noch ungeöffneten, großen Blütenknospen kann man roh essen, anbraten, in Salzwasser dünsten oder einzuckern. Zum Würzen von Desserts und Getränken eignen sich die Blüten von Juli bis September.

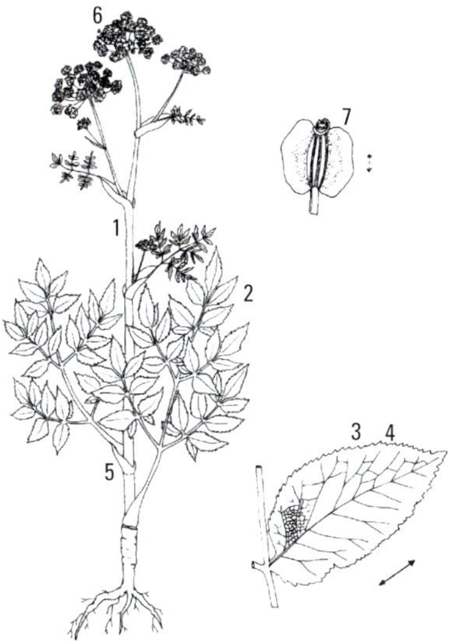

1 Der Stängel ist rund und hohl.
2 Das Gesamtblatt kann über 50 cm groß werden und ist im Grobumriss dreieckig.
3 Die Einzelblättchen sind eiförmig oder oval und werden bis über 10 cm lang.
4 Der Rand der Blättchen ist gezähnt.
5 Die Blattscheiden wirken bauchig.
6 Die Blüten sind weiß bis rötlich.
7 Der Samen wird etwa 5 mm groß und hat breite Flügel.

Wurzeln: Von September bis ins Frühjahr verarbeitet man die Wurzeln wie die Triebe zu Gemüse, man nutzt sie auch als Würze für Spirituosen und pulverisiert als eine Art Schnupftabak.

Samen: Von August bis September eignen sich die Samen als Brot- oder Fleischgewürz. Sie werden auch zur Teebereitung verwendet.

Geschmack: Die süßlich duftende Pflanze hat einen derben, süßen bis scharfen Geschmack.

Hinweis! Es gibt giftige Pflanzen mit einem ähnlichen Blütenstand, jedoch haben sie eine andere Blattform. Siehe dazu die Beispiele und Erklärungen auf Seite 205ff.

Inhaltsstoffe

Ätherisches Öl, Bitterstoffe, Gerbstoffe, Harz. Wegen der enthaltenen Furocumarine kann die Haut bei Berührung der Pflanze in der Sonne empfindlich reagieren (Photosensibilisierung).

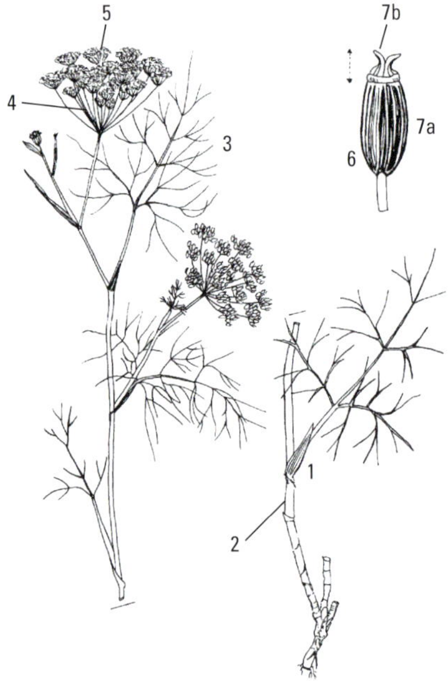

Heilwirkungen
Die Pflanze wird seit Jahrhunderten als wichtige Heilpflanze geschätzt. Sie wirkt antibakteriell, gegen Schimmelpilze im Darm und steigert die Abwehrkräfte. Arzneilich am wirksamsten sind die Wurzeln. Der Tee hilft bei Magen-Darm-Problemen, Rheuma und Bronchitis, aber auch bei Gicht und Menstruationsbeschwerden. Die Wurzel regt außerdem die Lebertätigkeit an.

Fenchel

Foeniculum vulgare Mill.
Apiaceae, Doldengewächse

einjährig	1,5 m	Juli bis Aug.	gelb

In wärmeren Gebieten an trockenen Standorten, gelegentlich verwildert, auf Lehm- und Lößböden tieferer Lagen.

Verwendung in der Küche
Blätter: Die fein gefiederten Blätter des wilden Fenchels mit ihren Stängeln und der dickfleischigen Stängelbasis können roh von April bis Juli gegessen werden. Sie werden auch als Küchengewürz genutzt oder als Grundlage verschiedener Salate, Gemüsegerichte, Aufläufe und Suppen.
Blüten: Von Juli bis August können die Blüten zu verschiedenen Salaten, als essbare Dekoration

1 Die Blattstiele im unteren und mittleren Bereich der Pflanze sitzen auf einer häutigen Scheide.
2 Stängel und Blätter sind bläulich bereift.
3 Die Blattverzweigungen sind weich und fadenförmig.
4 Die Blütendolde besteht aus 10 bis 25 Verzweigungen.
5 Die Einzelblüten sind klein und gelb.
6 Die Frucht hat eine zylindrische Form.
7 Am Rand der Frucht befinden sich deutliche Rippen (7a), an der Spitze 2 Griffel (7b).

oder als Aroma für Gemüse und Würzöle verwendet werden.
Samen: Die von September bis Oktober geernteten Samen eignen sich zur Teebereitung sowie als Gewürz bei der Herstellung von Kräutersalzen, Essig und Spirituosen.
Geschmack: Der Fenchel hat einen anisartigen Geschmack. Die feinen Blätter und Blüten sowie die Samen schmecken intensiver als die fleischigen Stängel.

Inhaltsstoffe der Blätter und Früchte

2–6 % ätherisches Öl mit Anethol, Fenchon Limen und Estragol, Flavonoide und geringe Mengen an Cumarinen.

Heilwirkungen

Die Früchte werden arzneilich bei Verdauungsbeschwerden, Blähungen, Krämpfen und Darmkoliken verwendet. Außerdem wirken sie blutdrucksenkend. Das enthaltene ätherische Öl wirkt antibakteriell, krampflösend, auswurffördernd und schleimlösend. Der Fenchel wird deshalb auch gern in Hustensäften und Tees gegen Erkältungen verwendet. Die Volksmedizin empfiehlt den Tee (1 TL pro Tasse) stillenden Frauen zur Milchbildung. Er wird auch von Säuglingen gut vertragen. Äußerlich angewendet soll der Fenchel in Augenwasser bei überlasteten Augen helfen.

Gewöhnliche Bärwurz

Meum athamanticum Jacq.
Apiaceae, Doldengewächse

mehrjährig	0,5 m	Mai bis Juni	weiß

Auf trockenen und mäßig sauren Bergwiesen und Weiden auf Lehmböden.

Verwendung in der Küche

Bevor dieses wunderbare Küchengewürz in Vergessenheit geriet, war es die Grundlage vieler ursprünglicher Gemüsegewürze.
Blätter und Blüten: Die feingliedrigen, wunderschönen Blätter und die Blütenknospen kann man von April bis Mai als Suppenzutat nutzen oder sie mit in Aufläufe, Kartoffelgerichte und Gemüsefüllungen geben. Weil sie zu schnell verbrennen, sollte man sie nicht braten. Weiche Blätter findet man bis in den September. Sie eignen sich zum Trocknen für Gewürzmischungen.
Wurzel: Ein aromatisches, sellerieähnliches Kochgemüse ist die Wurzel junger Pflanzen im Herbst und vor der Blüte im Frühjahr. Weich gekocht kann man sie auch wie einen Kartoffelsalat anrichten.

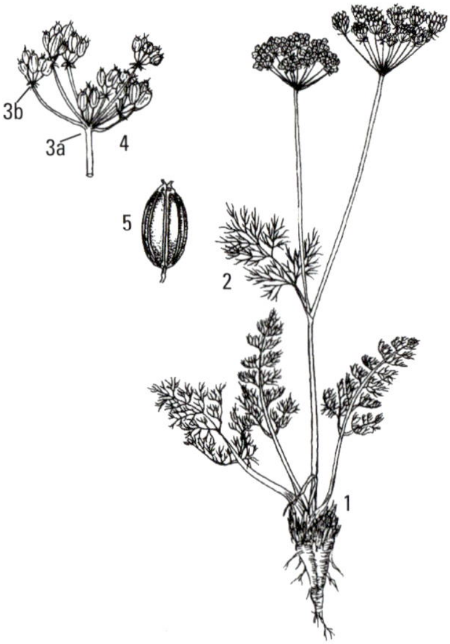

Wiesen-Kümmel

Carum carvi L.

Apiaceae, Doldengewächse

einjährig | 0,5 m | April bis Juni | weiß oder rötlich

Auf gut mit Nährstoffen versorgten Wiesen und Weiden auf Ton- und Lehmböden, vor allem im Gebirge bis in etwa 1900 m Höhe. Nährstoffzeiger.

1 Über der Wurzel befindet sich ein dunkler Haarschopf.
2 Die Blätter sind fein gefiedert und dunkelgrün. Ab August fangen sie an, sich gelborange zu verfärben.
3 Die Gesamtdolde hat keine Hülle (3a), die einzelnen Döldchen jedoch schon (3b).
4 Die Länge der Fruchtstiele variiert stark.
5 Der Samen wird weniger als 1 cm lang und ist gerippt.

Beim Zerreiben riecht die ganze Pflanze stark würzig.

Verwendung in der Küche

Blätter: Von April bis Mai sind die jungen Blätter und zarten Blattschösslinge des Kümmels eine gute Salatzutat oder eine mildernde Zugabe zu strengerem Gemüse. Später im Jahr findet man immer wieder auch zarte kleine Blätter, die sich genauso verwenden lassen.
Blüten: Die Blütenknospen mit den Stängelspitzen eignen sich von Juni bis Juli als Zutat für Kräuter- und Gemüsesuppen oder zu Eingelegtem. Die Blüten verwendet man von Juni bis Juli als roh essbare Dekoration oder als aromatische Zugabe für Gemüse- und Kartoffelgerichte.
Wurzeln: Die Wurzeln noch nicht blühender Pflanzen eignen sich als Koch- und Backgemüse oder als würzige Zutat in Suppen.

Geschmack: Der Grundgeschmack der aromatisch duftenden Bärwurz liegt zwischen Petersilie und Bohnenkraut.

Inhaltsstoffe

Ätherisches Öl, Harz, Gummi, Stärke, fettes Öl, Zucker und Stärke.

Heilwirkungen

Volksmedizinisch zur Verdauungsförderung, bei Menstruationsbeschwerden, nervösen Herzbeschwerden und bei Altersschwäche. Aus der Wurzel kann ein Tee bereitet werden. Bekannt ist außerdem seine Verwendung im Likör. Beide Darreichungsformen wirken auch auswurffördernd und sind bei Blasenbeschwerden hilfreich.

Samen: Von August bis September kann man die Samen sammeln und als Aroma zu Spirituosen sowie als Gewürz für Brot und Käse verwenden.
Geschmack: Das Grundaroma der zarten Pflanzenteile ist dem gewohnten Kümmelgeschmack ähnlich, jedoch wesentlich milder. Die Samen schmecken wie Kümmel.
Hinweis! Es gibt giftige Pflanzen mit einem ähnlichen Blütenstand und ähnlicher Blattform, die sich jedoch im Blütenstängel unterscheiden. Siehe dazu Beispiele und Erklärungen auf Seite 204
.

Inhaltsstoffe

Flavonoide, Cumarine, 3–7 % ätherisches Öl mit Carvon als Hauptbestandteil, außerdem Limonen und weitere Monoterpene, fettes Öl (bis 20 %), Eiweiß, Polysaccharide und Spuren von Furocumarinen.

Heilwirkungen

Die Samen werden arzneilich verwendet. Kümmel fördert die Sekretion des Magensafts. Im Verbund mit seiner intensiv krampflösenden Wirkung eignet sich die Pflanze hervorragend bei Blähungen und Völlegefühl. Deshalb würzt man vorbeugend blähungsfördernde Gerichte wie Sauerkraut mit Kümmel. Die Volksmedizin empfiehlt den Kümmel stillenden Müttern, weil er die Milchbildung fördert. Seine starke Wirksamkeit gegen Darmpilze und schädliche Bakterien wird geschätzt. Eine krebsschützende Wirkung wird vermutet. Gegen schlechten Atem können Kümmelfrüchte gekaut werden. Die antimikrobiellen Eigenschaften nutzt man darüber hinaus auch in Mund- und Gurgelwasser.

Wilde Möhre

Daucus carota L.
Apiaceae, Doldengewächse

zweijährig	1 m	Juni bis Sept.	weiß

Auf Wiesen und in Wildkrautgesellschaften an Wegen und Dämmen auf Lehm- und Tonböden bis auf etwa 1000 m Höhe. Pionierpflanze.

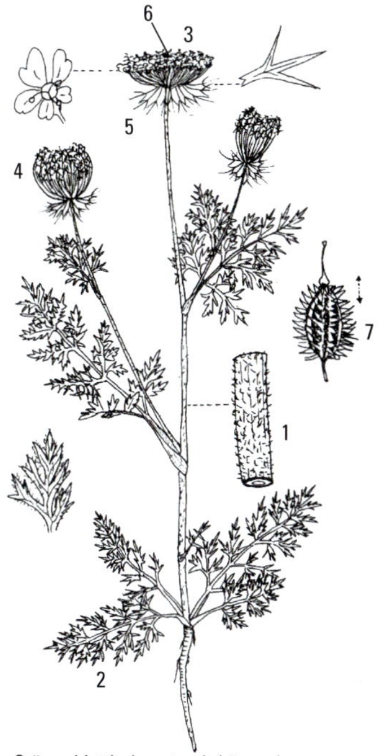

1 Der Stängel ist behaart, mit Längsrinnen.
2 Die Blätter sind im Grobumriss spitz dreieckig.
3 Die Blütendolde ist zunächst flach.
4 Zur Fruchtzeit ziehen sich die Strahlen des Blütenstandes zusammen und die Dolde vertieft sich in der Mitte vogelnestartig.
5 Diese Blätter, die Hüllblätter genannt werden, sind im Verhältnis zur Größe des Blütenstandes ungewöhnlich lang.
6 In der Mitte der Blütendolde befindet sich oft eine dunkelviolette bis fast schwarze Einzelblüte.
7 Die Frucht ist länglich und mit Stacheln bewehrt.

Verwendung in der Küche

Wurzel: Die Wilde Möhre reichert im ersten Jahr ihre Wurzel mit Zucker an. Von September bis in das Frühjahr des zweiten Jahres kann man sie ernten. Zu diesem Zeitpunkt ist sie noch weich und kann roh gegessen werden. Man kann sie aber auch als Koch-, Back- und Pfannengemüse nutzen.
Blätter: Von April bis Juni verarbeitet man die zarten Blätter und ihre weichen Stiele zu aromatischen Salaten, Gemüsegerichten und als Würze für Suppen und Eingelegtes.
Blüten: Die weichen, hellen Blüten verwendet man von Juni bis September als essbare Dekora-

tion von Salaten oder anderen Gerichten. Man kann sie auch in Teig frittieren.
Früchte: Von September bis Oktober bilden sich an der Pflanze die Früchte aus. Diese können als Gewürz für verschiedene Gerichte, auch Desserts, verwendet werden.
Geschmack: Die Wurzel der Wilden Möhre ähnelt im Geschmack dem der bekannten Möhre, ist allerdings süßer und nicht so wässrig. Das Kraut und die Früchte schmecken petersilien- bis anisartig.
Hinweis! Es gibt giftige Pflanzen mit einem ähnlichen Blütenstand und ähnlicher Blattform, jedoch mit einem anders aussehenden Blütenstängel. Siehe dazu Beispiele und Erklärungen auf Seite 205ff.

Inhaltsstoffe der Wurzel

Ätherisches Öl, Flavonoide, Lycopin, Pektin, hoher Mineralstoffgehalt, insbesondere Kalium, Carotinoide, Vitamin B_1, B_2 und C.

Heilwirkungen

Die Wilde Möhre kann ebenso wie ihre Verwandte im Garten bei Durchfallerkrankungen und als leicht wurmtreibendes Mittel eingesetzt werden. Das enthaltene Carotin kann im Körper in das für gutes Sehen wichtige Vitamin A umgewandelt werden. Carotinoide schützen die Zellen vor schädlichen Radikalen. Das reichlich vorhandene Kalium fördert die Harnausscheidung. Auch die Samen können harntreibend wirken und können bei Nieren- und Blasenleiden hilfreich sein.

Wiesen-Kerbel

Anthriscus sylvestris L.
Apiaceae, Doldengewächse

mehrjährig	1,3 m	April bis Aug.	weiß

Auf gut mit Nährstoffen versorgten Bergwiesen, in den Alpen bis über 2300 m. Im Flachland eher an Heckensäumen und an Wiesenrändern auf nährstoffreichen Ton- und Lehmböden.

Verwendung in der Küche

Kraut: Von April bis August wird das Kraut des Kerbels als Gewürz für Gemüse und Suppen verwendet. Auch für Kräuterbutter, Spinat und Eierspeisen verwendet man es gern. Man kann es auch durch langsames Trocknen als Gewürz haltbar machen.

Blätter: Zarte, noch sehr milde Blätter, Triebspitzen und Blütenstielknospen nutzt man von April bis Mai als Salatgrundlage. Die von Fasern befreiten Blattstiele kann man noch im Juni roh essen oder fein geschnitten als Salat zubereiten.

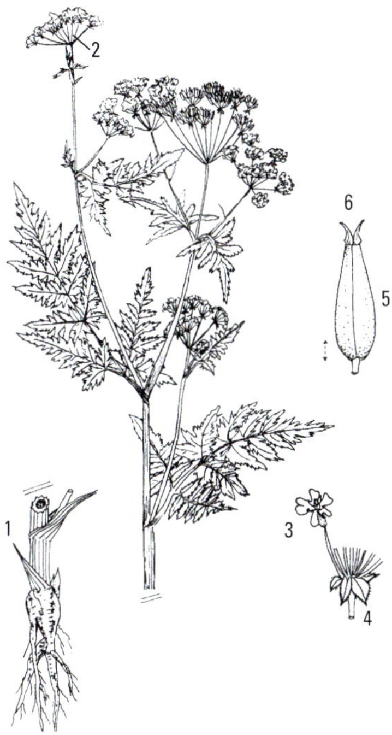

1 Der Stängel ist gefurcht, grün, nicht rotfleckig.
2 Hier entspringen aus einem Punkt 8 bis 16 Blütenstrahlen.
3 Die Blütenblätter sind weiß.
4 Die Blättchen an der Stelle, wo die Blütenstrahlen entspringen, werden nur bis 8 mm lang und sind zugespitzt.
5 Die Frucht wird bis 1 cm lang und ist dunkel gefärbt.
6 Sie hat 2 kurze Griffel.

Blüten: Die weichen, aromatischen Blütenknospen, die der Kerbel im Mai entwickelt, eignen sich ebenfalls roh zu Salaten oder für einen Belag auf dem Butterbrot. Man kann sie auch als Antipasti würzig einlegen.
Wurzeln: Von September bis in den Winter raspelt man die Wurzeln junger Kerbelpflanzen in Salate oder verarbeitet sie zu Kochgemüse.

Samen: Ab Juli bis August eignen sich die würzigen Samen wie Kümmelsamen als Küchengewürz oder als Keimsaat im Winter auf der Fensterbank.
Geschmack: Der Kerbel schmeckt würzig nach einer Mischung von Möhre, Anis und Kümmel. Die Wurzeln des Kerbels schmecken schärflich.
Hinweis! Es gibt giftige Pflanzen mit einem ähnlichen Blütenstand und ähnlicher Blattform, die sich jedoch im Blütenstängel unterscheiden. Siehe dazu Beispiele und Erklärungen auf Seite 205ff.

Inhaltsstoffe

Flavonglykosid Apiin, Bitterstoffe, ätherisches Öl, Cumarine.

Heilwirkungen

Die Pflanze hat harn- und schweißtreibende Eigenschaften und wirkt verdauungsfördernd und blutreinigend. Die Bitterstoffe regen die Magen- und Gallensaftsekretion an. Außerdem wirkt der Wiesen-Kerbel antioxidativ. Volksmedizinisch wird er für Frühjahrskuren eingesetzt. Ein Brei aus der frischen Pflanze kann äußerlich bei Ekzemen und Hautentzündungen angewendet werden. Die Früchte innerlich bei Lungentuberkulose.

Süßdolde

Myrrhis odorata (L.) Scop.
Apiaceae, Doldengewächse

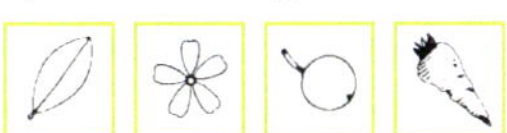

mehrjährig	1,2 m	Mai bis Juli	weiß

Verwildert an Hecken- und Waldrändern auf nährstoffreichen Lehmböden.

Verwendung in der Küche

Blätter: Von April bis in den September hat die Süßdolde aromatische, weichhaarige Blätter. Man nutzt sie als Gewürz zu Koch- und Backgemüse oder zur Teebereitung.

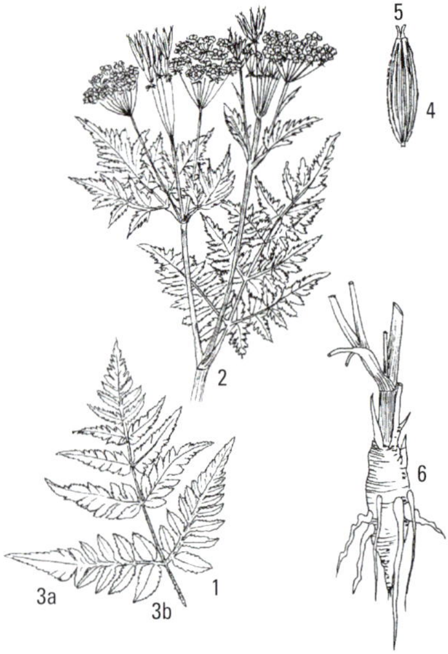

1 Die Blattstiele sind zottig behaart.
2 Am Blattansatz bilden sich auffällige Blattscheiden.
3 Das Blatt ist aus fast dreieckigen bis länglichen Teilblättern (3a) zusammengesetzt, die am Rand gezähnt sind (3b).
4 Die Frucht wird bis 2 cm lang.
5 An der Spitze der Frucht bilden sich 2 kurze Griffel.
6 Dis Süßdolde bildet eine markante Pfahlwurzel aus.

Blüten: Von Mai bis Juni entwickeln die Blüten ihr Aroma, mit dem sie hervorragend zu Obstkuchen und Kompott passen. Man kann sie aber auch als essbare Dekoration benutzen.
Samen: Bevor die jungen Samen ausreifen, erntet man sie von Juli bis August und verwendet sie roh in Getreidegerichten, Fruchtsalaten oder als Würze zu Gemüsegerichten und Desserts.
Wurzeln: Auch die aromatischen Wurzeln der jungen Pflanzen kocht man von September bis ins nächste Frühjahr wie ein würzendes Gemüse in Suppen oder raspelt sie in Ansatzschnäpse oder auch in Teig für süßes Gebäck.
Geschmack: Wie ihr Name verspricht, schmeckt die Pflanze süß und hat ein anisartiges Aroma.
Hinweis! Es gibt giftige Pflanzen mit einem ähnlichen Blütenstand und ähnlicher Blattform, jedoch ist deren Blattoberfläche nicht so weichhaarig. Siehe dazu Seite 205ff.

Inhaltsstoffe

Bis zu 1,5 % ätherisches Öl (Hauptinhaltsstoffkomponente trans-Anethol), Flavonoide (unter anderem Apigenin und Luteolin).

Heilwirkungen

Die Süßdolde wirkt appetitanregend, verdauungsfördernd und ist antibakteriell wirksam. Früher wurde sie wegen ihrer schleimlösenden Wirkung auch bei Husten und Asthma angewendet, aber auch zur Blutreinigung. Heute wird sie hauptsächlich homöopathisch bei Hämorrhoiden und Beschwerden durch Krampfadern eingesetzt.

Wiesensilge

Silaum silaus (L.) Schinz & Thell
Apiaceae, Doldengewächse

mehrjährig	1 m	Juni bis Aug.	grünlich gelb

Feuchte und nährstoffreiche Wiesen auf Lehm- und Tonböden bis in eine Höhe von etwa 900 m.

Verwendung in der Küche

Triebe: Die jungen, weichen Triebspitzen der Wiesensilge werden von April bis Mai als Zutat für Gemüsegerichte und Suppen verwendet oder auch für Kräuterbutter, Kräuterkäse, Kräuterlimonaden, Spinat und Eierspeisen. Um ihr feines Aroma beim Kochen nicht zu zerstören, gibt man sie zum Schluss roh dazu.

Blüten: Die zarten knospigen Blütenstände ergeben von April bis August ein gutes Gewürz für Salatsaucen oder Gemüsepürees. Die Blüten verwendet man von Mai bis September als roh essbare Dekoration oder als aromatische Zutat.

1 Der Blattstiel ist rundlich.
2 Das Blatt hat eine rötliche Spitze.
3 Jede Blütendolde verzweigt sich fünf- bis zehnmal.
4 Die Frucht ist flach.
5 An der Spitze der Frucht befinden sich 2 Griffel.

Geschmack: Die zarten Pflanzenteile der Wiesensilge schmecken säuerlich und petersilienartig.

Hinweis! Es gibt giftige Pflanzen mit einem ähnlichen Blütenstand und ähnlicher Blattform, sie unterscheiden sich jedoch durch die Blütenstängel. Siehe Beispiele und Erläuterungen auf Seite 205ff.

Über Inhaltsstoffe und Heilwirkungen ist uns nichts bekannt.

Echter Knollenkümmel, Erdkastanie

Bunium bulbocastanum L.
Apiaceae, Doldengewächse

mehrjährig	0,6 m	Juni bis Juli	weiß

An kalkreichen Standorten wie Weinbergen, steinreichen Äckern und Wegrändern.

Verwendung in der Küche

Wurzel: Der Echte Knollenkümmel hat eine rundlich-dicke Wurzel. Man erntet sie an noch

nicht blühenden Pflanzen im Herbst oder Frühjahr, solange sie noch zart ist. Geschält ist sie ein gutes, zart süß-scharfes Koch- und Backgemüse.
Blätter: Von April bis Juni sind die Blätter ein ätherisch duftendes Gewürzkraut. Auch die Blattstängel kann man als Gewürz zum Beispiel in Suppen mitkochen.
Früchte: Die harten Früchte erntet man von August bis September und nutzt sie als Würze zu vielerlei Speisen, getrocknet lassen sie sich auch gut bevorraten.
Geschmack: Die Pflanze schmeckt kümmelartig aromatisch.
Hinweis! Es gibt giftige Pflanzen mit einem ähnlichen Blütenstand und ähnlicher Blattform. Siehe dazu die Beispiele und Erläuterungen auf Seite 205ff.

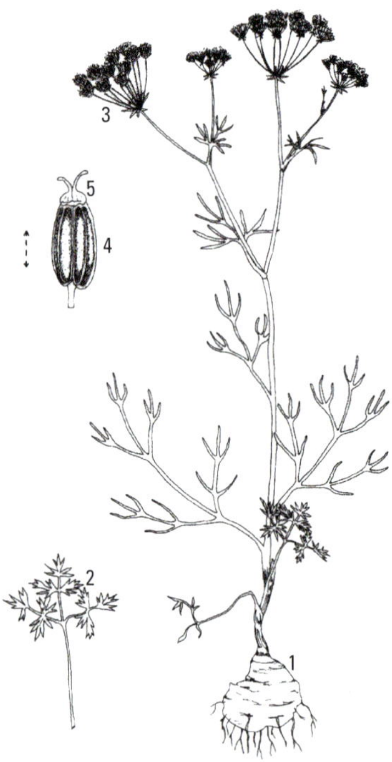

1 Der Stängel ist tief im Boden zu einer kugeligen, 3 cm dicken Knolle verdickt.
2 Die Blätter sind im Grobumriss dreieckig bis rautenförmig.
3 Die Dolde besteht aus 10 bis 20 Strahlen.
4 Die Frucht ist länglich und bis 5 mm lang.
5 An der Spitze der Frucht befinden sich 2 Griffel.

Inhaltsstoffe
Ätherisches Öl, Flavonoide.

Heilwirkungen
Sie sind ähnlich denen des Kreuzkümmels. Verdauungsfördernd.

Gelber Wau, Gelbe Resede

Reseda lutea L.
Resedaceae, Resedengewächse

ein- bis mehrjährig	0,5 m	Juni bis Sept.	gelb

An Bahnanlagen, auf Schuttplätzen, auf nährstoffreichen Lehmböden bis in eine Höhe von etwa 1000 m. Rohbodenpionier.

Verwendung in der Küche
Blätter und Triebe: Von April bis Juni, vor der Blüte, nutzt man die jungen Blätter und zarten Triebe des gelben Wau roh als bissfesten Salat, gedämpft zu Spinat, gekocht in Gemüsesuppen und als Würze zu Kräuterquark oder Kräutersaucen sowie zu Gemüsefüllungen, beispielsweise von Teigtaschen und Frühlingsrollen.

Blüten: Die knospigen Blüten ergeben von Mai bis Juni eine Delikatesse als eingelegtes Gemüse etwa in Gewürzessig. Man kann sie auch roh als Würze in Salatsaucen hacken. Die hellgelben Wau-Blüten können von Juni bis September in Kräuterbowle eingelegt werden und in Frischkäse gerührt auch als Brotaufstrich dienen.
Geschmack: Die Pflanze schmeckt leicht scharf und säuerlich-senfig.

Inhaltsstoffe

Senföle und das gelbe Flavonoid Luteolin.

Heilwirkungen

Das ganze Kraut wirkt beruhigend und schmerzstillend und wird bei Schlaflosigkeit und Unruhe

eingesetzt. Äußerlich ist die Anwendung bei Quetschungen und Blutergüssen hilfreich. Die Wurzeln sind harn- und schweißtreibend. Darüber hinaus wurde die Pflanze früher zum Färben (gelbe Farbtöne) gebraucht.

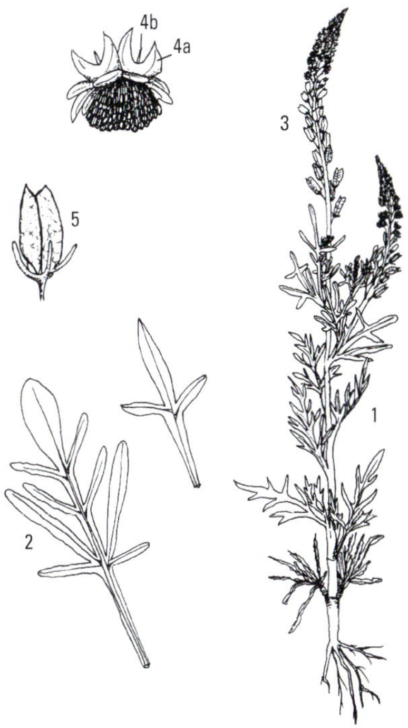

1 Der Wuchs der Resede ist aufrecht.
2 Die Blätter sind verästelt.
3 Viele Einzelblüten bilden den kerzenförmigen Blütenstand.
4 Die 2 in der Zeichnung oben sitzenden Blütenblätter sind mehrteilig, mit Seitenflügeln (4a) und Mittelzipfel (4b).
5 An der Spitze der Frucht befinden sich 2 Griffel.

Wermut

Artemisia absinthium L.
Asteraceae, Korbblütengewächse

mehrjährig	1 m	Juli bis Sept.	gelb

In Wildkrautgesellschaften der trockenen Bereiche wie an Wegen, auf Dämmen und Müllplätzen, auf humosen, warmen und lockeren Lehmböden bis in etwa 1000 m Höhe.

Verwendung in der Küche

Blätter: Von April bis August benutzt man die Blätter des Wermuts vor allem als Aroma. Man verarbeitet sie als Würze für Kräuterlikör, Kräuterwein, Schnaps, als Bierwürze oder als Aroma für Speiseöl. Wichtig ist, dass man das Kraut nur als Aroma in kleinen Mengen dosiert. Zubereitungen in größeren Dosen können Kopfschmer-

zen verursachen und in hohen Dosen gefährlich giftig wirken.
Geschmack: Die beim Zerreiben wohlaromatisch duftende Pflanze schmeckt äußerst bitter.

Inhaltsstoffe des getrockneten Krautes

Bis 0,4 % Bitterstoffe (Absinthin), 0,2–1,5 % ätherisches Öl (Thujon und Chamazulen), Flavonoide, Cumarine und Gerbstoffe.

Heilwirkungen

Wermut ist eine der ältesten bekannten Heilpflanzen. Hildegard von Bingen erwähnt die Pflanze zur Appetitanregung, bei Störungen

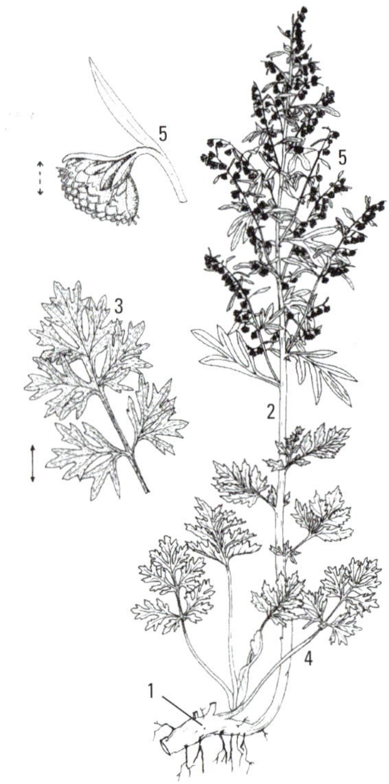

1 Der Stängel verholzt im unteren Bereich.
2 Im oberen Bereich fühlt sich der Stängel filzig an.
3 Die Blätter wirken auf beiden Seiten filzig, die Farbe ist graugrün.
4 Die unteren Blätter sind lang gestielt.
5 Zahlreiche Blütenköpfe bilden die graugelb wirkende Blüte.

im Verdauungstrakt, bei chronischer Magenschleimhautentzündung. Ferner bei Blähungen und krampfartigen Störungen im Darm- und Gallenwegsbereich und bei Wurmbefall. Außerdem hat das Kraut eine wohltuende Wirkung auf die Bauchspeicheldrüse. Volksmedizinisch bei Menstruationsbeschwerden und Blutarmut. Äußerlich bei schlecht heilenden Wunden. Das enthaltene ätherische Öl wirkt bei Krämpfen, desinfiziert und hemmt die Schweißsekretion. Die Bitterstoffe fördern die Speichel- und Magensaftsekretion.

Gewöhnlicher Beifuß

Artemisia vulgaris agg.
Asteraceae, Korbblütengewächse

mehrjährig	1,4 m	Juli bis Sept.	gelb bis rotbraun

Auf Wegen und Schuttplätzen, aber auch im Auengebüsch und in der Ufervegetation, auf nährstoffreichen und frischen bis feuchten Böden bis auf 800 m Höhe.

Verwendung in der Küche

Triebe und Blätter: Von April bis Mai sind die ganz jungen Triebe und Blätter noch mildaromatisch und wenig bitter. Sie eignen sich als frische, wohlschmeckende Zutat für Salate und als Würze zu verschiedenen Speisen, zum Beispiel grob gehackt zu Eierspeisen wie Omelett oder zu Quiche. Auch zum Ansetzen von Likören und zur Teebereitung lassen sie sich verwenden. Die obersten 10 cm der Triebspitzen kann man vor der Blütezeit gut schälen und als Gemüse zubereiten. Beifußblätter kann man die ganze Vegetationsperiode über, solange sie noch saftig sind, als Gewürz trocknen und rebeln.

Stängel mit Blüten: Die entblätterten, zum Teil auch schon verholzten Stängel mit den Blütenköpfen lassen sich von Juli bis Oktober als Gewürz mitkochen. Vor dem Servieren nimmt man die Stängel wieder heraus.

Geschmack: Der Beifuß schmeckt süßlich bis bitterwürzig. Im reiferen Zustand eignet er sich besonders für fette Speisen.

Inhaltsstoffe

Gerbstoffe, Bitterstoffe (Sesquiterpenlactone), Flavonoide, Cumarine, Triterpene, ätherisches Öl (bis 0,3 %) mit Cineol, Thujon.

Heilwirkungen

Bei Nervosität und Schlafstörungen hat der Beifuß als Tee eine entspannende Wirkung auf das Nervensystem. Er hat auch eine anregende Wirkung und sollte deshalb nicht zu Beginn der Schwangerschaft verwendet werden. Bei Menstruationsschmerzen wirkt er entkrampfend. Er regt die Verdauung an und unterstützt die Bauchspeicheldrüse. Im warmen Fußbad hilft der Beifuß wegen seiner wärmenden Eigenschaften bei Unterleibs- und Blasenkatarrhen, chronischen Eierstockentzündungen und Ausfluss. Ein mit der Pflanze angesetztes Öl wirkt bei müden Füßen und Rheumatismus.

1 Der Stängel ist rötlich braun.
2 Die Blattoberseite ist einfarbig grün, die Unterseite wirkt filzig.
3 Die Blattenden sind zugespitzt und haben kleine Zähne.
4 Der Beifuß blüht von Juli bis September in vielblütigen, hohen Blütenständen.
5 Die Blütenköpfchen messen 2–3 mm im Durchmesser und sind gelb oder rotbraun.

Echte Kamille

Matricaria recutita L.

Asteraceae, Korbblütengewächse

einjährig	0,4 m	Mai bis Juli	weiß und gelb

Auf nährstoffreichen Lehmböden bis in eine Höhe von etwa 1000 m.

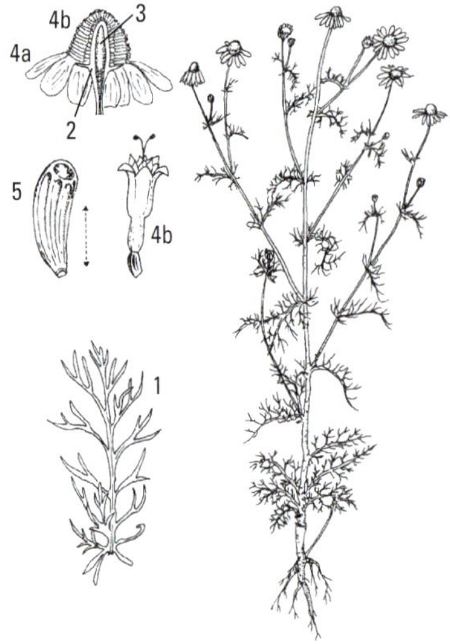

1 Die feinen Blätter sind verästelt.
2 Der Blütenboden ist kegelförmig.
3 Die Blütenköpfchen sind hohl.
4 Die länglichen, weißen Strahlenblüten hängen nach unten (4a) und umschließen gelbe Röhrenblüten (4b).
5 Die Früchte werden bis 2 mm lang.

Die ganze Pflanze riecht nach Kamille.

Verwendung in der Küche

Blüten: Die Blüten der echten Kamille aromatisieren nicht nur Haus- und Heilteemischungen, man setzt sie auch gern zur Herstellung von Kräuterlimonaden und Kräuterbowlen ein. Man sammelt die Blüten von Mai bis Juli und kann sie, wenn man sie nicht gleich frisch verarbeiten möchte, gut sonnengeschützt zur Bevorratung lufttrocknen. Aromatisch sind vor allem die gelben inneren Blüten, deshalb empfiehlt es sich, vor der Verwendung als Dekoration auf Süßspeisen die weißen Strahlenblüten abzuzupfen.

Blätter und Blütenknospen: Die aromatischen weichen Blätter und jungen Blütenknospen eignen sich, fein gewiegt, in kleinen Mengen als Gewürz zu vielen Speisen. Man erntet sie von April bis Mai. Auch die Blätter eignen sich, wegen ihrer schönen Form, als essbare Dekoration. Die Blütenknospen zusammen mit kleinen Zwiebeln der Laucharten sind ein gutes Gewürz zum Einlegen von Sauergemüse.

Geschmack: Der Grundgeschmack ist mild und harmonisiert stark salzige, saure und scharfe Geschmacksnoten. Der typische Geruch der Pflanze nach Kamille ist zumeist geläufig.

Inhaltsstoffe

Bis zu 1,5 % blaues ätherisches Öl (Bisabolol, Chamazulen), Flavonoide (Apigenin), Cumarine, Schleimstoffe und Polysaccharide.

Heilwirkungen

Die Kamille ist eine der bekanntesten Heilpflanzen. Die Blüten haben den höchsten Wirkstoffgehalt. Sie werden arzneilich verwendet und wirken entzündungshemmend, antibakteriell und gegen Pilze. Man setzt sie vor allem bei Magen- und Darmbeschwerden ein. Darüber hinaus aber auch bei Menstruationsbeschwerden, als leichtes Beruhigungsmittel und als Schlaftrunk. Die Pflanze zeichnet sich durch gute Verträglichkeit auch bei Kindern aus. Äußerlich in Form von Umschlägen, Salben oder Waschungen bei vielen entzündlichen Erkrankungen der Haut und Schleimhäute im Mund, Hals, Rachen, aber auch im Genitalbereich. Aus der Pflanze kann ein alkoholischer Auszug zur Einnahme hergestellt werden.

Strahlenlose Kamille

Matricaria discoidea DC.
Asteraceae, Korbblütengewächse

einjährig	0,3 m	Mai bis Aug.	gelbgrün

An nährstoffreichen Standorten auf Lehm- und Tonböden bis in etwa 1700 m Höhe. Auch auf verdichteten Böden. Eingebürgert seit Mitte des 19. Jahrhunderts. Stickstoffzeiger.

Verwendung in der Küche

Blätter: Die Strahlenlose Kamille bietet von April bis Mai zarte, fiedrige Blätter, die gern in Kräuterhackmischungen gegeben werden. Mit ihrer feinen Form im Jungblattzustand eignen sie sich auch als essbare Dekoration auf jedem Brotzeitteller.

1 Die Blätter sind fein gefiedert.
2 Die Strahlenlose Kamille hat keine weißen Blütenblätter wie die Echte Kamille, sondern einen Kopf mit zahlreichen ca. 2 mm großen vierzähnigen, grünlichen Röhrenblüten.
3 Der kegelförmige Blütenkopf hat einen Durchmesser von etwa 1 cm.
4 Die Blütenhülle besteht aus mehreren, gleich langen Blättern.
5 Der Samen ist nur wenig mehr als 1 mm groß.
Die ganze Pflanze riecht stark nach Kamille.

Blüten: Von Juni bis August bilden sich die charakteristischen Blüten. Sie werden in Salatsaucen gemischt oder kandiert. Man bereitet aus ihnen auch Tee, Wein oder durch Auskochen sirupartige Aufstriche. Fein gewiegt streut man sie in Süßspeisen oder blanchiert die Köpfchen und reicht sie zu Obstsalaten.

Geschmack: Die Blätter schmecken im Vergleich zur Echten Kamille deutlich weniger aromatisch. Die Blüten hingegen schmecken, besonders nach dem Erwärmen, sehr fruchtig.

Inhaltsstoffe
Ätherisches Öl, Flavonoide, Cumarinderivate.

Heilwirkungen
Volksmedizinisch wird die Strahlenlose Kamille gelegentlich wie die Echte Kamille verwendet, sie hat jedoch keine entzündungshemmende Wirkung. Sie wirkt leicht krampflösend und kann gegen Wurmbefall eingesetzt werden.

Gewöhnliche Schafgarbe
Achillea millefolium agg.
Asteraceae, Korbblütengewächse

mehrjährig	0,9 m	Mai bis Okt.	weiß bis leicht rosa

Auf nährstoffreichen Lehmböden auf Fettwiesen und Weiden, aber auch auf Halbtrockenrasen oder in Ruderalgesellschaften bis in 1800 m Höhe, heute weltweit verbreitet. Bis 90 cm tief wurzelnde Pionierpflanze und nässescheuende Bodenfestigerin.

Verwendung in der Küche
Blätter: Die zarten, frischen Grundblätter der Schafgarbe (von März bis April), die weichen Blätter unterhalb des Blütenstandes (bis in den September) und die Blütenknospen (von Mai bis Juni) kann man als würzige Zutat für Gemüsegerichte und Salate verwenden. Sie eignen sich auch als frisches Gewürz bei der Herstellung von Kräutersalzen, Nudelteigen, Essig und Kräuterbutter. Sowohl junge als auch ältere Blätter lassen sich getrocknet als Gewürz für Spirituosen, Tee und Rauchtabakmischungen nutzen.
Blüten: Von Juni bis Oktober kann man mit den Blüten Zucker aromatisieren oder man kocht den gezuckerten Saft zu einem süßen Aufstrich ein. Die Blüten lassen sich auch als Geschmacksgeber verschiedener Getränke, wie Tee und Spirituosen, verwenden, auch als essbare Dekoration und als Würze für Eingelegtes sind sie zu nutzen.
Geschmack: Die aromatisch duftende Schafgarbe hat einen herben, scharfen und muskatnussartigen Geschmack.

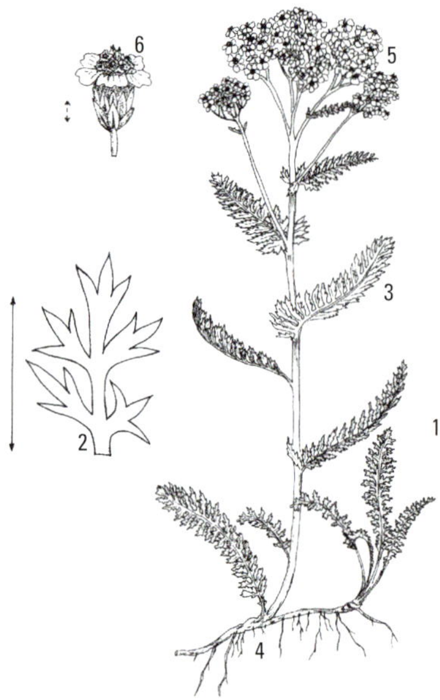

1 Aus dem aufrechten Stängel entspringen wechselständig angeordnete, fein gefiederte Blätter.
2 Vergrößertes Einzelblättchen aus dem Gesamtblatt mit spitz zulaufenden Enden.
3 Das Gesamtblatt setzt sich wie eine Feder aus vielen Einzelblättchen zusammen. Im Gesamtbild länglich-lanzettlich mit deutlichem Mittelnerv.
4 Unterirdische Ausläufer, die ständig neue, bewurzelte Pflänzchen hervorbringen, sind ein Merkmal der Schafgarbe.
5 Zahlreiche Blütenköpfe entspringen an unterschiedlichen Punkten und bilden optisch einen gemeinsamen Blütenstand.
6 Jeder Blütenkopf wird von 4 bis 6 weißen bis rosa Blütenblättchen umrandet.

Inhaltsstoffe des ganzen Krautes
Bis 1 % ätherisches Öl (Azulen), Sesquiterpenlactone, Gerb- und Bitterstoffe, Flavonoide, Essig-, Kaffee- und Äpfelsäure, Schleimstoffe, Kupfer, Kalium und Vitamine.

Heilwirkungen
Entzündungshemmend bei Magen- und Darmproblemen, beruhigend, blutreinigend und allgemein kräftigend. Außerdem bei Nierenerkran-

kungen, Durchblutungsstörungen des Herzens und bei Nerven-, Kopf- und Zahnschmerzen. Sie wird als Tee oder alkoholische Tinktur verwendet. Die enthaltenen Bitterstoffe fördern die Gallesekretion und lindern chronische Lebererkrankungen. Äußerlich bei Gelenkentzündungen und unreiner Haut. Volksmedizinisch bei Hämorrhoiden und Menstruationsbeschwerden. In der Homöopathie bei Blutungen.
Bei empfindlichen Menschen kann die Pflanze, in Verbindung mit der Sonnenstrahlung, eine Kontaktallergie, die sogenannte Wiesendermatitis, auslösen.

Achtung Verwechslungsgefahr

Lebensgefährliche Giftpflanzen, die essbaren Wildpflanzen ähnlich sehen

Wenn Sie beim Bestimmen von Wildpflanzen unsicher sind, sollten Sie die Pflanzen nicht essen, ohne vorher einen Spezialisten zu Rate gezogen zu haben. Sollte es doch einmal zu einer Vergiftung kommen oder auch nur der leiseste Verdacht darauf bestehen, wenden Sie sich unverzüglich an einen Arzt oder an die nächste Klinik. In den meisten großen Städten gibt es Einrichtungen, die speziell auf Vergiftungsfälle eingerichtet sind und Tag und Nacht geöffnet haben, zum Beispiel:

Giftinformationszentrum-Nord (GIZ-Nord), Georg-August-Universität Göttingen, Zentrum Pharmakologie und Toxikologie
Tel. +49 (0)551 19240

Giftnotruf München (Toxikologische Abteilung der II. Medizinischen Klinik der TU)
Tel. +49 (0)89 19240

Vergiftungsinformationszentrale für Österreich an der 1. Medizinischen Universitätsklinik Wien
Tel. +43 (0)1 4064343

Schweizerisches Toxikologisches Informationszentrum Zürich
Tel. 145 oder aus dem Ausland
Tel. +41 (0)44 2515151

Wenn Sie mit dem Verdacht auf Vergiftung einen Arzt oder eine der entsprechenden Einrichtungen aufsuchen, ist es von Vorteil, etwas von den Pflanzen, von denen Sie gegessen haben, mitzunehmen; außerdem sollten Sie Auskunft geben können, wie viel Sie davon gegessen haben. Als Soforthilfe Medizinalkohle (aus der Apotheke) einnehmen und reichlich Wasser trinken.
Auch wenn sich der überwiegende Teil der Anfragen bei den Giftnotrufzentralen auf den Verzehr schwach oder gar ungiftiger Pflanzen bezieht, sollte man bei unbestimmten Beschwerden diese Möglichkeit lieber einmal zu viel als zu wenig in Betracht ziehen.

Gelber Eisenhut

Aconitum lycoctonum L.
Ranunculaceae, Hahnenfußgewächse

mehrjährig	1,5 m	Juni bis August	grüngelblich

Schattige Standorte in Schlucht- und Hangwäldern sowie in Auenwäldern und Hochstaudenfluren, nährstoffreichen Lehm- und Tonböden bis in eine Höhe von etwa 2000 m.

Der Gelbe Eisenhut gehört ebenso wie sein »blauer Bruder« *(Aconitum napellus)* und viele weitere *Aconitum*-Arten zu den giftigsten europäischen Pflanzen. Die Giftwirkung geht von den darin enthaltenen Alkaloiden (insbesondere dem Lyococonitin) aus. Der Namenszusatz *lycoctonum* bedeutet »wolfstötend«. Früher benutzte man Köder, die aus der Pflanze hergestellt wurden, zu diesem Zweck. Die ganze Pflanze ist gefährlich giftig. Besonders viele

giftige Alkaloide sind jedoch in den Wurzeln und in den Samen enthalten. Schon die Einnahme von weniger als einem halben Gramm der Pflanze kann zu Beschwerden führen. Erste Anzeichen einer Vergiftung sind besondere Kälteempfindlichkeit und Kreislaufbeschwerden.

1 Die Blätter sind handförmig und fünf- bis siebenteilig.
2 Die Blattabschnitte sind durch tiefe Einschnitte geteilt; diese sind jedoch weniger tief als beim Wiesen-Storchschnabel.
3 Der Blattrand ist stark gezähnt. Die Zähne unterscheiden sich deutlich von den länglichen Zipfeln beim Wiesen-Storchschnabel.
4 Die Blüte ist helmförmig.
5 Der Helm ist etwa dreimal so hoch wie breit.

Gegenmaßnahmen: Entleeren oder Auspumpen des Magens, um einen möglichst großen Teil der aufgenommenen Pflanzenteile zu entfernen.

Verwechslungsgefahr:
Mit den Blättern des Wiesen-Storchschnabels *(Geranium pratense)*, siehe Seite 129.

Hundspetersilie

Aethusa cynapium L.
Apiaceae, Doldengewächse

einjährig	1,2 m	Juni bis Oktober	weiß

In Beikrautgesellschaften auf Äckern, in Weinbergen und auf Brachen auf nährstoffreichen Lehmböden.

Die Hundspetersilie wird den gefährlich giftigen Pflanzen zugerechnet. Giftige Inhaltsstoffe sind Aethusin und andere Polyine, die in der ganzen Pflanze einschließlich der Wurzeln enthalten sind. Tödliche Vergiftungsfälle durch Verwechslung sind aber lediglich aus alten Literaturquellen bekannt. Es ist jedoch möglich, dass diese durch die Einnahme von Schierlingsblättern (siehe Gefleckter Schierling, *Conium maculatum*, Seite 209) hervorgerufen wurden. Erste Anzei-

chen einer Vergiftung durch die Hundspetersilie sind starkes Brennen im Mund und Pulsbeschleunigung.

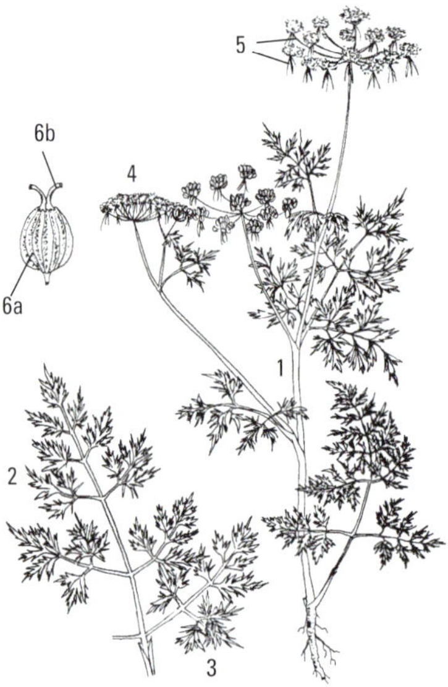

1 Der Stängel ist längs fein gerillt und im Querschnitt rundlich.
2 Die Blätter sind im Umriss dreieckig und dunkelgrün glänzend.
3 Die Teilblätter sind am Rand tief eingeschnitten, ihre Abschnitte sind spitz; dadurch unterscheiden sie sich von anderen Doldenblütlern wie Wald-Engelwurz, Wiesen-Bärenklau oder Bärwurz.
4 Die Blütendolde besteht aus 5 bis 15 Verzweigungen.
5 Die Blätter an der Unterseite des Blütenstandes sind meist einseitig angeordnet. Dies unterscheidet die Pflanze deutlich von anderen Doldenblütlern wie Wiesen-Kümmel oder Wiesen-Silge, die an dieser Stelle keine Blätter haben, oder Knollenkümmel und Wiesen-Kerbel, deren Blätter rund um den Stängel angeordnet sind.
6 Die Früchte werden bis 5 mm lang, haben kantige Rippen (6a) und zwei kurze Griffel (6b).

Auffallend ist der unangenehme Geruch, durch den sich die Pflanze von essbaren Arten wie Süßdolde, Giersch oder Kleine Bibernelle unterscheidet.

Gegenmaßnahmen: Entleeren oder Auspumpen des Magens, um einen möglichst großen Teil der aufgenommenen Pflanzenteile zu entfernen.

Verwechslungsgefahr:
Mit Wald-Engelwurz *(Angelica sylvestris)*, siehe Seite 187, Wiesen-Kerbel *(Anthriscus sylvestris)*, siehe Seite 192, Gewöhnlicher Bärwurz *(Meum athamanticum)*, siehe Seite 189, Süßdolde *(Myrrhis odorata)*, siehe Seite 193, Wiesensilge *(Silaum silaus)*, siehe Seite 194, Wiesen-Bärenklau *(Heracleum sphondylium)*, siehe Seite 184, Kleiner Bibernelle *(Pimpinella saxifraga)*, siehe Seite 171, Gewöhnlichem Giersch *(Aegopodium podagraria)*, siehe Seite 186, Knollenkümmel *(Bunium bulbocastanum)*, siehe Seite 195, Wiesen-Kümmel *(Carum carvi)*, siehe Seite 190.

Gefleckter Aronstab

Arum maculatum agg.
Araceae, Aronstabgewächse

mehrjährig	0,4 m	April bis Juni	siehe Beschreibung

In Auenwäldern und feuchteren Laubwäldern auf nährstoffreichen Lehm- und Tonböden.

Der Gefleckte Aronstab ist eine stark giftige Pflanze. Alle Pflanzenteile einschließlich der roten Beeren sind giftig. Sobald sich die Beeren gebildet haben, ist der Aronstab praktisch nicht mehr mit anderen Pflanzen zu verwechseln. Durch das Trocknen der Pflanze nimmt deren Giftwirkung deutlich ab. Der giftige Hauptwirkstoff ist Aroin. Werden Blätter oder Wurzeln eingenommen, kommt es zu Brennen im Mund sowie starkem Anschwellen von Zunge und Lippen als ersten Vergiftungserscheinungen.
Die überwiegende Zahl der belegten Vergiftungsfälle betraf Kleinkinder, die von den Beeren (etwa 5 Stück) gegessen hatten, wobei dies in den meisten Fällen ohne Folgen blieb. Lediglich in 40 % der Fälle traten Reizungen der Schleimhäute gefolgt von Magen- und Darmbeschwerden auf. Die Beschwerden klangen ohne Therapie und ohne weitere Folgen ab.
Gegenmaßnahmen: Reichlich Wasser trinken. In der Klinik können bei schwerwiegendem Verlauf eine Magenspülung und weitere medizinische Maßnahmen veranlasst werden.

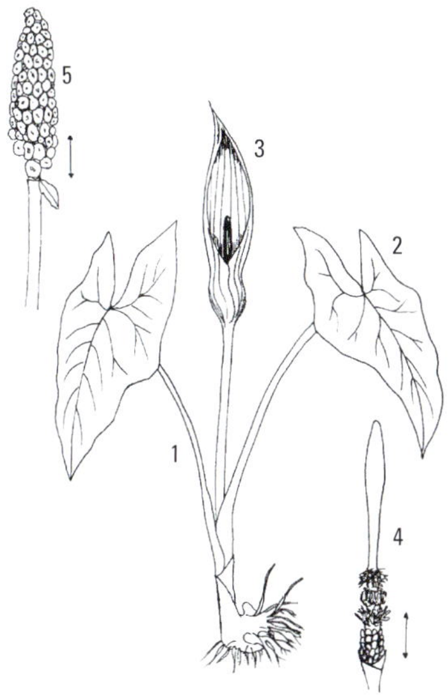

1 Die Blätter sind lang gestielt.
2 Die Form des bis zu 20 cm langen, dunkelgrünen, gelegentlich gefleckten Blattes ist breit pfeilförmig.
3 Das einem Blütenblatt gleichende Hochblatt ist weißlich-grün und zu einer Scheide geformt.
4 Der Blütenkolben enthält an der Basis weibliche und männliche Blüten, die ringförmig angeordnet sind.
5 Die Früchte sind leuchtend rot. Sie erscheinen nach dem Verwelken der übrigen Pflanzenteile.
Die Pflanze riecht nicht nach Lauch.

Verwechslungsgefahr:
Mit Bär-Lauch *(Allium ursinum)*, siehe Seite 73.

Giftiger Wasserschierling

Cicuta virosa L.
Apiaceae, Doldengewächse

mehrjährig	1,2 m	Juli bis September	weiß

Nährstoffreiche, flach überschwemmte Standorte an Ufern und Tümpeln.

Der Wasserschierling enthält das stark giftige Cicutoxin, außerdem Cicutol. Die Giftstoffe sind in der ganzen Pflanze enthalten, besonders große Mengen aber in den Stängeln und dem Wurzelstock. Das Trocknen der Pflanze hat keinen Einfluss auf die Giftwirkung. Cicutoxin ist ein Krampfgift, das eine Lähmung des Großhirns bewirkt. Erste Vergiftungserscheinungen sind

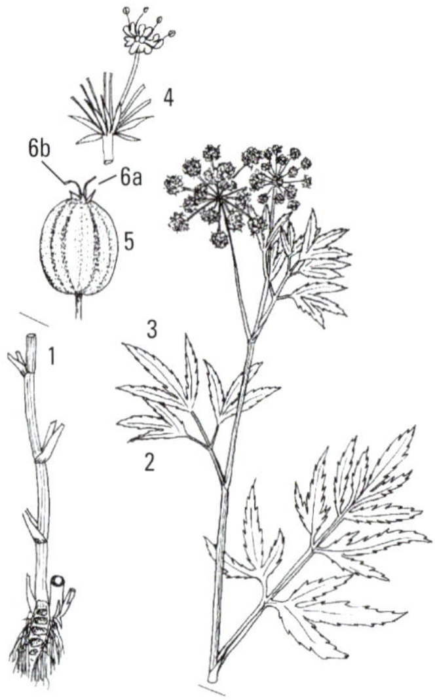

1 Der Stängel ist kantig, aber nicht dicht borstig behaart wie der essbare Wiesen-Bärenklau.
2 Das Blatt ist fingerförmig; dadurch unterscheidet sich der Wasserschierling von den essbaren Doldenblütlern, wie Wiesen-Kerbel, Kleine Bibernelle, Wald-Engelwurz oder Bärwurz.
3 Die Blattfinger sind lang, schmal und am Rand gezähnt.
4 Der Blütenstand hat bis zu 25 Verzweigungen, also wesentlich mehr als bei den essbaren Doldenblütlern, wie Wiesen-Silge oder Wiesen-Kümmel.
5 Die Frucht ist im Unterschied zu Knollen-Kümmel, Süßdolde oder Giersch kugelig rund.
6 An der Spitze hat die Frucht 2 Zähne (6a) und 2 Griffel (6b).

Brennen im Mund, Übelkeit, Erbrechen und Krämpfe.
Gegenmaßnahmen: Entleeren oder Auspumpen des Magens. Wurde das Gift schon in den Körper aufgenommen, müssen in der Klinik Maßnahmen gegen die eintretenden Krämpfe unternommen und der Patient beatmet werden.

Verwechslungsgefahr:
Mit Wald-Engelwurz *(Angelica sylvestris)*, siehe Seite 187, Wiesen-Kerbel *(Anthriscus sylvestris)*, siehe Seite 192, Gewöhnlicher Bärwurz *(Meum athamanticum)*, siehe Seite 189, Süßdolde *(Myrrhis odorata)*, siehe Seite 193, Wiesensilge *(Silaum silaus)*, siehe Seite 194, Wiesen-Bärenklau *(Heracleum sphondylium)*, siehe Seite 184, Kleiner Bibernelle *(Pimpinella saxifraga)*, siehe Seite 171, Gewöhnlichem Giersch *(Aegopodium podagraria)*, siehe Seite 186, Knollenkümmel *(Bunium bulbocastanum)*, siehe Seite 195, Wiesen-Kümmel *(Carum carvi)*, siehe Seite 190.

Herbstzeitlose

Colchicum autumnale L.
Colchicaceae, Zeitlosengewächse

mehrjährig	0,4 m	April bis November	violett-rosa

Auf feuchten Wiesen und in Auenwäldern auf nährstoffreichen Lehm- und Tonböden.

Die Herbstzeitlose enthält stark giftige Tropanalkaloide, wie das Colchizin. Diese sind in der ganzen Pflanze, besonders aber in der Knolle und den Samen enthalten. 5 g des Samens sind für einen Erwachsenen tödlich. Der Alkaloidgehalt nimmt mit zunehmender Ausreifung der Pflanze zu. Das Trocknen der Pflanze hat keinen Einfluss auf die Giftwirkung. Colchizin ist ein Gift, das

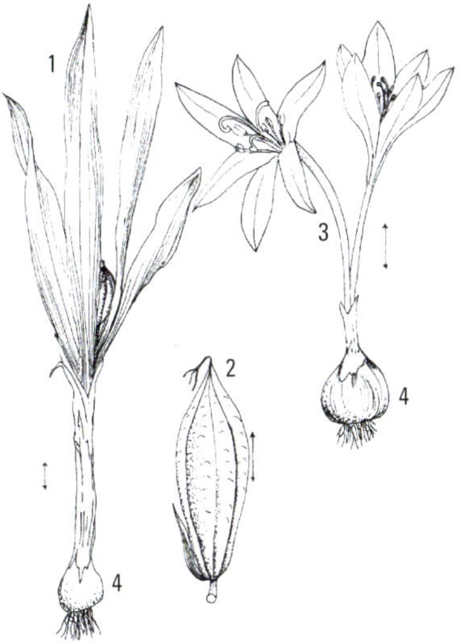

1 Die Blätter sind bis 30 cm lang, zungenförmig, dunkelgrün glänzend und im Unterschied zum Bär-Lauch trichterförmig angeordnet.

2 Die stängellose, dreifächerige Frucht erscheint im Frühjahr in der Mitte des Blatttrichters.

3 Die Blüten erscheinen im Spätsommer an einem langen, im Querschnitt nicht kantigen Blütenstiel.

4 Die Pflanze überwintert in einer eiförmigen Zwiebel, die drei- bis fünfmal so groß ist wie die längliche Zwiebel des Bär-Lauchs. Die Herbstzeitlose riecht nicht nach Lauch.

unter anderem einen Einfluss auf die Zellteilung hat. Die Symptome einer Vergiftung treten oft erst mehrere Stunden nach der Einnahme auf. Sie äußern sich in Übelkeit, Schwindel, Schock und heftigem Harndrang, des Weiteren in heftigen, krampfartigen Bauchschmerzen, Herzrhythmusstörungen und schnellem Puls. Dazu kommen Lähmungen, blutige Durchfälle und Blaufärbung der Lippen.
Gegenmaßnahmen: Als Erste Hilfe Entleeren oder Auspumpen des Magens. Außerdem sollte man an die frische Luft gehen und Wasser trinken. In der Klinik muss der Patient gegebenenfalls beatmet werden.

Verwechslungsgefahr:
Mit Bär-Lauch *(Allium ursinum)*,
siehe Seite 73.

Gefleckter Schierling

Conium maculatum L.
Apiaceae, Doldengewächse

zweijährig	1,8 m	Juni bis September	weiß

Nährstoffreiche Standorte in Siedlungsnähe.

Traurige Berühmtheit und Eingang in den sprichwörtlichen Sprachschatz erlangte der Gefleckte Schierling durch Sokrates, dem man zur Hinrichtung einen Becher mit Schierlingssaft zu trinken gab.
Die ganze Pflanze ist aufgrund der in ihr enthaltenen Alkaloide Coniin und Conicein stark giftig. Den höchsten Alkaloidgehalt findet man in den unreifen Samen. Grob geschätzt sind schon 50 g der frischen Pflanze tödlich giftig. Durch Trocknen der Pflanze verringert sich der Gehalt der Giftstoffe langsam. Die Vergiftung äußert sich zunächst durch Brennen im Mund, gefolgt von einer Lähmung der Zunge und Erbrechen.
Gegenmaßnahmen: Entleeren oder Auspumpen des Magens. In der Klinik müssen weitere medizinische Maßnahmen und eine Beatmung des Patienten erfolgen.

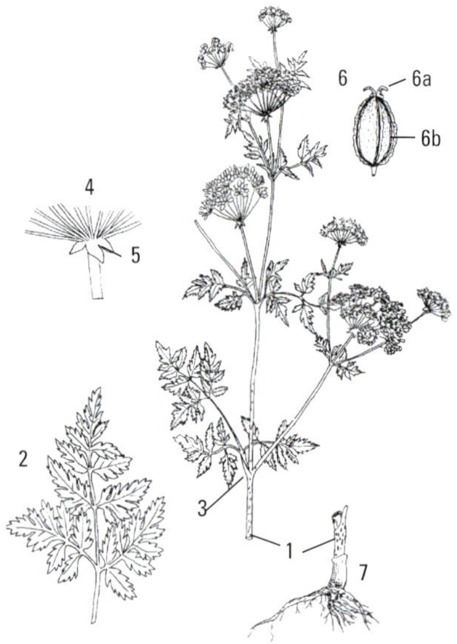

1 Am Stängel finden sich im Unterschied zum Knollenkümmel violette oder rote Flecken.
2 Die Blätter sind im Unterschied zum Wiesen-Bärenklau mehrteilig.
3 Im Gegensatz zur Wald-Engelwurz hat der Gefleckte Schierling keine auffälligen Blattscheiden.
4 Die Blütendolde hat bis zu 15 Verzweigungen und damit rund doppelt so viele wie die Wiesen-Silge.
5 Unter der Blütendolde befinden sich im Unterschied zu Wiesen-Kümmel, Kleiner Bibernelle oder Giersch auffällige Hüllblätter.
6 Die Frucht wird anders als bei Wiesen-Kerbel oder Bärwurz weniger als 0,5 cm lang, hat 2 auffällige Griffel (6a) und an der Außenseite deutliche Rippen (6b).
7 Anders als bei der Bärwurz hat die Pflanze am Grund keinen sogenannten Haarschopf.

Verwechslungsgefahr:
Mit Wald-Engelwurz *(Angelica sylvestris)*, siehe Seite 187, Wiesen-Kerbel *(Anthriscus sylvestris)*, siehe Seite 192, Gewöhnlicher Bärwurz *(Meum athamanticum)*, siehe Seite 189, Süßdolde *(Myrrhis odorata)*, siehe Seite 193, Wiesensilge *(Silaum silaus)*, siehe Seite 194, Wiesen-Bärenklau *(Heracleum sphondylium)*, siehe Seite 184, Kleiner Bibernelle *(Pimpinella saxifraga)*, siehe Seite 171, Gewöhnlichem Giersch *(Aegopodium podagraria)*, siehe Seite 186, Knollenkümmel *(Bunium bulbocastanum)*, siehe Seite 195 und Wiesen-Kümmel *(Carum carvi)*, siehe Seite 190.

Gewöhnliches Maiglöckchen

Convallaria majalis L.
Convallariaceae, Maiglöckchengewächse

mehrjährig	0,2 m	Mai bis Juni	weiß

Trockene Standorte in Laubwäldern.

Das Maiglöckchen enthält zahlreiche stark giftige Glykoside, zum Beispiel Convallatoxin. Die ganze Pflanze, besonders aber die Blüten und die roten Früchte sind giftig. Die Einnahme von ein bis fünf Beeren wird meist folgenlos überstanden. Der Giftgehalt nimmt im Verlauf der Reife zu. Die giftigen Glykoside wirken vor allem auf das Herz-Kreislauf-System. Beim Berühren der Pflanze mit den Händen kann es zu Hautreizungen kommen. Fasst man sich dann in die Augen, kommt es außerdem zu Augenreizungen. Gelangt die Pflanze über den Mund in entsprechenden

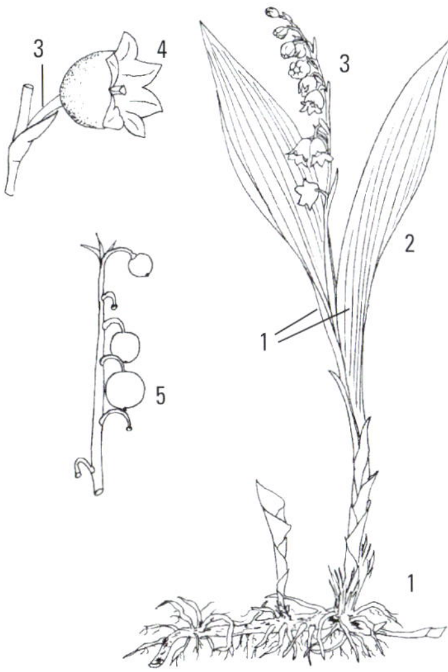

1 Die Blätter entspringen meist zu zweien der Wurzel (anders als beim Bär-Lauch keine Zwiebel!).
2 Die Blätter sind fest und etwa doppelt so lang (20 cm) wie breit.
3 Die Blüten sind gestielt und hängen zu mehreren an einem langen Blütenstängel.
4 Die Blüte ist glockenförmig mit 6 Zipfeln.
5 Die roten Beeren sind rundlich.
Die Pflanze riecht nicht nach Lauch!

Mengen in den Körper, zeigen sich zunächst Übelkeit, Benommenheit, Herzrhythmusstörungen und Beklemmung. Auch Durchfall kann auftreten. Anfänglich ist der Blutdruck erhöht und der Puls schnell. Später kommt es zur gegenteiligen Wirkung. Der Blutdruck sinkt und die Atmung wird langsam und tief.

Gegenmaßnahmen: Entleeren oder Auspumpen des Magens. In der Klinik müssen weitere medizinische Maßnahmen erfolgen.

Verwechslungsgefahr:
Mit Bär-Lauch *(Allium ursinum)*, siehe Seite 73.

Roter Fingerhut

Digitalis purpurea L.
Scrophulariaceae, Braunwurzgewächse

zweijährig	1,5 m	Juni bis August	purpurrot

An nährstoffreichen, leicht sauren Standorten an Waldwegen, auf Waldlichtungen und Kahlschlagflächen.

Alle Pflanzenteile des Roten Fingerhuts und seiner Verwandten (Großblütiger Fingerhut und Wolliger Fingerhut) sind stark giftig. Verantwortlich für die Giftwirkung sind vor allem herzwirksame Glykoside, die man als Cardenolide bezeichnet. Die bekannteste Verbindung aus dem Fingerhut ist das Digitoxin. Dieser Inhaltsstoff spielt heute medizinisch bei der Behandlung von Herzrhythmusstörungen und Herzschwäche eine bedeutende Rolle. Da der Wirkstoffgehalt in den Wildpflanzen stark schwankt, gewinnt man den Wirkstoff zunächst aus der Pflanze oder baut ihn synthetisch nach und setzt ihn dann genauestens dosiert in arzneilichen Präparaten ein. Schon geringe Mengen der frischen Blätter sind giftig. Eine Vergiftung durch Digitalisglykoside äußert sich durch eine stark verringerte Pulsfrequenz, die schließlich zum Herzstillstand führen kann.

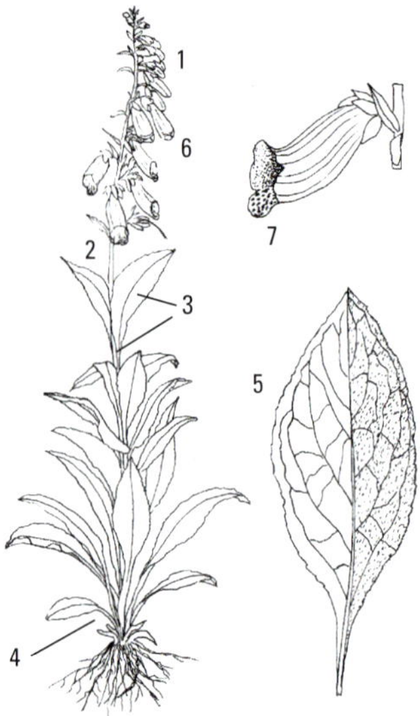

1 Der Wuchs ist aufrecht und an der Spitze zuweilen überhängend.
2 Der Stängel ist im Unterschied zum Beinwell weder kantig noch geflügelt.
3 Der Stängel und die Blattunterseiten sind hell gefärbt und fühlen sich nicht rauh an.
4 Die unteren Blätter sind gestielt.
5 Der Blattrand ist im Unterschied zum Beinwell gezähnt.
6 Die Blüten sind am Blütenstand einseitig angeordnet.
7 Die purpurroten Blüten sind glockenförmig und haben eine auffällig gefleckte Unterlippe.

Gegenmaßnahmen: Entleeren oder Auspumpen des Magens. In der Klinik müssen weitere medizinische Maßnahmen erfolgen und die Herzfrequenz kontrolliert werden. Interessanterweise kann der Herzschlagverlangsamung wirkungsvoll mit Atropin, dem Gift der Tollkirsche, begegnet werden.

Verwechslungsgefahr:
Mit Gewöhnlichem Beinwell *(Symphytum officinalis)*, siehe Seite 10.

Sumpf-Schachtelhalm

Equisetum palustre L.
Equisetaceae, Schachtelhalmgewächse

mehrjährig	0,5 m	Juni bis September	braun

Auf nassen und moorigen Wiesen.

Der Sumpf-Schachtelhalm ist giftig. Es ist noch unsicher, ob die Giftwirkung auf das in ihm enthaltene Alkaloid Palustrin zurückzuführen ist oder auf ein in ihm enthaltenes Enzym, das einen Vitamin-B1-(Thiamin-)Mangel hervorruft. Vergiftungen wurden bisher nur bei Tieren beschrieben. Diese taumeln dann, sind schreckhaft und zeigen Zuckungen im Gesicht.

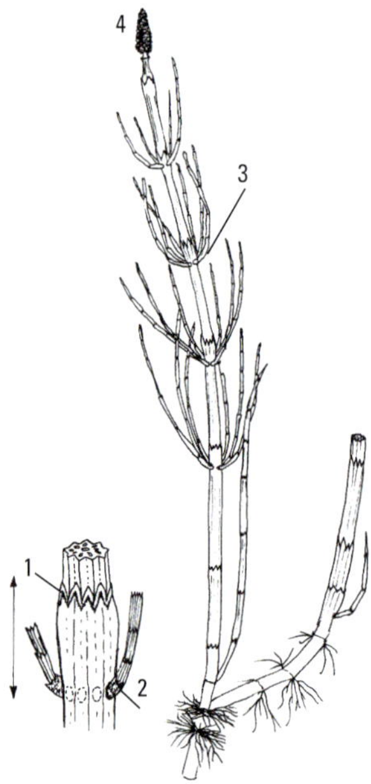

1 Die Zähne der ineinandersteckenden Stängeletagen sind im Gegensatz zum Acker-Schachtelhalm dunkel gefärbt, und es sind jeweils weniger als 8.
2 Anders als beim Acker-Schachtelhalm sind die unteren Scheiden der Seitenäste dunkel gefärbt.
3 Die Äste sind in Quirlen angeordnet.
4 Die Ähren tragenden Sprosse sind im Gegensatz zum Acker-Schachtelhalm beastet, grünlich gefärbt und dünner als 3 mm.

Gegenmaßnahme: Entleeren des Magens. Nur in Ausnahmefällen muss eine Magenspülung in der Klinik erfolgen.

Verwechslungsgefahr:
Mit Acker-Schachtelhalm *(Equisetum arvense)*, siehe Seite 37.

Sadebaum, Stink-Wacholder

Juniperus sabina L.
Cupressaceae, Zypressengewächse

Strauch	3 m	April bis Mai	bräunlich

An trockenen und warmen Standorten.

Alle Pflanzenteile des Sadebaums sind stark giftig, insbesondere das darin enthaltene ätherische Öl. Die tödliche Menge soll bei 5–20 g der Zweigspitzen liegen. Leider sind keine Angaben für die Beeren verfügbar. Nach dem Verzehr der unangenehm riechenden Pflanze kommt es zu Übelkeit und Erregung, gefolgt von Herzrhythmusstörungen und Krämpfen. Die Pflanze schädigt außerdem Leber und Nieren und führt zu Gebärmutterkrämpfen. Ferner kommt es zu Atemlähmung und Blut im Urin.

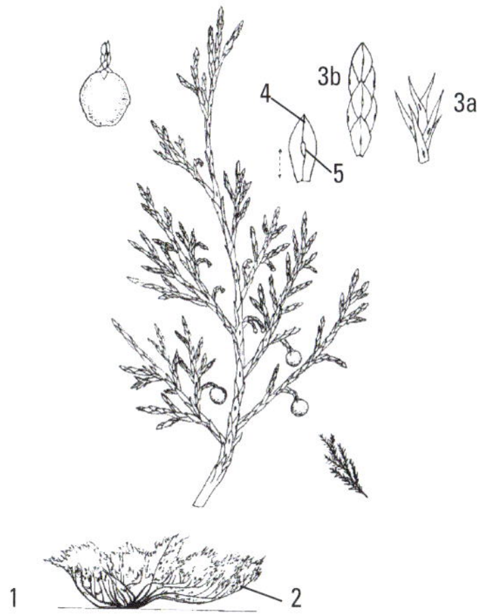

1 Der Sadebaum ist ein mehrstämmiger Strauch.
2 Der Wuchs ist im Gegensatz zum Gewöhnlichen Wacholder breit ausladend.
3 Die jungen Blätter sind nadelförmig, spitz und stechend (3a), im Gegensatz zum Gewöhnlichen Wacholder jedoch deutlicher kürzer (nur ca. 3 mm). Anders als beim Gewöhnlichen Wacholder sind die weitaus meisten Blätter schuppenförmig (3b).
4 Die Schuppen sind zugespitzt.
5 In der Mitte der Schuppen befinden sich längliche Harzdrüsen.

Gegenmaßnahmen: Entleeren oder Auspumpen des Magens. In der Klinik müssen weitere medizinische Maßnahmen und eine Beatmung des Patienten erfolgen. Ferner müssen die Blutgerinnung und die Leberwerte kontrolliert werden.

Verwechslungsgefahr:
Mit Gewöhnlichem Wacholder *(Juniperus communis)*, siehe Seite 27.

Europäische Eibe

Taxus baccata L.
Taxaceae, Eibengewächse

Baum	5 m	März bis April	gelb oder grün

In Mischwäldern in wintermilder Klimalage.

Alle Pflanzenteile der Eibe mit Ausnahme des die Samen umhüllenden roten Fruchtfleisches sind stark giftig. Besonders hoch ist der Giftgehalt in den Nadeln, der in den Herbstmonaten noch zunimmt. Durch Wärme oder Trocknen wird der Giftgehalt nicht beeinflusst. Die Eibe enthält zahlreiche giftige Substanzen, insbesondere das Alkaloid Taxin. Vergiftungserscheinungen treten etwa eine Stunde nach der Aufnahme von wenigen Gramm über den Mund auf. Es kommt zu Erbrechen mit heftigen krampfhaften Bauchschmerzen, schwerem Durchfall und Schwindel. Atmung und Puls sind anfangs beschleunigt, später stark verlangsamt.
Gegenmaßnahmen: Entleeren oder Auspumpen des Magens. In der Klinik müssen weitere medizinische Maßnahmen und eine Beatmung des Patienten erfolgen. Ferner müssen die Blutgerinnung und die Leber- und Nierenwerte kontrolliert werden.

Verwechslungsgefahr:
Mit Rot-Fichte *(Picea abies)*, siehe Seite 30, und Gewöhnlicher Douglasie *(Pseudotsuga menziesii)*, siehe Seite 36.
Die Eibe hat sehr stark zugespitzte Nadeln. Sie sind flach und stehen zweizeilig vom Ast ab.
Die Nadeln der Rot-Fichte sind auch zugespitzt, jedoch nicht flach und im Gegensatz zur Eibe sind sie im Querschnitt nahezu vierkantig und stehen allseits vom Ast ab.
Die Nadeln der Gewöhnlichen Douglasie stehen im Gegensatz zur Eibe mehr oder weniger allseits vom Ast ab. Sie sind weniger flach ausgebreitet und etwas schmaler als die der Eibe.
Die Nadeln der Gewöhnlichen Douglasie riechen beim Zerrreiben stark nach Orangen.
Ein Foto der Eibe, sowie die Beschreibung ihrer Verwendung finden Sie auf Seite 28.

Die Erntezeiten können von Jahr zu Jahr und je nach Region und Standort variieren. Die Ziffern in der obersten Zeile bezeichnen die Monate von Januar (1) bis Dezember (12).

In der Tabelle gelten folgende Kennzeichnungen:

- (grün) Blätter bzw. Triebe oder Stängel
- (gelb) Blüten bzw. Blütenknospen
- (rot) Samen bzw. Früchte
- (grau) Wurzeln bzw. unterirdische Triebe oder Zwiebeln

Tabelle zur Erntezeit essbarer Wildpflanzen

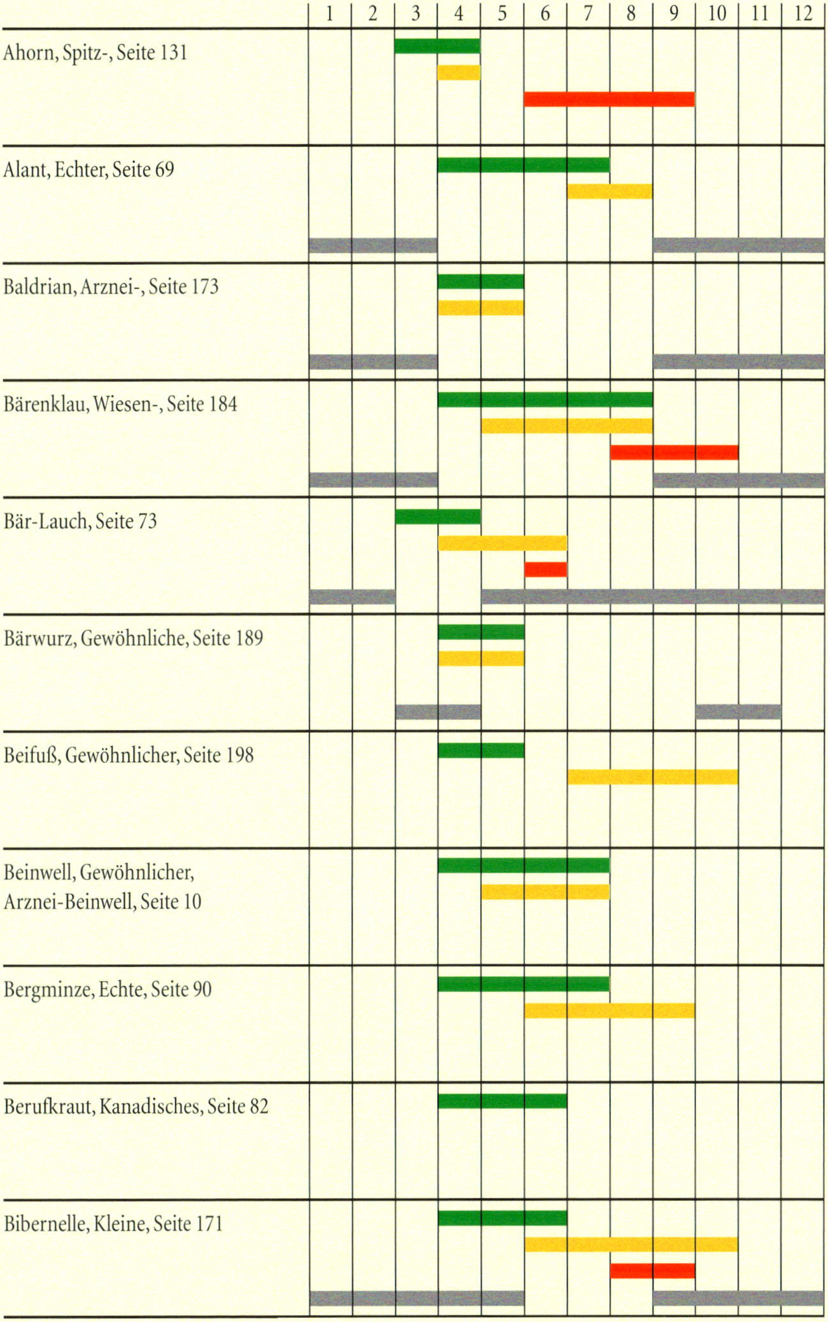

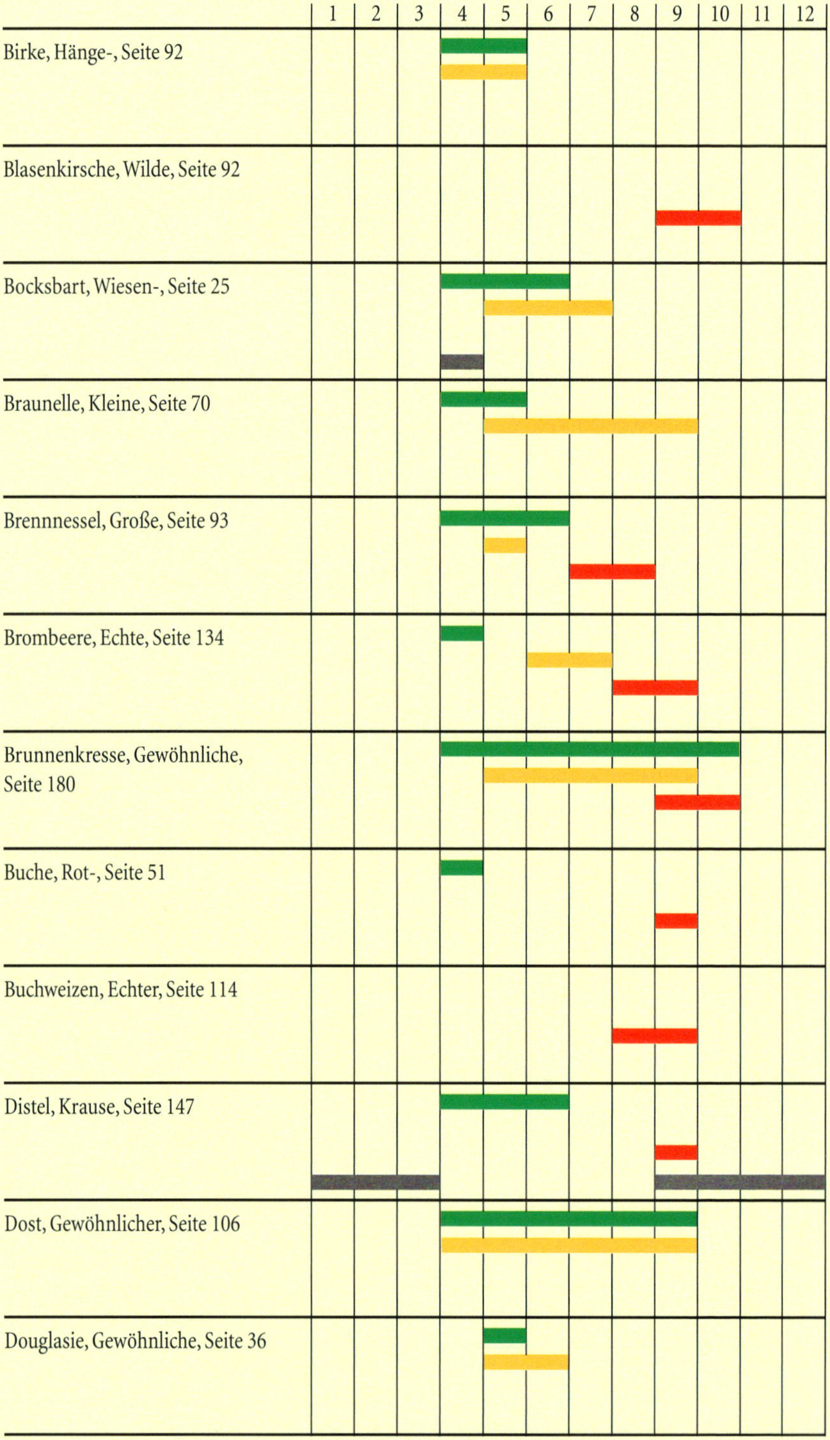
1
2
3
4
5
6
7
8
9
10
11
12
Birke, Hänge-, Seite 92
Blasenkirsche, Wilde, Seite 92
Bocksbart, Wiesen-, Seite 25
Braunelle, Kleine, Seite 70
Brennnessel, Große, Seite 93
Brombeere, Echte, Seite 134
Brunnenkresse, Gewöhnliche, Seite 180
Buche, Rot-, Seite 51
Buchweizen, Echter, Seite 114
Distel, Krause, Seite 147
Dost, Gewöhnlicher, Seite 106
Douglasie, Gewöhnliche, Seite 36

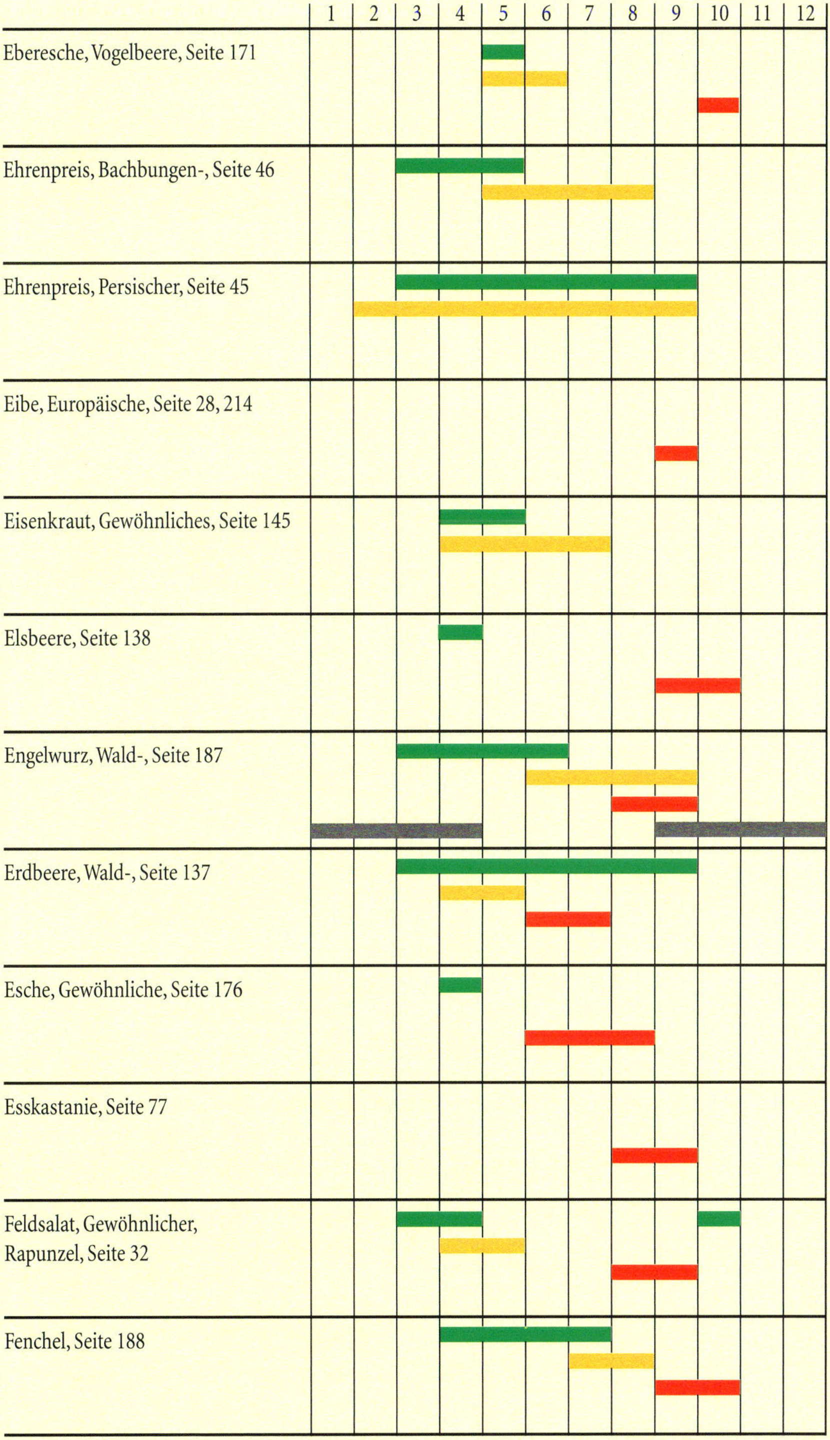
1 2 3 4 5 6 7 8 9 10 11 12
Eberesche, Vogelbeere, Seite 171
Ehrenpreis, Bachbungen-, Seite 46
Ehrenpreis, Persischer, Seite 45
Eibe, Europäische, Seite 28, 214
Eisenkraut, Gewöhnliches, Seite 145
Elsbeere, Seite 138
Engelwurz, Wald-, Seite 187
Erdbeere, Wald-, Seite 137
Esche, Gewöhnliche, Seite 176
Esskastanie, Seite 77
Feldsalat, Gewöhnlicher, Rapunzel, Seite 32
Fenchel, Seite 188

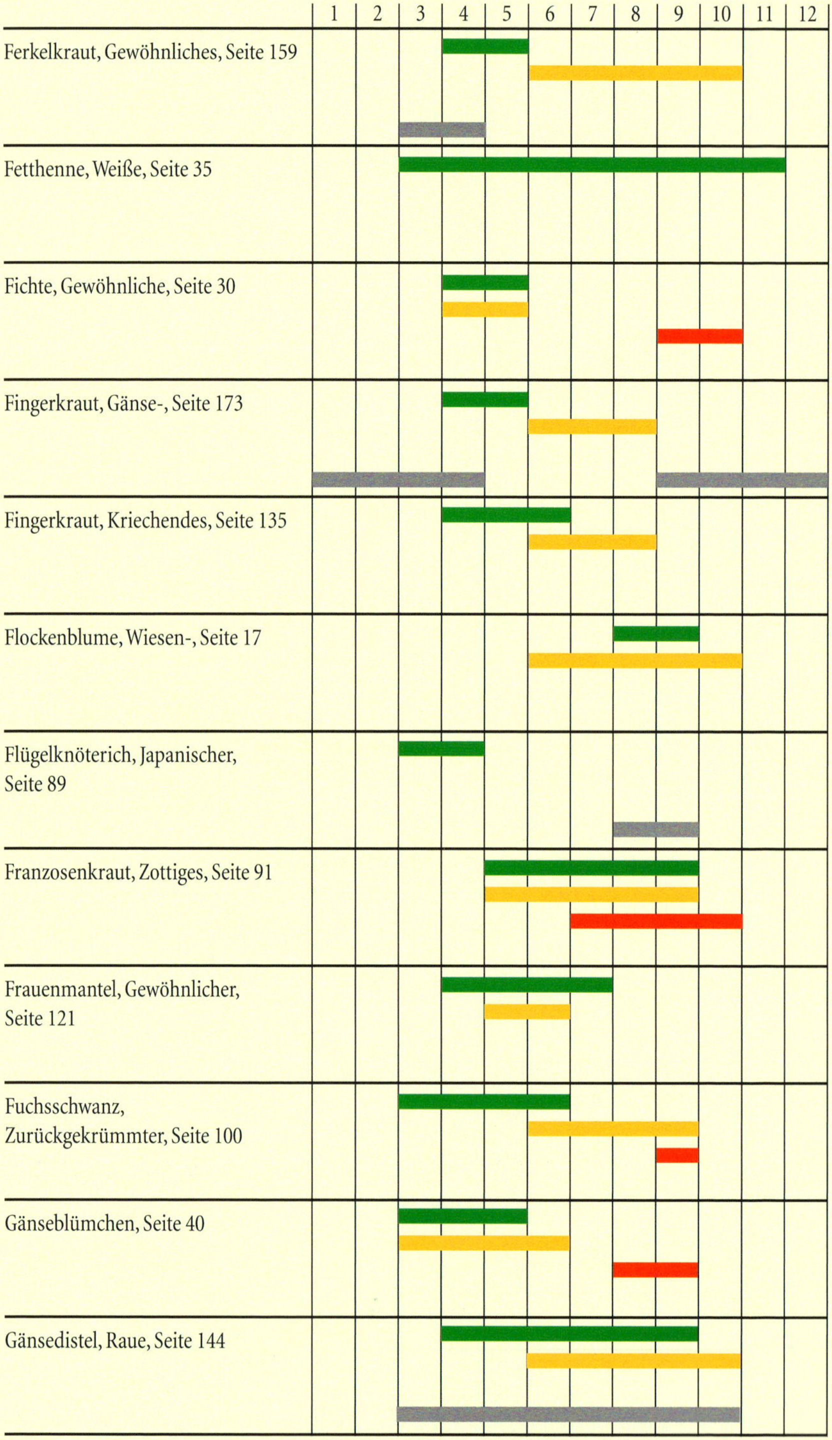
1 2 3 4 5 6 7 8 9 10 11 12
Ferkelkraut, Gewöhnliches, Seite 159
Fetthenne, Weiße, Seite 35
Fichte, Gewöhnliche, Seite 30
Fingerkraut, Gänse-, Seite 173
Fingerkraut, Kriechendes, Seite 135
Flockenblume, Wiesen-, Seite 17
Flügelknöterich, Japanischer, Seite 89
Franzosenkraut, Zottiges, Seite 91
Frauenmantel, Gewöhnlicher, Seite 121
Fuchsschwanz, Zurückgekrümmter, Seite 100
Gänseblümchen, Seite 40
Gänsedistel, Raue, Seite 144

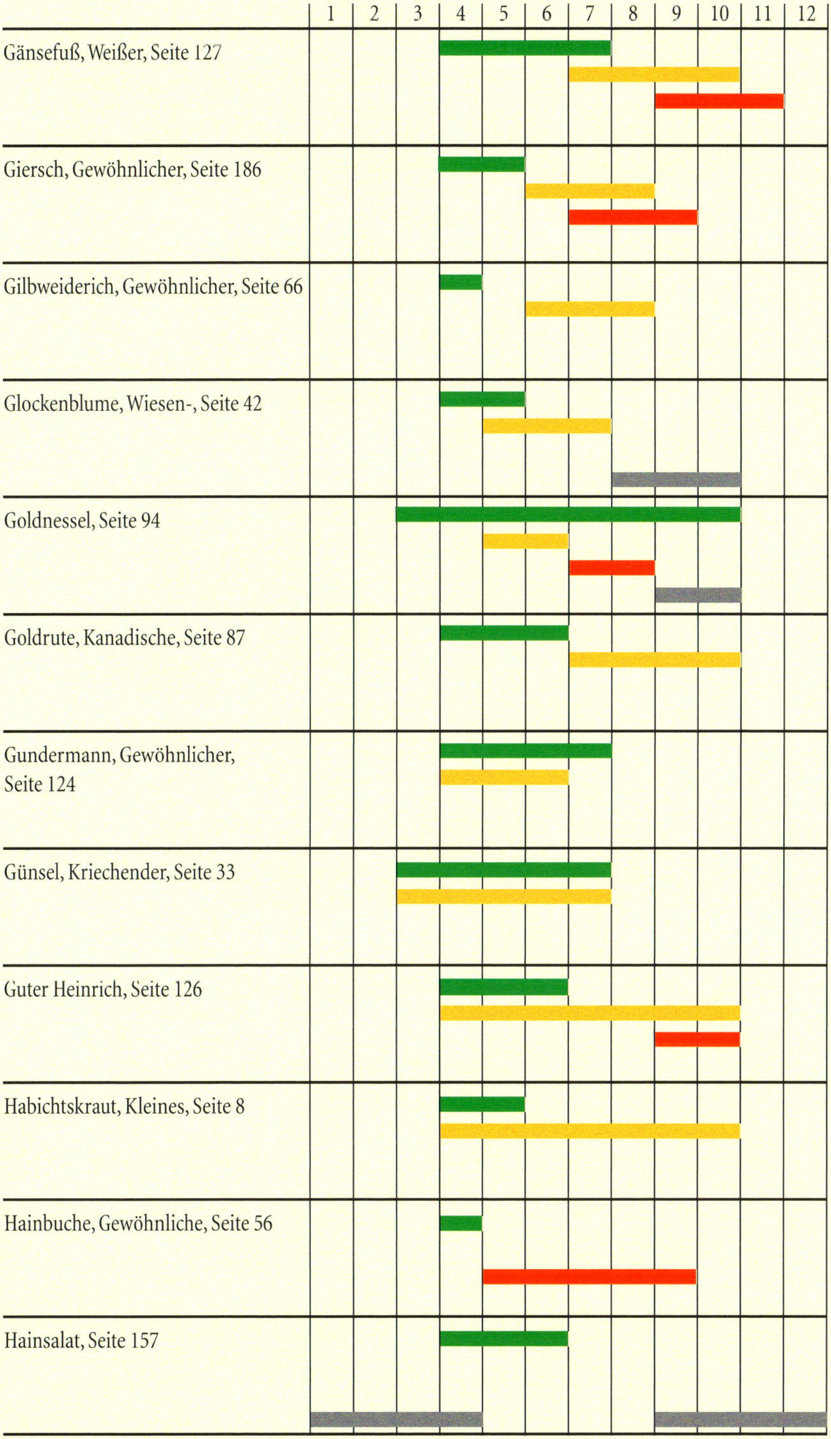
1
2
3
4
5
6
7
8
9
10
11
12
Gänsefuß, Weißer, Seite 127
Giersch, Gewöhnlicher, Seite 186
Gilbweiderich, Gewöhnlicher, Seite 66
Glockenblume, Wiesen-, Seite 42
Goldnessel, Seite 94
Goldrute, Kanadische, Seite 87
Gundermann, Gewöhnlicher, Seite 124
Günsel, Kriechender, Seite 33
Guter Heinrich, Seite 126
Habichtskraut, Kleines, Seite 8
Hainbuche, Gewöhnliche, Seite 56
Hainsalat, Seite 157

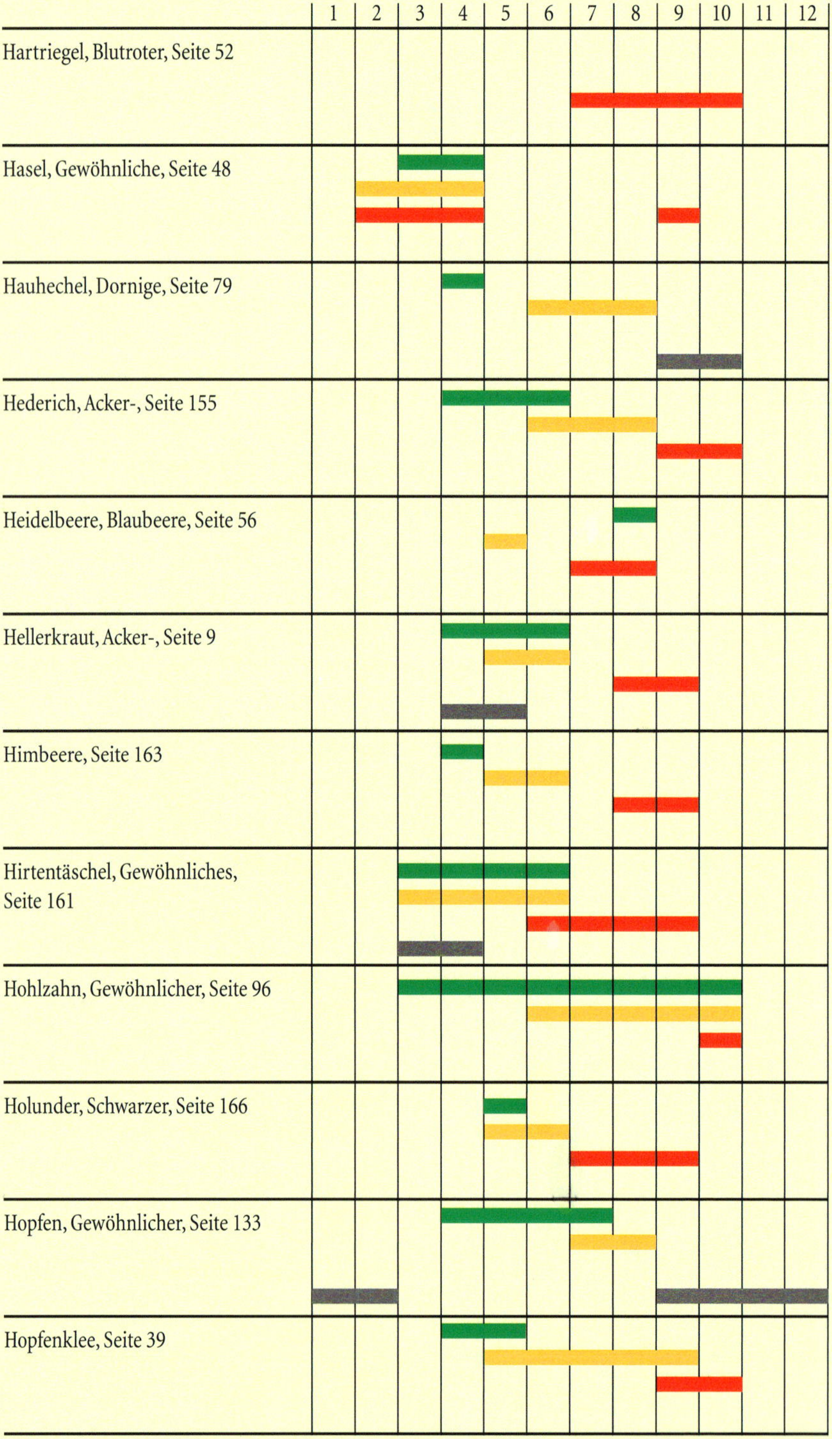
1 2 3 4 5 6 7 8 9 10 11 12
Hartriegel, Blutroter, Seite 52
Hasel, Gewöhnliche, Seite 48
Hauhechel, Dornige, Seite 79
Hederich, Acker-, Seite 155
Heidelbeere, Blaubeere, Seite 56
Hellerkraut, Acker-, Seite 9
Himbeere, Seite 163
Hirtentäschel, Gewöhnliches, Seite 161
Hohlzahn, Gewöhnlicher, Seite 96
Holunder, Schwarzer, Seite 166
Hopfen, Gewöhnlicher, Seite 133
Hopfenklee, Seite 39

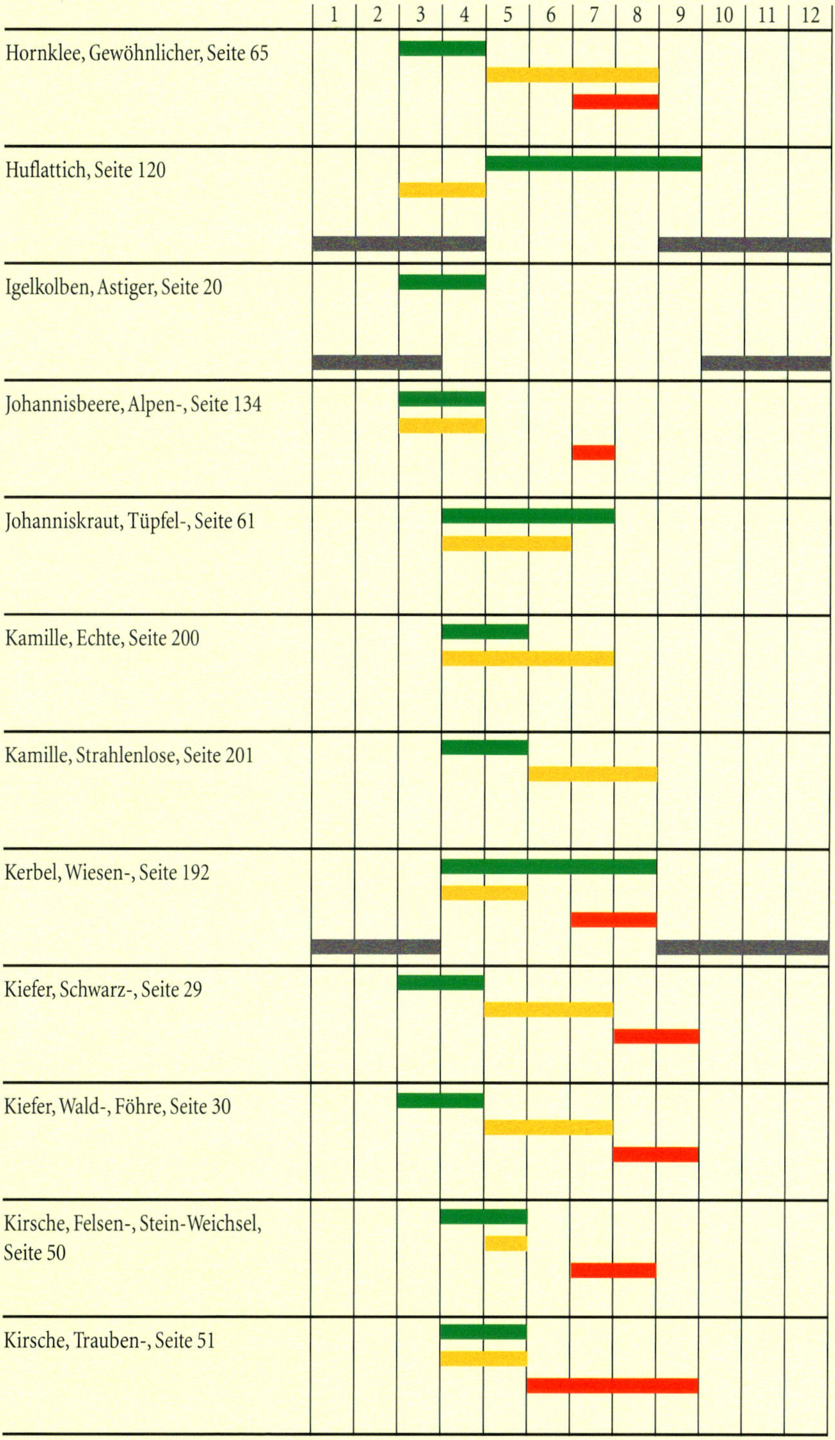
1
2
3
4
5
6
7
8
9
10
11
12
Hornklee, Gewöhnlicher, Seite 65
Huflattich, Seite 120
Igelkolben, Astiger, Seite 20
Johannisbeere, Alpen-, Seite 134
Johanniskraut, Tüpfel-, Seite 61
Kamille, Echte, Seite 200
Kamille, Strahlenlose, Seite 201
Kerbel, Wiesen-, Seite 192
Kiefer, Schwarz-, Seite 29
Kiefer, Wald-, Föhre, Seite 30
Kirsche, Felsen-, Stein-Weichsel, Seite 50
Kirsche, Trauben-, Seite 51

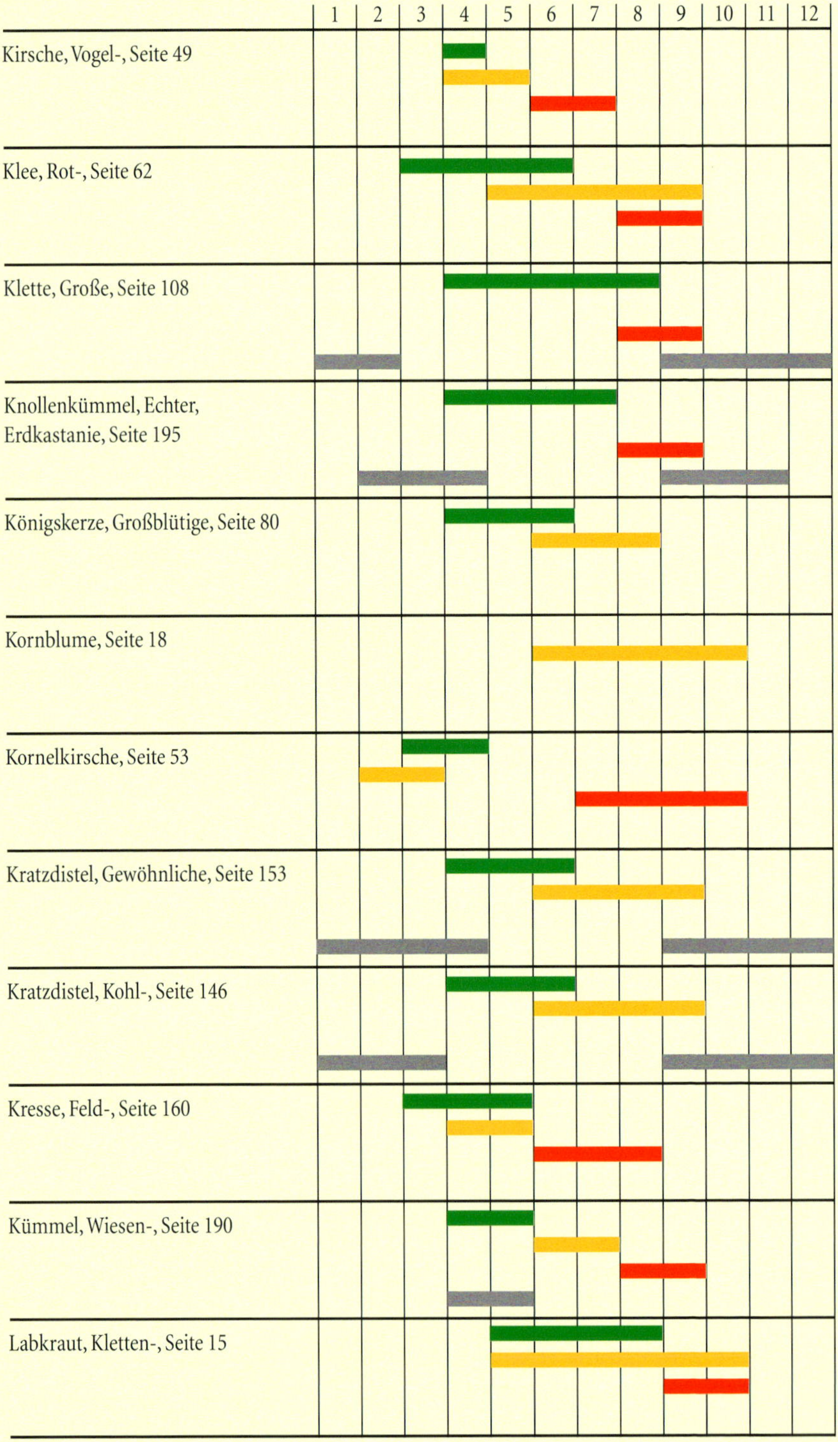
1
2
3
4
5
6
7
8
9
10
11
12
Kirsche, Vogel-, Seite 49
Klee, Rot-, Seite 62
Klette, Große, Seite 108
Knollenkümmel, Echter, Erdkastanie, Seite 195
Königskerze, Großblütige, Seite 80
Kornblume, Seite 18
Kornelkirsche, Seite 53
Kratzdistel, Gewöhnliche, Seite 153
Kratzdistel, Kohl-, Seite 146
Kresse, Feld-, Seite 160
Kümmel, Wiesen-, Seite 190
Labkraut, Kletten-, Seite 15

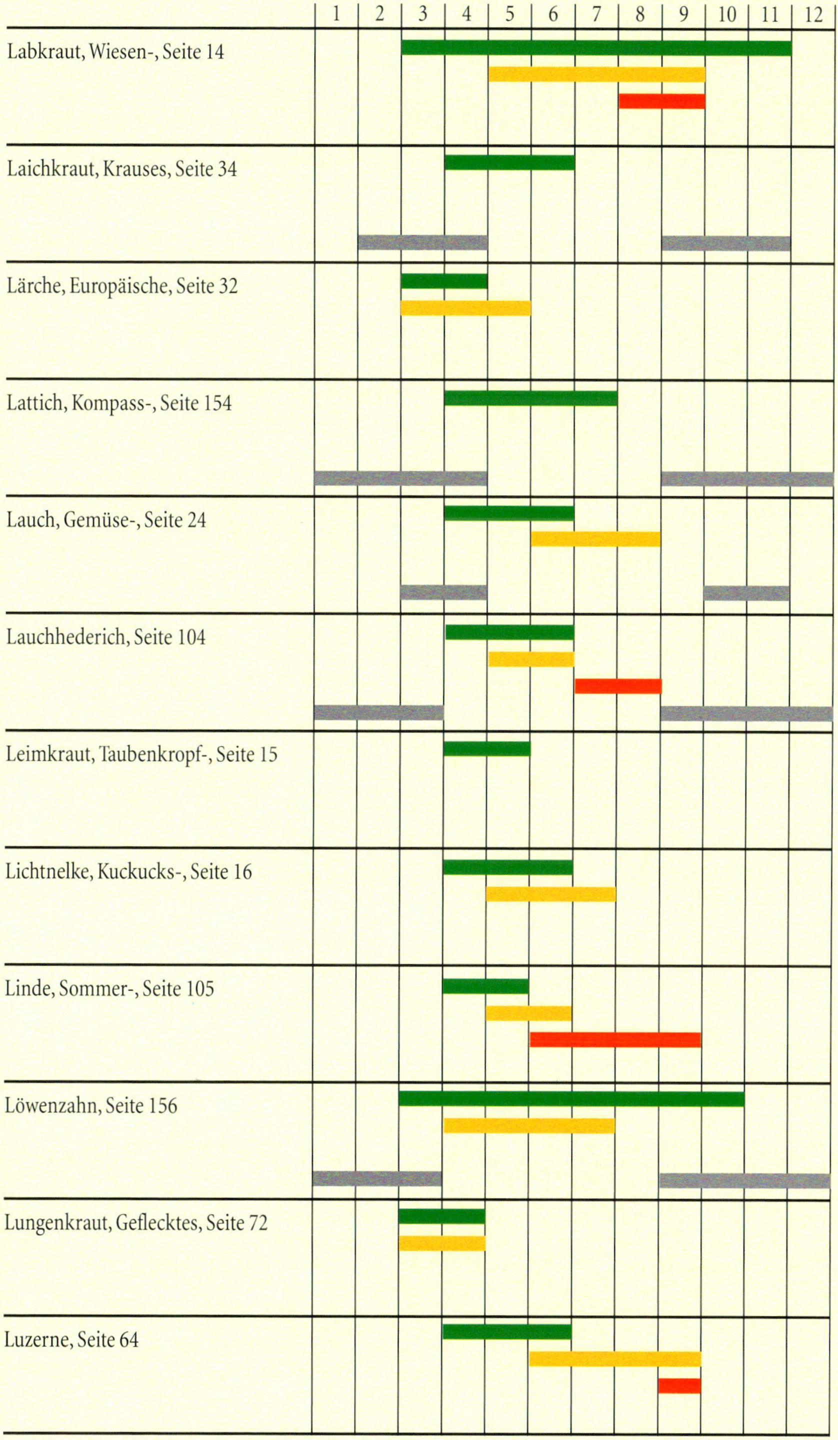
1
2
3
4
5
6
7
8
9
10
11
12
Labkraut, Wiesen-, Seite 14
Laichkraut, Krauses, Seite 34
Lärche, Europäische, Seite 32
Lattich, Kompass-, Seite 154
Lauch, Gemüse-, Seite 24
Lauchhederich, Seite 104
Leimkraut, Taubenkropf-, Seite 15
Lichtnelke, Kuckucks-, Seite 16
Linde, Sommer-, Seite 105
Löwenzahn, Seite 156
Lungenkraut, Geflecktes, Seite 72
Luzerne, Seite 64

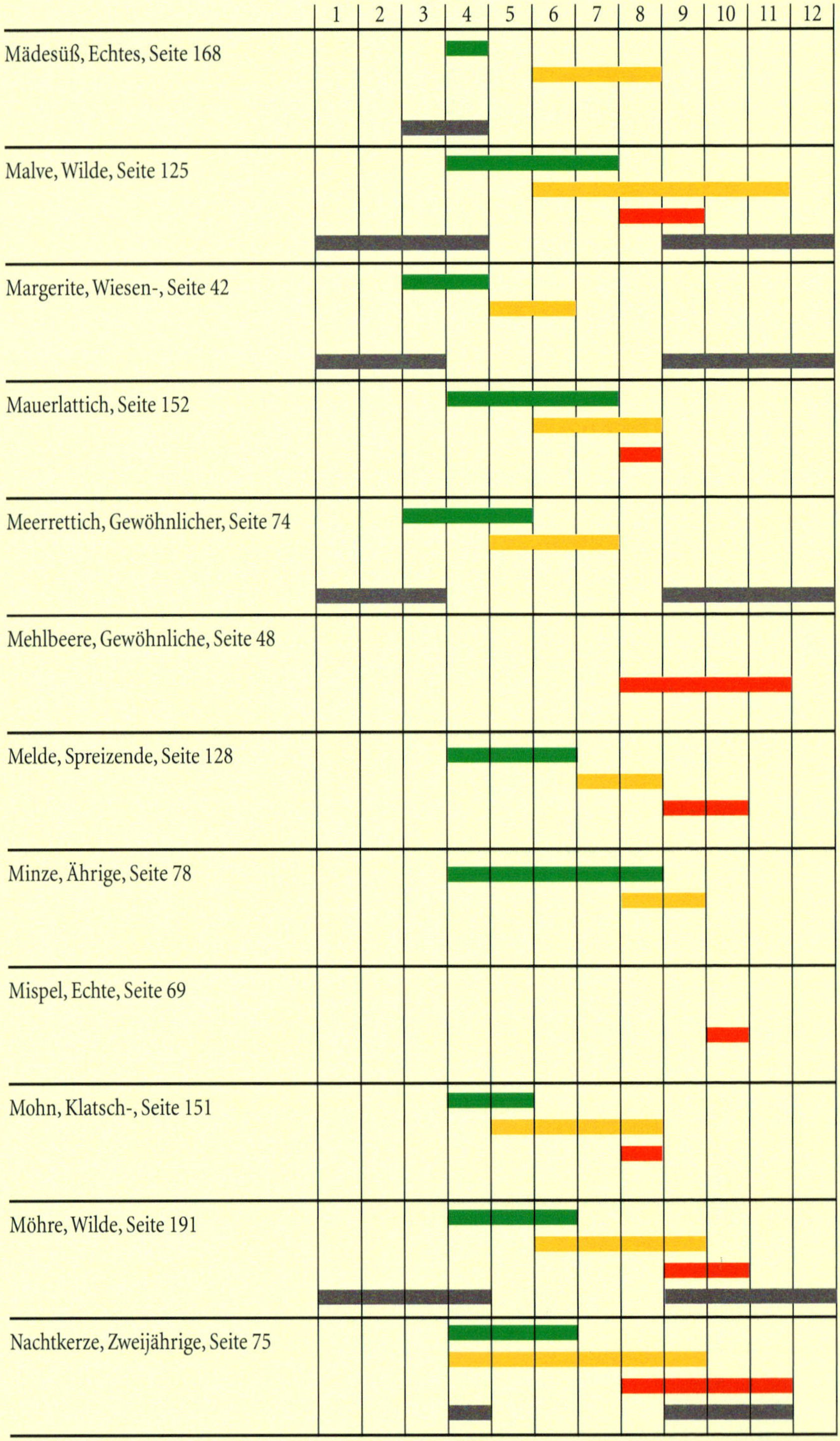
1
2
3
4
5
6
7
8
9
10
11
12
Mädesüß, Echtes, Seite 168
Malve, Wilde, Seite 125
Margerite, Wiesen-, Seite 42
Mauerlattich, Seite 152
Meerrettich, Gewöhnlicher, Seite 74
Mehlbeere, Gewöhnliche, Seite 48
Melde, Spreizende, Seite 128
Minze, Ährige, Seite 78
Mispel, Echte, Seite 69
Mohn, Klatsch-, Seite 151
Möhre, Wilde, Seite 191
Nachtkerze, Zweijährige, Seite 75

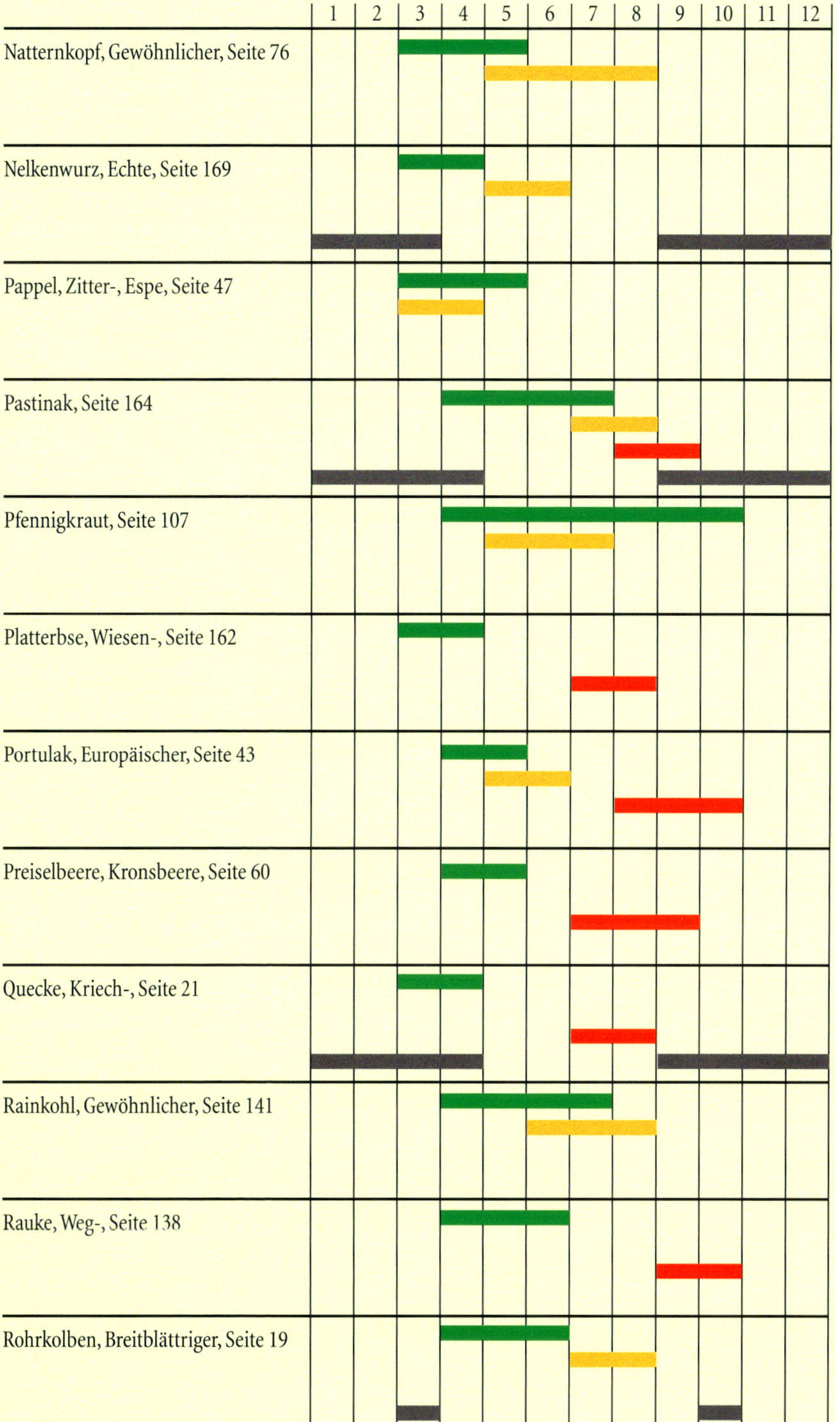
1 2 3 4 5 6 7 8 9 10 11 12
Natternkopf, Gewöhnlicher, Seite 76
Nelkenwurz, Echte, Seite 169
Pappel, Zitter-, Espe, Seite 47
Pastinak, Seite 164
Pfennigkraut, Seite 107
Platterbse, Wiesen-, Seite 162
Portulak, Europäischer, Seite 43
Preiselbeere, Kronsbeere, Seite 60
Quecke, Kriech-, Seite 21
Rainkohl, Gewöhnlicher, Seite 141
Rauke, Weg-, Seite 138
Rohrkolben, Breitblättriger, Seite 19

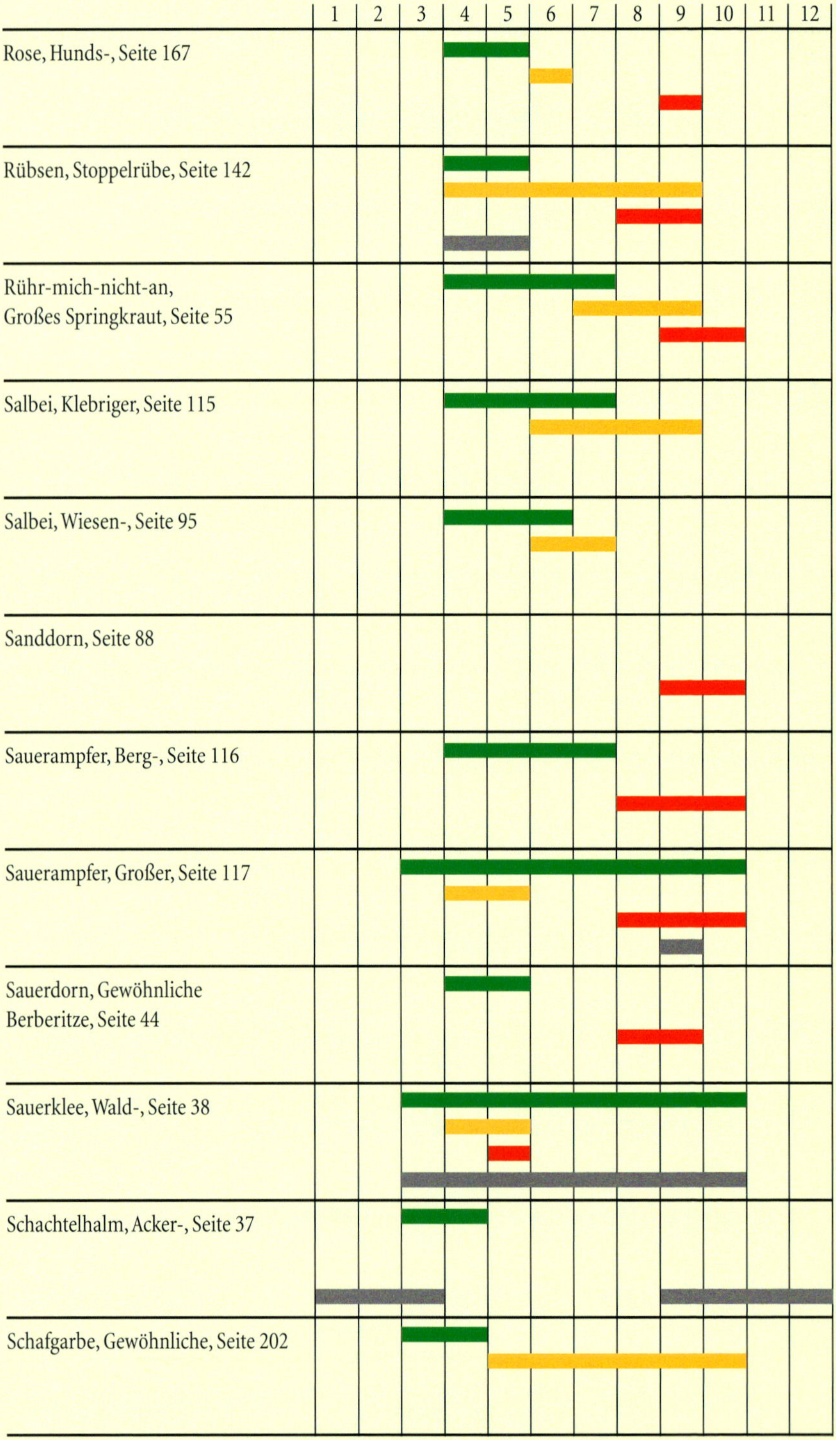
1
2
3
4
5
6
7
8
9
10
11
12
Rose, Hunds-, Seite 167
Rübsen, Stoppelrübe, Seite 142
Rühr-mich-nicht-an,
Großes Springkraut, Seite 55
Salbei, Klebriger, Seite 115
Salbei, Wiesen-, Seite 95
Sanddorn, Seite 88
Sauerampfer, Berg-, Seite 116
Sauerampfer, Großer, Seite 117
Sauerdorn, Gewöhnliche
Berberitze, Seite 44
Sauerklee, Wald-, Seite 38
Schachtelhalm, Acker-, Seite 37
Schafgarbe, Gewöhnliche, Seite 202

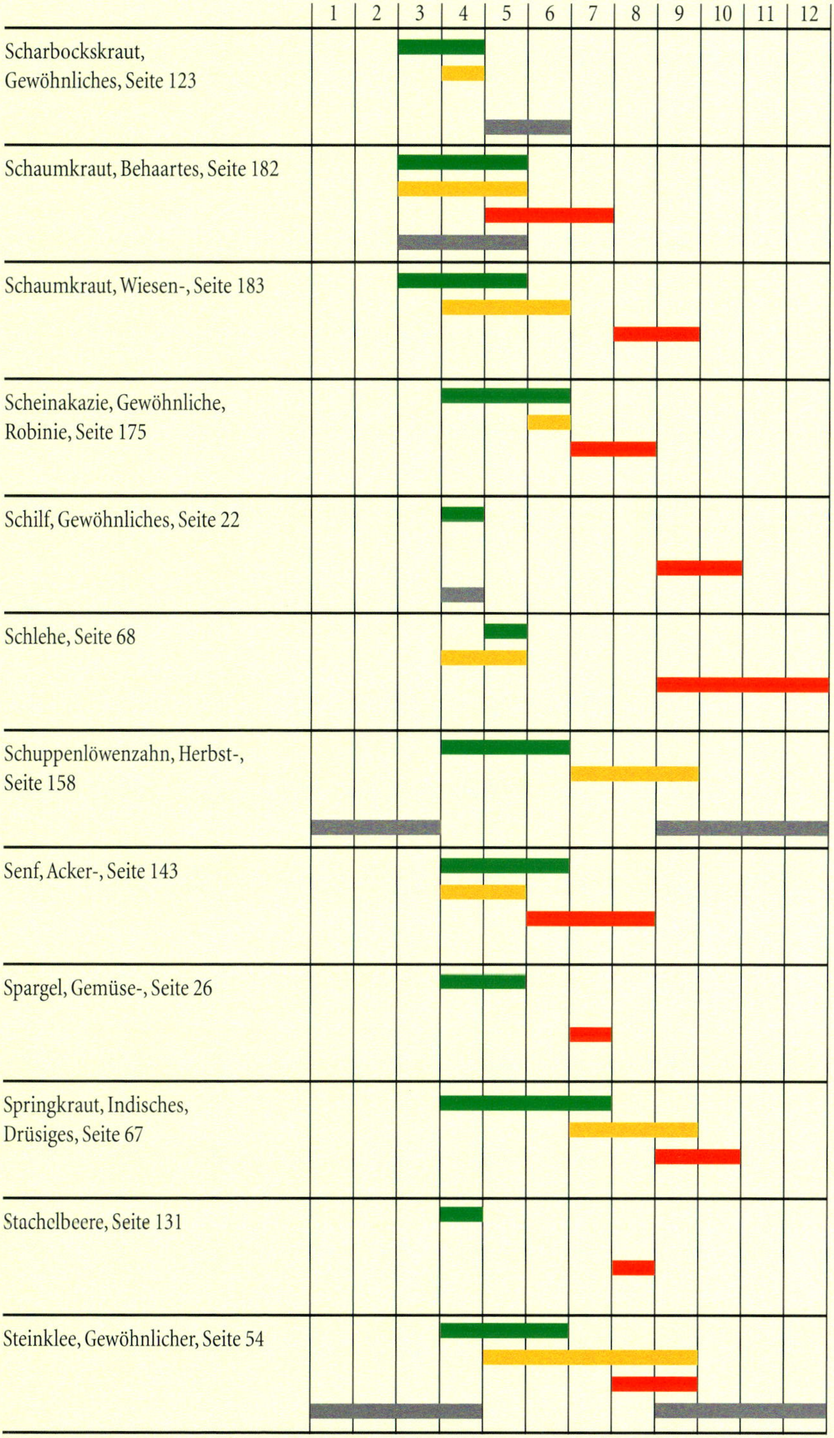
1 2 3 4 5 6 7 8 9 10 11 12
Scharbockskraut, Gewöhnliches, Seite 123
Schaumkraut, Behaartes, Seite 182
Schaumkraut, Wiesen-, Seite 183
Scheinakazie, Gewöhnliche, Robinie, Seite 175
Schilf, Gewöhnliches, Seite 22
Schlehe, Seite 68
Schuppenlöwenzahn, Herbst-, Seite 158
Senf, Acker-, Seite 143
Spargel, Gemüse-, Seite 26
Springkraut, Indisches, Drüsiges, Seite 67
Stachelbeere, Seite 131
Steinklee, Gewöhnlicher, Seite 54

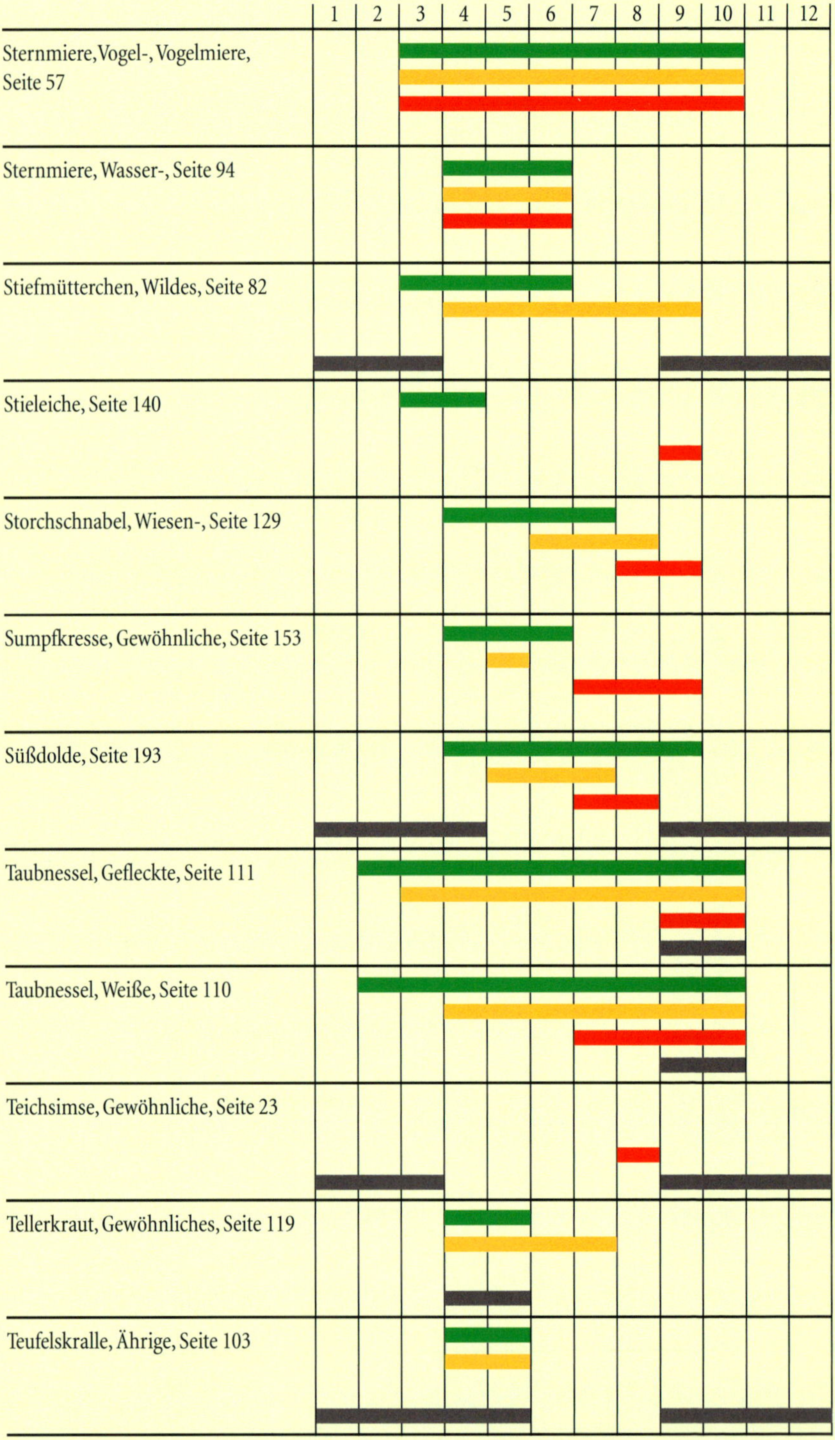
1
2
3
4
5
6
7
8
9
10
11
12
Sternmiere, Vogel-, Vogelmiere, Seite 57
Sternmiere, Wasser-, Seite 94
Stiefmütterchen, Wildes, Seite 82
Stieleiche, Seite 140
Storchschnabel, Wiesen-, Seite 129
Sumpfkresse, Gewöhnliche, Seite 153
Süßdolde, Seite 193
Taubnessel, Gefleckte, Seite 111
Taubnessel, Weiße, Seite 110
Teichsimse, Gewöhnliche, Seite 23
Tellerkraut, Gewöhnliches, Seite 119
Teufelskralle, Ährige, Seite 103

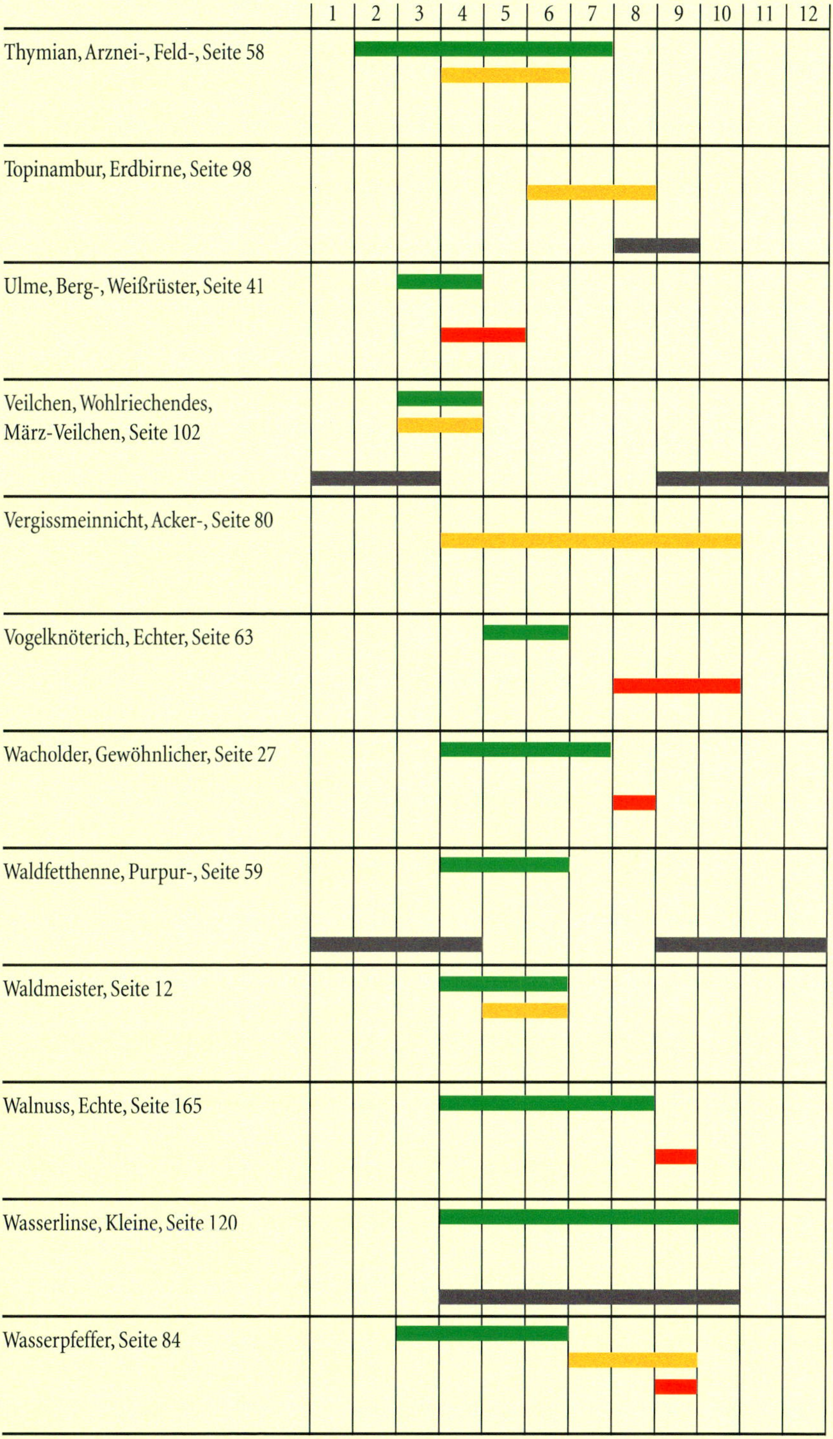
1
2
3
4
5
6
7
8
9
10
11
12
Thymian, Arznei-, Feld-, Seite 58
Topinambur, Erdbirne, Seite 98
Ulme, Berg-, Weißrüster, Seite 41
Veilchen, Wohlriechendes, März-Veilchen, Seite 102
Vergissmeinnicht, Acker-, Seite 80
Vogelknöterich, Echter, Seite 63
Wacholder, Gewöhnlicher, Seite 27
Waldfetthenne, Purpur-, Seite 59
Waldmeister, Seite 12
Walnuss, Echte, Seite 165
Wasserlinse, Kleine, Seite 120
Wasserpfeffer, Seite 84

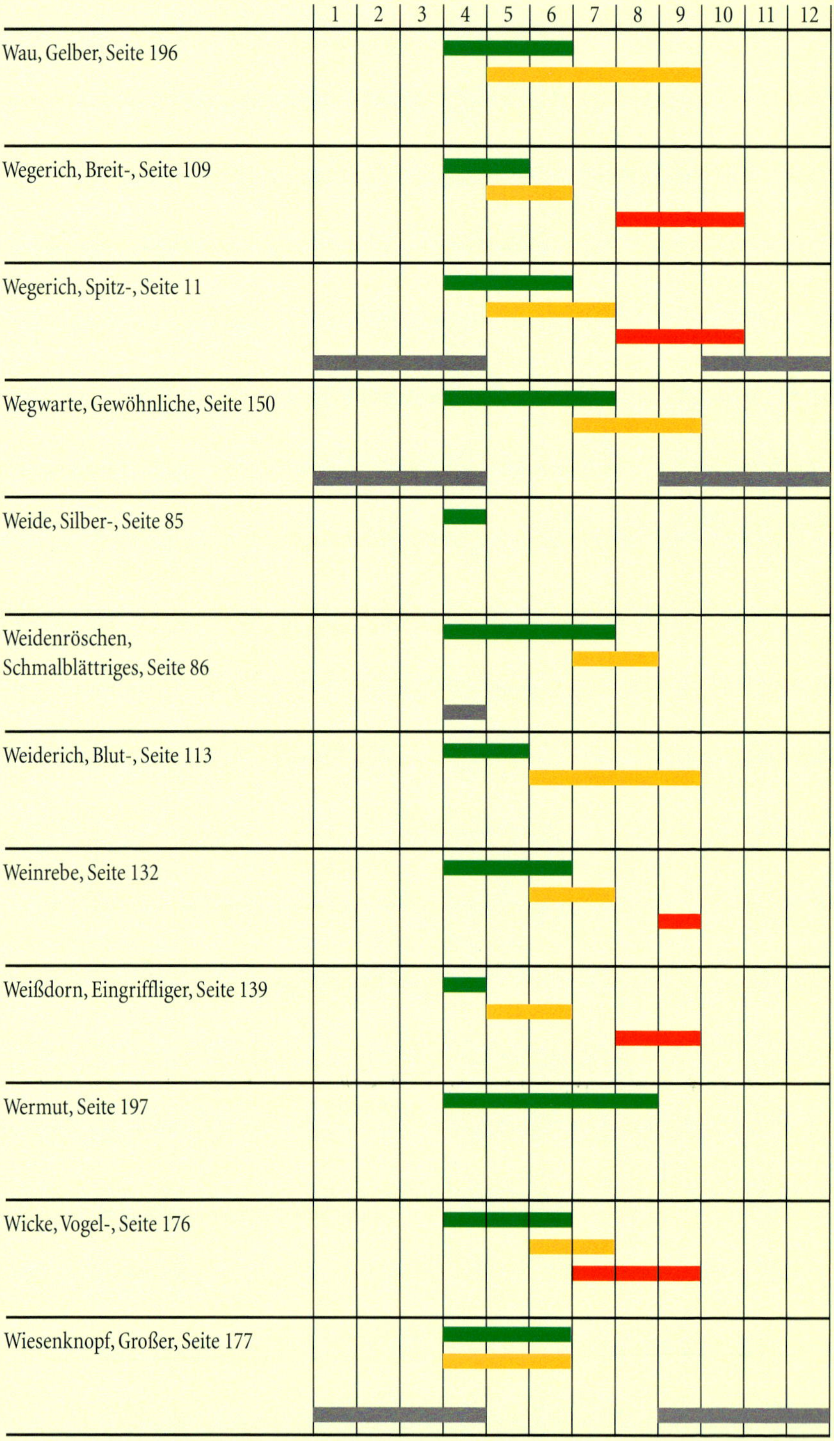
1
2
3
4
5
6
7
8
9
10
11
12
Wau, Gelber, Seite 196
Wegerich, Breit-, Seite 109
Wegerich, Spitz-, Seite 11
Wegwarte, Gewöhnliche, Seite 150
Weide, Silber-, Seite 85
Weidenröschen, Schmalblättriges, Seite 86
Weiderich, Blut-, Seite 113
Weinrebe, Seite 132
Weißdorn, Eingriffliger, Seite 139
Wermut, Seite 197
Wicke, Vogel-, Seite 176
Wiesenknopf, Großer, Seite 177

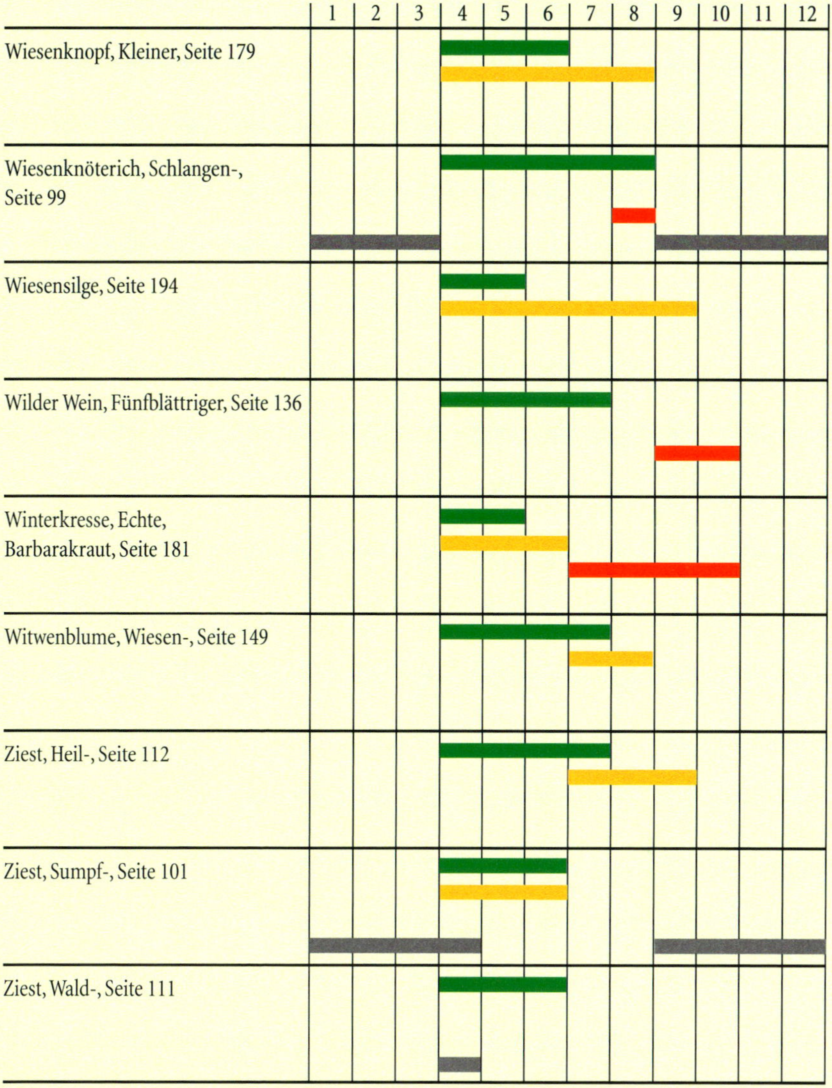
1
2
3
4
5
6
7
8
9
10
11
12
Wiesenknopf, Kleiner, Seite 179
Wiesenknöterich, Schlangen-, Seite 99
Wiesensilge, Seite 194
Wilder Wein, Fünfblättriger, Seite 136
Winterkresse, Echte, Barbarakraut, Seite 181
Witwenblume, Wiesen-, Seite 149
Ziest, Heil-, Seite 112
Ziest, Sumpf-, Seite 101
Ziest, Wald-, Seite 111

Wichtige Pflanzeninhaltsstoffe

Alkaloide

Alkaloide sind natürlich vorkommende, organische Stickstoffverbindungen in Pflanzen, seltener auch in Pilzen oder tierischen Organismen. Die überwiegende Zahl der Alkaloide ist giftig. Sie wirken im menschlichen Organismus meist ganz charakteristisch und finden deshalb auch vielfältige Anwendung in Arzneimitteln. Viele schmecken ausgesprochen bitter.
Die Bedeutung der Alkaloide für die Pflanzen, von denen sie erzeugt werden, ist noch kaum erforscht. Möglicherweise handelt es sich um Stoffwechselnebenprodukte. Viele Pflanzen lassen sich auch alkaloidfrei züchten. Bei den giftigen Alkaloiden kann aber eine fressfeindabwehrende Wirkung angenommen werden.
Beispiele bekannterer Alkaloide und Pflanzen, in denen sie vorkommen: Atropin (Tollkirsche), Capsaicin (Cayennepfeffer), Chinin (Chinarinde), Cocain (Cocastrauch), Koffein (Kaffee), Meskalin (Peyotl-Kaktus), Morphin (Schlafmohn), Nikotin (Tabak), Strychnin (Brechnuss), Ephedrin (Meerträubel).

Allantoin

Allantoin wird in der Kosmetik in Hautcremes, Sonnenschutzmitteln, Rasierwässern und Mitteln gegen übermäßige Schweißabsonderung (Hyperhydrose) sowie medizinisch bei Hautverletzungen eingesetzt. Es bewirkt die Beschleunigung des Zellaufbaus, der Zellbildung oder der Zellregeneration und beruhigt die Haut. Auch die Heilung schwer heilender Wunden wird unterstützt, jedoch besitzt Allantoin keine Wirksamkeit gegen Keime.
Allantoin ist ein Naturstoff, der unter anderem in Ahorn, Beinwell und Schwarzwurzel vorkommt.

Ätherische Öle

Ätherische Öle sind pflanzliche Öle, die aus einer Vielzahl verschiedener Komponenten zusammengesetzt sind und meist einen charakteristischen, überwiegend angenehmen Geruch besitzen. Das erklärt den Einsatz entsprechender Pflanzen als Gewürze oder Aromastoffe. Im Gegensatz zu den fetten Ölen (zum Beispiel Sonnenblumenöl) verdampfen die ätherischen Öle vollständig und ohne einen Rückstand zu hinterlassen – man nennt sie deshalb auch »trocknende Öle«.
Ätherische Öle werden in den Öldrüsen gebildet und im Pflanzengewebe abgespeichert. Sie befinden sich in den Blüten, Blättern, Samen, Fruchtschalen, Harzen, Wurzeln, Rinden und im Holz. Sie sind gut fettlöslich (lipophil), jedoch nahezu unlöslich in Wasser.
Sie enthalten eine Vielzahl verschiedener chemischer Verbindungen, wobei Terpene und Phenylpropane besonders häufige Bestandteile sind. Der Pflanze dienen die ätherischen Öle wahrscheinlich zur Abwehr von Fressfeinden, Bakterien, Viren und Pilzen. Die ätherischen Öle können über Haut, Schleimhäute, Magen und Darm oder über die Lunge aufgenommen werden und dadurch spezifische Wirkungen entfalten. Wahrscheinlich besteht auch eine Wirkung über das Geruchssystem.
Besonders reich an ätherischen Ölen sind die Doldenblütler (Kümmel, Wiesen-Bärenklau), die Lippenblütler (Salbei- und Thymianarten) und die Kieferngewächse. Häufig werden Kräuter mit hohem Gehalt an ätherischen Ölen als Hustenmittel verwendet. Ätherische Öle wirken außerdem heilsam auf den Verdauungstrakt. Allergiker sollten wissen, dass sie bei Reaktionen auf eine bestimmte Pflanze auch auf das jeweilige ätherische Öl reagieren.

Biogene Amine

Die biogenen Amine entstehen im Stoffwechsel der Lebewesen durch enzymatische Prozesse aus Aminosäuren, den Grundbausteinen der Eiweiße. Da diese Reaktionen oft von Mikroorganismen hervorgerufen werden, wurden die Amine als biogen (= von Lebewesen stammend) bezeichnet. Die Mitwirkung der Mikroorganismen liefert bereits Hinweise, welche Lebensmittel einen hohen Gehalt an biogenen Aminen aufweisen: gereifte oder fermentierte Lebensmittel wie Sauerkraut, Bier, Wein, Käse, Wurst und Schokolade besitzen einen hohen Gehalt. Da die biogenen Amine aber auch beim Verderb von eiweißreichen Lebensmitteln entstehen können, ist es möglich, dass der Gehalt in schnell verderblicher Ware, wie zum Beispiel Fisch, ebenfalls beträchtlich sein kann. Vor allem in Thunfisch und Makrelen kommen relativ große Mengen biogener Amine vor. Sie sind häufig Synthesevorstufen von Alkaloiden in Pflanzen oder Hormonen und Vitaminen im menschlichen Körper. Einige dieser Verbindungen haben selbst wichtige physiologische Wirkungen.
Beispiele für biogene Amine sind das Dopamin, ein wichtiger Botenstoff im Gehirn und Zwischenprodukt bei der Synthese der Neurotransmitter Adrenalin und Noradrenalin, oder das Histamin, das aus der Aminosäure Histidin gebildet wird und bei Entzündungen die Erweiterung der Blutgefäße bewirkt.

Physiologische Bedeutung biogener Amine beim Menschen

Man unterscheidet zwischen endogenen Aminen, die der Körper selbst in verschiedenen Geweben (zum Beispiel Adrenalin im Nebennierenmark oder Histamin in Leber und Mastzellen) produziert und deren Ausschüttung lokal oder über das Blutsystem erfolgt, und exogenen Aminen. Die exogenen Amine werden von außen, also über die Nahrung, zugeführt und im Darm resorbiert. Alkohol kann ihre Resorptionsrate erhöhen. Eine zu hohe Zufuhr kann bei empfindlichen Menschen zu Kopfschmerzen, Hautreizungen, Atemnot, Magen-Darm-Beschwerden, Schwitzen, einem trockenen Gefühl im Mund sowie zu Blutdruckveränderungen führen. Dies sind die gleichen Anzeichen, die bei einer klassischen Allergie auftreten, was nicht weiter verwunderlich ist, da bei einer Allergie das vom Körper selbst ausgeschüttete biogene Amin Histamin für die Allergieanzeichen verantwortlich ist. Im Körper werden die biogenen Amine durch das Enzym Monoaminooxidase (MAO) abgebaut, wodurch eine übermäßige Ansammlung der Stoffe verhindert wird. Bei manchen Menschen ist jedoch der Abbau der biogenen Amine erblich verlangsamt oder wird durch die Gabe von Medikamenten (sogenannten MAO-Hemmern, darunter vor allem Antidepressiva) herabgesetzt. Diese Menschen sollten daher Lebensmittel mit einem hohen Gehalt an biogenen Aminen nicht in großen Mengen verzehren.

Bitterstoffe

Der Begriff bezeichnet allgemein Pflanzeninhaltsstoffe mit bitterem Geschmack. Der Mensch besitzt im Mund unter anderem Rezeptoren zum Schmecken des bitteren Geschmacks. Eine Erregung der Bitterrezeptoren führt zu einer Steigerung der Magen- und Gallensaftsekretion. Durch diesen Prozess kommt es im weiteren Verlauf zu einer Appetitanregung, die Verdauung wird gefördert und Fäulnis und Gärungsprozesse werden beseitigt oder verhindert. Bitterstoffe sind auch bei der Verdauung von Fetten hilfreich und erweitern das Geschmackserlebnis um eine wichtige Komponente. Letztlich wirken diese Stoffe auch positiv auf die Psyche und das allgemeine Wohlbefinden.
Chemisch betrachtet finden sich Bitterstoffe oft in den Stoffgruppen der Glykoside, Isoprenoide und Alkaloide.
Bitterstoffe kommen in zahlreichen Heil- und Nahrungspflanzen vor: zum Beispiel in Artischocken, Engelwurz, Gänseblümchen, Hopfen, Schafgarbe, Löwenzahn, Tausendgüldenkraut und Wermut. Leider wurden im Zuge der Kultivierung viele der in den Wildformen enthaltenen gesunden Bitterstoffe weggezüchtet.

Cumarine

Cumarin ist ein sekundärer Pflanzeninhaltsstoff von angenehm würzigem Geruch, der in sehr starker Verdünnung nach frischem Heu und Waldmeister riecht. Bereits 854 n. Chr. erwähnten Benediktinermönche das Cumarin erstmals als Zutat einer Bowle. Der Begriff »Cumarine« dient als Sammelbezeichnung für Verbindungen, die chemisch eine strukturelle Verwandtschaft zeigen.

Cumarin kommt in vielen Gräsern, Schmetterlingsblütlern wie dem Steinklee, im Waldmeister, Liebstöckel, aber auch in Datteln vor. Der Name leitet sich von spanisch *cumarú* = Tonkabohnenbaum ab. Cumarine (und verwandte Stoffe) sind für den typischen Heugeruch beim Trocknen von Gras verantwortlich. Sie liegen in der Pflanze teilweise glykosidisch gebunden vor und werden erst beim Verletzen oder beim Welken der Pflanzen durch Abspaltung des Zuckers freigesetzt. Cumarin selbst ist Grundkörper zahlreicher Naturstoffe, unter anderem des Aesculins, der Furocumarine und des Umbelliferons.

Cumarin dient vor allem als Duftstoff in der Parfümerie. Außerdem wird es beispielsweise zum Aromatisieren von Bowle verwendet.

Hohe Dosen können zu reversiblen Leberschäden, Kopfschmerzen, Übelkeit, Schwindel und Benommenheit führen. Für die bekannte Maibowle aus Waldmeister sollen höchstens 3 g Kraut je Liter Bowle verwendet werden. In dieser geringen Menge ist das enthaltene Cumarin nicht gesundheitsschädlich.

Cyanwasserstoff

Cyanwasserstoff (Blausäure, chemisch HCN) ist eine farblose, gut wasserlösliche Flüssigkeit mit einem charakteristischen Geruch nach Bittermandeln. Dieser Geruch ist vielen Menschen vom Marzipan her bekannt. Nur etwa die Hälfte der Menschen ist genetisch zur Geruchswahrnehmung von Bittermandeln fähig. Cyanwasserstoffverbindungen kommen natürlich in Bittermandelkernen vor. Darüber hinaus aber auch in den Kernen und dem Fruchtfleisch vieler bekannter Früchte und Gemüse wie Kirsche, Aprikose, Apfel, Tomate, Grünkern, Erbsen und sogar im Bier. Die enthaltenen Mengen sind jedoch gering. Viele weitere Pflanzen produzieren blausäurehaltige Glykoside (chemische Verbindungen von Blausäure mit Zuckermolekülen). Die Freisetzung der giftigen Blausäure findet erst dann statt, wenn die entsprechenden Pflanzenzellen etwa durch Fraß oder Mahlen verletzt werden. Bisher sind etwa 3000 Blausäureglykoside produzierende Pflanzenarten bekannt. Aufgrund des bitteren Geschmacks und ihrer Giftwirkung dienen die Blausäureglykoside der Pflanze höchstwahrscheinlich als Fraßschutz. Eine der weltweit bedeutendsten blausäureglykosidhaltigen Nahrungspflanzen ist der Maniok. Schon 100 g der unbearbeiteten Knolle sind tödlich. Um die Knollen zu entgiften, werden sie zerkleinert, wodurch es zur eigentlichen Freisetzung der Blausäure kommt. Bei der anschließenden Trocknung verdunstet die giftige Blausäure. Das so entstandene Mehl kann anschließend ohne Gefahr als Nahrungsmittel verwendet werden. Menschen und Säugetiere weisen ein gut funktionierendes Entgiftungssystem für Blausäure auf. Tödlich für einen Erwachsenen ist erst eine relativ hohe Dosis von etwa 50 mg freier Blausäure pro Tag. Von den geringen Mengen Blausäure, die sich natürlicherweise in vielen Nahrungsmitteln befinden, geht keine Gefahr aus. Der menschliche Körper wird mit den geringen Mengen mühelos fertig, ohne dass Schädigungen auftreten. Erst bei höheren Konzentrationen, bei denen der Entgiftungsmechanismus überfordert ist, kann die Blausäure zu Vergiftungen führen. Auch andere blausäurehaltige Pflanzen oder Samen können wie beschrieben entgiftet werden. Ebenso gut sollte das Entgiften durch Erhitzen gemahlener Pflanzenteile in einem offenen Topf funktionieren, wobei die Blausäure entweicht.

Fette und fette Öle

Fette und fette Öle sind Dreifach-Ester des Glycerins und verschiedener, überwiegend geradzahliger, unverzweigter Fettsäuren (Monocarbonsäuren). Wissenschaftlich werden sie

auch als Triacylglycerine oder Triglyceride bezeichnet.
Je nachdem, ob die Verbindungen bei Raumtemperatur fest oder flüssig sind, spricht man von Fetten oder fetten Ölen. Fette und fette Öle finden Verwendung als Nahrungsmittel und werden auch technisch als Schmierstoffe eingesetzt.
Die Eigenschaften eines Fettes werden von der Kettenlänge der Fettsäuremoleküle und der Zahl der darin enthaltenen Doppelbindungen maßgeblich beeinflusst. Je mehr Doppelbindungen im Molekül enthalten sind, desto ungesättigter ist es. Natürliche Fette schmelzen innerhalb eines gewissen Temperaturbereichs. Das bei Raumtemperatur feste Kokosfett enthält hohe Anteile langer gesättigter Fettsäuren. Dagegen sind in den flüssigen Ölen (Olivenöl) die Fettsäuren überwiegend einfach oder mehrfach ungesättigt. Fette sind kaum in Wasser löslich. Sie sind wichtige Geschmacksträger, selbst aber meist relativ geruchs- und geschmacklos.
Einige ungesättigte Fettsäuren und die gesättigten Fettsäuren können in geringem Umfang vom menschlichen Körper gebildet werden. Mehrfach ungesättigte Fettsäuren wie Linolsäure, Linolensäure und Arachidonsäure kann der menschliche Körper nicht selbst herstellen. Da sie lebensnotwendige Bausteine sind, werden sie als essenzielle Fettsäuren bezeichnet. Sie müssen dem Körper mit der Nahrung zugeführt werden (Omega-3- und Omega-6-Fettsäuren).

Flavonoide

Flavonoide spielen eine wichtige Rolle im Stoffwechsel vieler Pflanzen und dienen diesen als Schutzstoffe vor äußeren Einflüssen. Deshalb findet man hohe Konzentrationen vor allem in Wildkräutern, aber auch in den äußeren Blättern von Zuchtformen (zum Beispiel bei Kohlgemüsen, Salaten) oder in deren Schalen. Die Empfehlung, Äpfel nicht zu schälen oder Tomaten nicht zu häuten, hat also durchaus ihre Berechtigung. Oft werden die Flavonoide auch als sekundäre Pflanzeninhaltsstoffe bezeichnet. Man rechnet sie aufgrund ihrer Struktur den Polyphenolen zu. Laut der Deutschen Gesellschaft für Ernährung (DGE) gibt es über 6500 unterschiedliche Flavonoide. Die meisten Flavonoide sind an Zucker wie Glucose oder Rhamnose gebunden und werden deshalb als Glykoside bezeichnet.
Sie wurden in den 1930er Jahren vom Nobelpreisträger Albert von Szent-Györgyi Nagyrapolt entdeckt und zunächst als Vitamin P bezeichnet. Flavonoide üben vielfältige Wirkungen auf den menschlichen Organismus aus und werden deshalb dosisabhängig zur Behandlung zahlreicher Erkrankungen eingesetzt. So wirkt beispielsweise das im Buchweizen enthaltene Rutin gefäßverstärkend. Procyanidine, die vor allem in Heidel- und Moosbeeren vorkommen, wirken antibakteriell und werden bei Harnwegserkrankungen eingesetzt. Verschiedene Flavanole etwa in grünem Tee haben eine schützende Wirkung gegen Grippeviren (antivirale Wirkung). Viele Mitglieder der Wirkstofffamilie sind hervorragende Antioxidantien und verhindern somit Schädigungen der Zellen durch freie Radikale. Ihnen kommt somit eine große Bedeutung bei der Vorbeugung von Krebserkrankungen zu. Diesbezüglich besonders wirksam sind offenbar die Flavonoide, die aus Äpfeln, Zwiebeln, grünem Tee, und Heidelbeeren stammen. Darüber hinaus bieten Flavonoide auch einen Schutz vor Herz-Kreislauf-Erkrankungen, beeinflussen die Blutgerinnung und können den Blutcholesterinspiegel senken, ohne dabei das für die Gesundheit günstige HDL-Cholesterin zu vermindern.

Furocumarine

Furocumarine kommen häufig in Doldenblütlern wie Bärenklau (Herkulespflanze = Riesen-Bärenklau, Wiesen-Bärenklau) und Angelika (Engelwurz) vor. Außerdem in vielen Zitruspflanzen (darunter Bergamotte, Zitrone, Limette, Grapefruit, Bitterorange). Bekannte Furocumarine sind Xanthotoxin, Psoralen und Bergapten.
Furocumarine sind sehr reaktive Substanzen. Unter Einwirkung von Sonnenlicht (UVA- und UVB-Strahlung) werden Furocumarine photoaktiviert. Prominentes Beispiel für diese Reaktion ist der giftige Saft des Riesen-Bärenklaus (Herkulesstaude). Die darin enthaltenen Furocuma-

rine wirken photosensibilisierend. Gelangen Furocumarine auf die Haut und werden anschließend dem Sonnenlicht ausgesetzt, kommt es zu verbrennungsähnlichen Symptomen (Hautrötung, Schwellung und Blasenbildung), die je nach Pflanzenart, Empfindlichkeit und Einwirkungsdauer auch gravierend ausfallen können. Außerdem können Allergien ausgelöst werden. Ohne die Einwirkung von Sonnenlicht sind die Furocumarine weitgehend unbedenklich.

Gerbstoffe

Gerbstoffe wandeln Proteine in eine wasserunlösliche und nicht quellende Form um. Diese Eigenschaft nutzt man beispielsweise beim Gerben von Tierhäuten. Im Zuge der Behandlung mit Gerbstoffen wird aus einer abgezogenen Tierhaut schließlich Leder. Darüber hinaus werden durch das Gerben Fäulnisprozesse verhindert.
Gerbstoffe sind häufig vorkommende Pflanzeninhaltsstoffe. Die Gruppe nimmt einen wichtigen Platz unter den therapeutisch wirksamen Bestandteilen von Heilpflanzen ein. Sie wirken zusammenziehend, entzündungshemmend, antibakteriell, antiviral und neutralisieren Gifte. In höherer Dosierung wirken sie jedoch oft schädigend, indem sie die Aufnahme von Vitaminen und Mineralstoffen einschränken. Zudem erschweren sie die Verwertung von Eiweiß aus der Nahrung und hemmen Verdauungsenzyme.

Inulin

Inulin ist ein Gemisch von Polysacchariden (Vielfachzuckern) und zählt zu den Speicherstoffen der Pflanzen. Inulin wird in vielen Pflanzen als Reservestoff eingelagert. Beispiele sind Topinambur, Zichorien, Dahlie, Artischocke und Löwenzahn. Das Inulin wurde 1804 im Alant *(Inula)* entdeckt.
Inulin ist leicht wasserlöslich. Es dient in der Therapie der Zuckerkrankheit (Diabetes mellitus) als Glucose-Ersatz, denn es enthält Fructose-Einheiten. Inulin dient daher auch zur Herstellung von Fructose (Fruchtzucker). Inulin wird im Dünndarm nicht resorbiert, da dem Menschen das abbauende Enzym (Inulinase) fehlt. Erst im Enddarm wird es von Bakterien zu kurzkettigen Fettsäuren abgebaut. Die bei diesem mikrobiellen Abbau gebildeten Gase können bei empfindlichen Menschen zu Blähungen führen. Inulin wird heutzutage oft als Zutat in der Lebensmittelherstellung verwendet, zum Beispiel als Fettersatz und um den Geschmack, die Textur und das Mundgefühl zu verbessern.

Iridoide

Iridoide sind sekundäre Pflanzeninhaltsstoffe. Sie sind im Pflanzenreich weit verbreitet und gehören zur großen Gruppe der Terpene. Man findet sie beispielsweise in Pflanzen, wie dem Spitzwegerich, dem Ehrenpreis, aber auch im Olivenöl. Der Name leitet sich von der Ameisengattung *Iridomyrmex* ab, die derartige Verbindungen als Abwehrstoffe bildet. Die Stoffe weisen einen außerordentlich bitteren Geschmack auf, wirken antimikrobiell und bewirken so einen Fraßschutz gegenüber Insekten und anderen Pflanzenfressern. Den Iridoiden kommt als Wirkkomponente in pflanzlich basierten Arzneimitteln eine wichtige Rolle zu. Beispielsweise gehören die beruhigenden Wirkstoffe des Baldrians (Valepotriate) oder die entzündungshemmenden von Augentrost zu dieser Stofffamilie. Die Iridoide Fulvoplumierin und Allamandin wirken antimikrobiell und antileukämisch. Oleuropein im Olivenöl ist ein wirkungsvolles Antioxidationsmittel mit entzündungshemmenden und antiviralen Eigenschaften. Es gibt aber auch Iridoide mit abführenden und harntreibenden Wirkungen wie das Aucubin.

Kieselsäure

Kieselsäure ist die wasserhaltige Form der Verbindung des Elements Silicium mit Sauerstoff. Der Name »Silicium« stammt vom lateinischen Wort *silex* für Kiesel. Silicium ist nach Sauerstoff das am weitesten verbreitete Element auf der Erde. Es ist ein lebensnotwendiges Spurenelement. In der Natur kommen Stützgerüste aus Kieselsäureverbindungen in pflanzlichen und tierischen Lebewesen vor, etwa beim Schachtelhalm. Silicium sorgt gleichzeitig für Festigkeit und Elastizität. Ein dünner Grashalm ohne Silicium könnte beispielsweise nicht aufrecht stehen und gleichzeitig biegsam sein. Im menschlichen Körper unterstützt Silicium zum Beispiel das Wasserbindevermögen der Eiweißkörper im Gewebe und kommt in allen Bindegewebsstrukturen und damit in fast allen Organen, den Blutgefäßen und der Haut vor. Es unterstützt das Immunsystem ebenso wie den Knochenbau. Kieselsäure kommt auch im Grundwasser vor. Das Regenwasser nimmt auf seinem Weg durch die Bodenschichten Kieselsäure aus den Silikaten der Bodenminerale auf. Daher enthält Trinkwasser auch geringe Mengen Kieselsäure. Traditionell wird Kieselerde als Nahrungsergänzungsmittel angeboten.

Oxalsäure

Oxalsäure ist die einfachste Dicarbonsäure und gut in Wasser löslich. Die Salze werden als Oxalate bezeichnet. Oxalsäure ist in höherer Konzentration giftig. Die wasserlöslichen Natrium-, Kalium- und Ammoniumsalze wirken ätzend, was auf die Schleimhäute im Magen-Darm-Trakt Reizwirkungen ausübt. Bei Genuss größerer Mengen oxalsäurehaltiger Pflanzen kann es zu einer Verarmung des Gewebes an Calcium kommen, da das Oxalatanion Calcium in Form des wasserunlöslichen Calciumoxalates bindet. Dieser Calciumentzug kann in schweren Fällen zu Schädigungen am Herzen und am Zentralnervensystem führen. In leichteren Vergiftungsfällen kann es zu Nierenschädigungen kommen. Das Kaliumsalz der Oxalsäure kommt in größeren Mengen in Rhabarber vor, das meiste davon in den Blättern, weshalb nur der Stiel nach dem Kochen zum Verzehr geeignet ist. Geringere Konzentrationen sind in Lebensmitteln wie Tee (insbesondere schwarzer Tee und Pfefferminztee), Kakao und Schokolade zu finden. In geringen Mengen kommt Oxalsäure auch in Sauerklee, Sauerampfer, Mangold, Spinat und Roten Rüben vor. Oxalsäure kann in Verbindung mit Calcium und Harnsäure zu Nierensteinen führen. Die Steinbildung wird aber durch Zitronensäure, die in Früchten vorkommt, verhindert. Oxalsäure erschwert die Resorbtion (Aufnahme) von Eisen im Darm.
Die Oxalsäure wurde 1769 von Johann Christian Wiegleb im Sauerklee *(Oxalis acetosella*, daher der Name) entdeckt und war zunächst unter dem Namen »Kleesäure« bekannt.

Phytosterine (Beta-Sitosterin)

Phytosterine (Sterine aus Pflanzen) gehören zur Gruppe der sekundären Pflanzenstoffe und haben eine ähnliche Struktur wie das Cholesterin. Sie sind ein wesentlicher Bestandteil der Zellmembranen und werden von Tieren und Pflanzen synthetisiert. Durch die Strukturähnlichkeit mit dem Cholesterin können die Phytosterole die Resorption des Cholesterins im Darm behindern. Sie senken das »schädliche« LDL-Cholesterin (Low-Density-Lipoprotein-Cholesterin) um etwa 10 %, ohne das gefäßschützende HDL-Cholesterin zu vermindern. Darüber hinaus hemmen sie die Entstehung krebserzeugender Stoffe und vermindern das Risiko für Brust-, Darm-, Magen- und Prostatakrebs. Phytosterine kommen vor allem in den Pflanzenteilen vor, die einen hohen Fettgehalt haben, also in Samen und Wurzeln. Reich an Phytosterinen sind verschiedene Getreide, Olivenöl, die Früchte des Feigenkaktus, aber auch die Löwenzahnwurzeln.
Das verbreitetste Phytosterin ist das Beta-Sitosterin. Beta-Sitosterin hat einen maßgeblichen Einfluss auf die Gesundheit und Funktionsfähigkeit von Blase und Prostata. Außerdem verhindert es aufgrund seiner Hormonwirkung die meist altersbedingte Vergrößerung der Prostata und die damit verbundenen Schwierigkeiten beim Wasserlassen. Die genannten Wirkungen sind inzwischen wissenschaftlich erwiesen. Es gibt bereits Margarine auf dem Markt, der Phytosterine wegen der cholesterinsenkenden Wirkung zugesetzt wurden.

Pyrrolizidinalkaloide

Die Diskussion über pyrrolizidinhaltige Pflanzen ist erst einige Jahre alt. In vielen Fachbüchern über Heil- und Nahrungspflanzen sind diese Pflanzen selbstverständlich enthalten, und es finden sich zu einer Gefährdung oft keinerlei Hinweise. Im Gegenteil, sind doch etliche geschätzte Heil- und Nahrungspflanzen wie der Huflattich und der Beinwell darunter, die früher gern und reichlich eingesetzt wurden, ohne dass etwas über Schädigungen bekannt geworden wäre.
Im vorliegenden Buch sind die pyrrolizidinhaltigen Pflanzen Natternkopf, Huflattich, Beinwell und Vergissmeinnicht beschrieben.
Pyrrolizidinalkaloide (PA) sind weit verbreitet im Pflanzenreich. Sie sind in zahlreichen Pflanzenfamilien, besonders aber in der Familie der Rauhblattgewächse *(Boraginaceae)* und den Asterngewächsen *(Asteraceae)* enthalten. Man findet sie aber auch dort, wo man sie nicht vermuten würde, zum Beispiel in Honig und Milch von Kühen, Schafen und Ziegen, die alkaloidhaltiges Futter in größeren Mengen zu sich genommen haben. Bis heute sind etwa 200 strukturell verschiedene Alkaloide beschrieben. Diese Verbindungen sind von Bedeutung, da sie, in hoher Dosierung und über einen längeren Zeitraum kontinuierlich verabreicht, im Tierversuch krebserregende, lebertoxische und genschädigende Wirkungen gezeigt haben. Der Grad der Giftigkeit ist abhängig von der Struktur der Verbindungen. Wie immer stellt sich hier die Frage der Übertragbarkeit von Tierversuchen auf den Menschen.
Der Gesetzgeber rät, Heil- und Nahrungspflanzen, die Pyrrolizidinalkaloide enthalten, nicht über einen längeren Zeitraum oder in größeren Mengen zu konsumieren. Manche Autoren halten einen gelegentlichen Verzehr, insbesondere kleiner Mengen, für unbedenklich. Eine abschließende Risikobewertung wird es in diesem und in vielen anderen Fällen als bedenklich eingeschätzter Stoffe wohl nie geben, da Versuche am Menschen nicht möglich sind und mögliche statistische Verfahren stark fehlerbehaftet sind (siehe zum Beispiel die Gefahreneinschätzung bezüglich Koffeins im Kaffee).
Die Pyrrolizidinalkaloide zeigen keine oder nur geringe akute (sofortige) Toxizität. Sie werden erst im Organismus zu den eigentlichen toxischen Verbindungen abgebaut. Dieser Prozess läuft in der Leber ab.
Pyrrolizidinalkaloide kommen in einigen Heilpflanzen vor. In Europa sind dies beispielsweise Beinwell (und andere *Symphytum*-Arten), Borretsch, Huflattich, Pestwurz (und andere *Petasites*-Arten), Sonnenhut.
Der Gesetzgeber hat im Stufenplan zur Abwehr von Arzneimittelrisiken 1992 festgelegt, dass Pflanzen und Zubereitungen hieraus nur in den Handel gebracht werden dürfen, wenn sichergestellt ist, dass die tägliche maximale Aufnahme an toxischen Pyrrolizidinalkaloiden unter einem Mikrogramm liegt. Mittlerweile wurden pyrrolizidinfreie Pflanzen gezüchtet und können für pharmazeutische Präparate eingesetzt werden. Der Wildpflanzensammler muss die Verantwortung und die Entscheidung für den Einsatz derartiger Pflanzen selbst übernehmen.

Saponine

Saponine sind eine Untergruppe der Glykoside, sie bestehen aus einem Steroid oder Triterpenanteil und einem Zuckeranteil. Saponine werden so bezeichnet, weil sie in Wasser geschüttelt einen seifenartigen, stabilen Schaum verursachen (lat. *sapo* = Seife). Diese seifenartige Wirkung steht auch im Vordergrund der Verbindungsklasse. Die Saponine nehmen einen wichtigen Platz unter den therapeutisch wirksamen Bestandteilen von Heilpflanzen ein. Entsprechend ihrer großen Strukturvielfalt werden auch viele unterschiedliche biologisch-pharmazeutische Eigenschaften beobachtet. Es werden unter anderem entzündungshemmende, harntreibende, schleimtreibende/schleimlösende und hormonstimulierende Eigenschaften beschrieben. Außerdem unterstützen sie die Aufnahme anderer Inhaltsstoffe aus dem Darm, indem sie die Durchlässigkeit der Zellwände herabsetzen und Cholesterin binden. Darüber hinaus vermutet man auch eine präventive Wirkung gegen Darmkrebs durch eine hemmende Wirkung auf die Zellteilung im Darm.

Die Saponine weisen meist einen bitteren Geschmack auf. Saponine dürfen nicht in die Blutbahn gelangen, da sie schon in geringer Menge eine hämolytische (blutauflösende) Wirkung besitzen, das heißt, sie lösen die roten Blutkörperchen auf. Saponine sind in Pflanzen weit verbreitet, besonders in nährstoffreichem Gewebe wie Wurzeln, Knollen, Blättern, Blüten und Samen. Man findet sie in vielen Hülsenfrüchten wie Sojabohnen, Erbsen, Spinat, außerdem in Tomaten, Kartoffeln und Knoblauch. Sie sind zudem wirksame Bestandteile von Kräutern, Tee und Ginseng. In hoher Konzentration treten Saponine in Kastanien und in der Rinde des südamerikanischen Seifenrindenbaums *(Quillaja saponaria)* auf. Saponine dienen den Pflanzen wahrscheinlich als Abwehrstoffe, insbesondere gegen Pilzbefall.

Schleimstoffe

Schleimstoffe sind Gemische von Polysacchariden (Mehrfachzuckern), die in kaltem Wasser hochviskose Gele bilden. Schleimstoffe gehören zu der Gruppe der wasserlöslichen Ballaststoffe und nehmen einen wichtigen Platz unter den therapeutisch wirksamen Bestandteilen von Heilpflanzen ein. Ihre erweichende, reizmildernde und einhüllende Wirkung lässt sich vor allem bei Entzündungen der Schleimhäute gut anwenden. Sie legen sich als eine dünne Schicht auf die Schleimhäute und schützen sie so vor Reizung. Schleimstoffe werden nicht vom Körper aufgenommen. Wasserunlösliche Schleimstoffe wirken vor allem auf den Magen-Darm-Trakt, indem sie das Darmvolumen steigern und damit den Stuhlgang regulieren. Schleimstoffe können Giftstoffe absorbieren, Entzündungen hemmen, den Blutzucker und Cholesterinspiegel senken und in Einzelfällen auch das Immunsystem stärken.
Zu den Kräutern, die Schleimstoffe enthalten und deshalb als Heilpflanzen Verwendung finden, gehören Huflattich, Spitzwegerich, Eibisch, Malve und Beinwell. In der Lebensmittelindustrie werden die Schleimstoffe als natürliche wasserlösliche Quellstoffe eingesetzt. Sie sind gute Verdickungsmittel und Emulgatoren und bilden schon in geringer Konzentration Gele.

Senfölglykoside

Die Senfölglykoside sind schwefel- und stickstoffhaltige chemische Verbindungen, die zur Stoffgruppe der Glykoside gehören. Glykoside sind Moleküle, bei denen ein Molekülteil (das sogenannte Aglykon, hier die Senföle) chemisch mit einem oder mehreren Zuckermolekülen verbunden ist. Diese sekundären Pflanzenstoffe geben Gemüse wie Rettich, Senf, Kresse und Kohl den scharfen, manchmal etwas bitteren Geschmack. Es gibt rund 120 verschiedene Arten. Senfölglykoside wirken als Abwehrstoffe gegen Tierfraß. Nach neueren Erkenntnissen beugen sie auch Infektionen vor und wirken vorbeugend gegen Krebserkrankungen.
Die eigentlich Wirkung der Senfölglykoside geht von den darin gebundenen Senfölen aus. Diese werden bei Verletzung des Pflanzengewebes durch das Enzym Myrosinase, das zusammen mit den Senfölglykosiden, aber von diesen räumlich getrennt, in den Zellen vorliegt, aus den Senfölglykosiden freigesetzt. Senföle sind entweder scharfschmeckend und nicht flüchtig oder sie sind flüchtig und riechen stechend.
Senfölglykoside kommen in Mitteleuropa ausnahmslos in Kreuzblütlern vor.
Senföle (etwa Allylsenföl) werden therapeutisch als örtlich wirkende Hautreizmittel (Rubefacientia) eingesetzt. Außerdem wirken sie teilweise stark antibakteriell und keimtötend. Eine krebsschützende Wirkung ist wahrscheinlich, aber wissenschaftlich noch nicht eindeutig belegt.

Literatur

Aichele, Dietmar und Marianne Golte-Bechtle: Was blüht denn da? Wildwachsende Blütenpflanzen Mitteleuropas, Stuttgart: Franckh'sche Verlagshandlung 1989

Becker, Klaus und Stefan John: Farbatlas Nutzpflanzen in Mitteleuropa, Stuttgart: Ulmer Verlag 2000

Bickel-Sandkötter, Susanne: Nutzpflanzen und ihre Inhaltsstoffe, Wiebelsheim: Quelle & Meyer 2001

Chevallier, Andrew: Die BLV Enzyklopädie der Heilpflanzen; München: BLV Verlagsgesellschaft 1998

Duke, J. A.: Handbook of phytochemical constituents of GRAS herbs and other economic plants, Boca Raton: FL. CRC Press 1992

Fleischhauer, Steffen Guido: Enzyklopädie der essbaren Wildpflanzen. 1500 Pflanzen Mitteleuropas mit 400 Farbfotos, Baden und München: AT Verlag 2006

Fleischhauer, Steffen Guido: Wildpflanzen-Salate. Sammeltipps, Pflanzenporträts, Baden und München: AT Verlag 2006

Grau, Jung und Münker: Beeren, Wildkräuter, Wildgemüse, München: Mosaik Verlag 1983

Haeupler, Henning und Thomas Muer: Bildatlas der Farn- und Blütenpflanzen Deutschlands, Stuttgart: Ulmer 2000

Hecker, Ulrich: Bäume und Sträucher, München: BLV Buchverlag 2006

Henschel, Detlev: Essbare Wildbeeren und Wildpflanzen. Sammeltipps, Verwendung, Giftige Doppelgänger; Stuttgart: Franckh-Kosmos 2002

Hiller, Karl und Matthias Melzig: Lexikon der Arzneipflanzen und Drogen, Erfstadt: Area 2006

Hirsch, Siegrid und Felix Grünberger: Die Kräuter in meinem Garten, Augsburg: Weltbild Verlag 2006

Koschtschejew, A. K.: Wildwachsende Pflanzen in unserer Ernährung. Über 800 Rezepte, Leipzig: Fachbuchverlag 1990

Lauber, Konrad und Gerhart Wagner: Flora Helvetica, Bern, Stuttgart, Wien: Haupt 2001

Launert, E.: Edible and Medicinal Plants, London: Hamlyn 1981

Lüttig, Angelika und Juliane Kasten: Hagebutte & Co. Blüten, Früchte und Ausbreitung europäischer Pflanzen, Karlsfeld: Fauna Verlag 2003

Moerman, D.: Native American Ethnobotany, Oregon: Timber Press 1998

Most, G. F.: Encyklopädie der Volksmedizin, Neuauflage der 1843 bei Brockhaus/Leipzig erschienenen Ausgabe, Graz: Akademische Druck- u. Verlagsgesellschaft 1984

Oberdorfer, Erich: Pflanzensoziologische Exkursionsflora für Deutschland und angrenzende Gebiete, Stuttgart: Ulmer 1994

Pahlow, Mannfried: Das große Buch der Heilpflanzen, Augsburg: Weltbild Verlag 2005

Roth, Lutz, Max Daunderer und Kurt Kormann: Giftpflanzen, Pflanzengifte, Landsberg: Ecomed Verlagsgesellschaft 1994

Rothmaler, Werner: Exkursionsflora von Deutschland; Heidelberg, Berlin: Spektrum Akademischer Verlag 2000
sowie Grundband, Berlin: Spektrum Akademischer Verlag ^{20}2011

Schönfelder, Peter und Ingrid: Der Kosmos-Heilpflanzenführer, Stuttgart: Franckh 1984

Souci, Siegfried, Fachmann und Kraut: Nährwerttabellen, Stuttgart: medpharm, Scientific Publishers 2000

Stammel, Heinz-Josef: Die Apotheke Manitous. Das Heilwissen der Indianer, Reinbek: Rowohlt Verlag 1986

Storl, Wolf-Dieter und Paul Silas Pfyl: Bekannte und vergessene Gemüse. Heilkunde – Ethnobotanik – Rezepte, Aarau: AT Verlag 2002

Teuscher, Eberhard: Gewürzdrogen. Ein Handbuch der Gewürze, Gewürzkräuter, Gewürzmischungen und ihrer ätherischen Öle, Stuttgart: Wissenschaftliche Verlagsgesellschaft 2003

Wichtl, Max (Hrsg.): Teedrogen und Phytopharmaka, Stuttgart: Wissenschaftliche Verlagsgesellschaft 2002

Wisskirchen, Rolf und Henning Haeupler: Standardliste der Farn- und Blütenpflanzen Deutschlands, Stuttgart: Ulmer 1998

Internetquellen

www.uni-graz.at/~katzer/germ
Gernot Katzers Gewürzseiten
(Stand: 10. Oktober 2006)

www.heilkraeuter.net
(Stand: 20. Oktober 2006)

www.kaesekessel.de
Herbert Schwab (Stand: 24. Oktober 2006)

www.pfaf.org
Plants for a Future (Stand: 21. Oktober 2006)

www.pharmakobotanik.de
Thomas Schöpke: Botanik für Pharmazeuten
(Stand: 30. Oktober 2006)

www.wikipedia.org
(Stand: 2. Oktober 2006)

www.langusch.de/Auswahl-manuell.htm
(Stand: 1. Oktober 2006)

www.wildpflanze.info
(Stand: 26. Oktober 2006)

www.phyto.pharma.uni-bonn.de
Homepage von Dr. Helmut Wiedenfeld, Pharmazeutisches Institut der Universität Bonn
(Stand: 10. November 2006)

www.bfel.de
Bundesforschungsanstalt für Ernährung und Lebensmittel (BfEL), Standort Karlsruhe, Haid-und-Neu-Str. 9, D-76131 Karlsruhe
(Stand: 11. November 2006)

www.ufz.de/biolflor/taxonomie

www.floraweb.de/pflanzenarten

Weitere Quellen

Fachhochschule Weihenstephan; Forschungsanstalt für Gartenbau; Institut für Lebensmitteltechnologie; Adolf Kraus, Rosina Westermeier, plus Infoblätter der Institute
Deutsche Gesellschaft für Ernährung e. V., Godesberger Allee 18, 53175 Bonn

Bildnachweis

Thomas Muer, D-Bad Bentheim, Th.Muer@t-online.de: 8, 9, 10, 12, 13, 14 li., 15 li., 18, 20.1, 20.2, 21 re, 23.1, 23.2, 24, 25, 26 li., 27 u., 28, 31, 35, 36, 37.1, 37.2, 39.1, 40, 41, 42 o., 43, 44.1, 44.2, 45, 46, 47 re.o., 49.1 u., 49.2 o., 50 o., 51 li.o., 54, 56.1, 57 li., 59, 61.2 li., 63.1, 64 re., 65, 66, 71, 72, 73, 74 li., 76, 78, 79, 80, 81 li., 82, 84, 85, 88.1 li., 89 li., 93.1 re., 93.2, 95, 96, 99, 100, 101, 102, 103, 104 o., 106 li., 107, 110.1, 110.2, 111, 112, 113, 114 re., 116, 117, 118, 119, 120, 122, 123, 124, 125, 127, 130, 132.2, 133, 134 re. u., 135 li., 136.1, 136.2 o., 139, 142.2, 144.2, 146 li., 148, 151, 152, 153, 154, 155 li., 156 o., 157 li., 158, 159, 160, 161, 163, 164 u., 165 li., 167 u., 168 u., 173, 174 re., 175, 177, 178 li., 180.1 li., 182.1, 182.2, 183 li., 188.1.o., 192.1 li.o., 192.2, 194 li., 196, 197, 198, 199 li., 201, 204, 205.1, 205.2, 209 re.o., 210, 213.1, 213.2

Steffen Guido Fleischhauer, D-Freising, info@essbare-wildpflanzen.de: 14 re.o., 14 re.Mitte, 14 re.u., 15 r.o.,15 re. Mitte, 15 re.u., 16, 17, 19, 21 li.o., 21 li.u., 26 re., 27 o., 29, 30, 32, 34, 39.2, 42 li.u., 42 re.u., 48, 49.2 u., 51 re., 52, 53.1, 53.2, 56.2, 57 re., 58, 60, 61.1 li., 61.2 re.u., 63.2, 64 li., 67, 68, 69 u., 74 re. o., 74 re. u., 75 u.li., 75 u.Mitte, 75 u.re., 77, 83, 86, 88.1 re.o., 88.1 re.u., 88.2, 89 re. o., 89 re.u., 91, 92, 93.1 li., 94, 97, 98, 104 u.li., 104 u.re., 105, 106 re., 108, 114, 115, 121, 126 li.o., 131, 132.1, 134 li., 134 re.o., 136.2 u., 137, 140, 141 o.re., 141 u., 142.1, 144.1, 147 re., 149, 150, 155re.o., 155 re.u., 157 re.o., 157 re.Mitte, 157 re. u., 162, 164 o., 165 re.o., 165 re.u., 166, 167o., 168 o., 169, 170, 171, 174 li.o., 174 li. Mitte, 174 li. u., 176, 178 re.o., 178 re.u., 180.1 re.o., 180.1 re.u., 180.2, 183 re., 184, 186, 190, 192.1 re.o., 192.1 u., 194 re., 199 re.o., 199 re. Mitte, 199 re.u., 200, 202, 206 li., 208, 209 li., 209 re.u., 211

Ernst Horak - Botanik im Bild, A-Wien: 47 re.u., 49.1 o., 50 u., 69 o., 81 re., 90, 129, 141 o.li., 156 u., 172, 188.2 o., 189, 195, 206 re.o., 206 re.u., 207

Jürgen Guthmann, D-Weidenbach, justuspilz@hotmail.com: 70 li., 126 li.u., 126 re, 146 re.o., 146 re.u., 147 li.

Annette Höggemeier, D-Bochum, Annette.Hoeggemeier@ruhr-uni-bochum.de: 61.1 re., 70 re.

Roland Spiegelberger, D-Freiamt : 61.2 re.o., 75 o., 188.1 u.

Rita Lüder, D-Neustadt : 47 li., 135 re.

Robert Jesdinsky, D-Brandenburg/Havel, Foto: GartenDatenbank.de: 33

Sandra Kunz, D-Passau : 188.2 u.

Andreas F. Sperwien, D-Meddewade, info@hhconcept.de: 138

Erzg. Wildobstzucht Jörg Müller, www.wildobstschnecke.de: 51 li.u.

Verzeichnis der Pflanzen

Lateinische und deutsche Bezeichnungen